黄河國家治理文獻集成（民國卷）第二十一册
《黄河國家治理文獻集成》編委會　編
總第八十五册

河工圖譜

籌堵黄河中牟决口委員會　編
董杰　編

古今治河圖説

吴君勉　纂輯
董杰　編

内蒙古出版集團
内蒙古人民出版社

圖書在版編目（CIP）數據

河工圖譜 / 籌堵黄河中牟决口委員會編 ； 董杰編.
古今治河圖説 / 吴君勉纂輯 ； 董杰編. -- 呼和浩特 ：
内蒙古人民出版社，2025. 8. --（黄河國家治理文獻集
成）. -- ISBN 978-7-204-18465-1

Ⅰ. TV882.1

中國國家版本館 CIP 數據核字第 20259RW773 號

河工圖譜 **古今治河圖説**

籌堵黄河中牟决口委員會 編 吴君勉 纂輯

編　　者 董 杰
策劃編輯 何可欣
責任編輯 董立群
助理編輯 何可欣
裝幀設計 劉那日蘇 吉 雅 安立新
責任監印 王麗燕
出版發行 内蒙古出版集團 内蒙古人民出版社
地　　址 呼和浩特市新城區中山東路 8 號波士名人國際 B 座 5 層
網　　址 http：//www.impph.cn
印　　刷 内蒙古愛信達教育印務有限責任公司
開　　本 880mm × 1230mm 1/16
印　　張 16.5
字　　數 200 千
版　　次 2025 年 8 月第 1 版
印　　次 2025 年 8 月第 1 次印刷
印　　數 1—1000 册
書　　號 ISBN 978-7-204-18465-1
定　　價 140.00 元

編纂委員會

引言

千古河流成沃野，幾年沙勢自風湍。

得益于黄河冲積所帶來的疏松土質和有機物，中華先民利用石製工具開始了農業生產，并逐步發展出旱地粟作農業，『能够最大程度保障食物供給的穩定性，奠定了中華文明起源和形成的堅實基礎』〔一〕。而利用河水灌溉，提高區域可預測農業產量，『在産業史上起着最有决定性的作用』〔二〕。隨後，技術進步、經濟發展、人口增加，讓先民的文化生活大爲豐富。嚴文明先生評價道：『這是一場影響深遠的革命。』〔三〕在這場革命中，平衡水、沙、産、人四者之間的關係，始終是黄河治理的核心問題。四者關係一旦失衡，就容易引發諸多灾患。

歷史上，黄河下游因人口稠密、經濟發達，一直是學術界關注的重點。但自河源至今内蒙古托克托縣河口鎮的黄河上、中游區域，雖遠離王畿，人口稀疏，却也一直備受關注，人們逐步認識到黄河全流域治理是國家的重要任務。《漢書》載：『堤防之作，近起戰國，雍防百川，各以自利。』〔四〕没有全流域的協同治理，僅靠各地分段築堤，則黄河河患無法解决。秦建立了中國歷史上第一個中央集權大一統王朝，秦始皇東巡碣石，刻石銘記『决通川防，夷去險阻』〔五〕，開啓中央政府調動各要素治黃之先河，這『在中國，實質上是國家的一種職能』[六]。同時，國家通過對黃河的有效治理，爲沿黃流域人民群衆乃至其他地區人民群衆提供了重要的公共物品和産業支撑，成爲人民群衆眼中中央政府的功過評價指標之一。因此，治黃在增强沿黃各族群國家、政治、文化認同的基礎上，强化了中國大一統國家的合法性，成爲歷代國家治理能力的一個重要測度。

一、黃河治理維護了國家的社會穩定

從秦并六國到漢朝建立大一統國家，中國統一的多民族國家形成并得到初步發展。當時中央政府對所轄疆域有『北邊郡』和『内郡』之稱。内蒙古額濟納旗出土的居延漢簡有載，『貇（墾）田以鐵器爲本北邊郡毋鐵官印器内郡令郡以時博賣予細民毋令豪富吏民得多取販賣細民』，可以看出北邊郡是與内郡相對應的行政管轄區域。《史記》卷二十八『封禪書第六』載：『上乃遂去，並（并）海上，北至碣石，巡自遼西，歷北邊至九原。』[七]。《史記》卷三十『平準書第八』載：『天子北至朔方，東到太山，巡海上，並（并）北邊以歸。』[八]司馬遷多次提及北邊，足見統治者對北邊治理的重視。

漢武帝時，齊人延年提出從今内蒙古引黃河水經今北京一帶，向東注入渤海，以衛北部邊疆。『是時方事匈奴，興功利，言便宜者甚衆。齊人延年上書言：「河出昆侖，經中國，注勃海，是其地勢西北高而東南下也。可案圖書，觀地形，令水工準高下，開大河上領，出之胡中，東注之海。如此，關東長無水災（灾），北邊不憂匈奴，可以省隄（堤）防備塞，士卒轉輸，胡寇侵盜（盗），覆軍殺將，暴骨原野之患。天下常備匈奴而不憂百越者，以其水絶壤斷也。此功壹（一）成，萬世大利。」』〔九〕《史記》卷二十四『樂書第二』載：『天馬來兮從西極，經萬里兮歸有德。承靈威兮降外國，涉流沙兮四夷服。』〔十〕如今，包頭地區出土了『四夷盡服』瓦當，出土文物與傳世文獻的呼應，成爲黄河治理維護祖國北部邊疆穩定的見證。

《史記》卷三十『平準書第八』載：『嚴助、朱買臣等招來東甌，事兩越，江淮之閒（間）蕭然煩費矣。唐蒙、司馬相如開路西南夷，鑿山通道千餘里，以廣巴蜀，巴蜀之民罷焉。彭吳（吴）賈滅朝鮮，置滄海之郡，則燕齊之閒（間）靡然發動。及王恢設謀馬邑，匈奴絶和親，侵擾北邊，兵連而不解，天下苦其勞，而干戈日滋。』〔十一〕清代《汾陽縣志》卷十三『藝文』收録曹學閔《開修黄蘆嶺車路紀德政碑記》，上載：『永寧州，界連西陲，北達邊外歸綏諸路，商賈遠貿粟麥，泛皮船隨黄流南下，聚于州西磧口，一府之民仰利賴焉。而東至太原，南抵平陽，州縣凡二十餘，亦視汾爲槖籥，蓋所繫非特一方生計矣。』〔十二〕民國時期，東北淪陷後，開發西北刻不容緩，而『黄河中游之水利，自應加以擴充及整理，藉（借）收桑榆之效，以挽狂瀾於（于）萬一』〔十三〕。

因黄河流域自然條件優越，歷朝歷代都十分重視對此地的開發，通過强有力的國家干預方式推動各類産業的發展，爲中國北部疆域的形成和社會穩定奠定了基礎。

二、民族交往、物資交流、技術轉移促成黄河治理共同體

《史記》卷十五『六國年表第三』載：秦始皇三十三年（前214），『築長城河上，蒙恬將三十萬』〔十四〕。這數十萬人中，擁有一技之長的人員不在少數。由此，邊地人口不斷增多，而豐富的物産則促進了商品交流與統一市場的形成。西漢《鹽鐵論·力耕第二》記録了『异物内流』的情形：『是以贏（騾）驢馲駞（駝），銜尾入塞，驒騱騵馬，盡爲我畜，鼲鼦狐貉，采旃文罽，充於（于）内府，而璧玉珊瑚瑠（琉）璃，咸爲國之寶。』〔十五〕此後，黄河北岸的『贏（騾）驢馲駞（駝）』『驒騱騵馬』『鼲鼦狐貉』『采旃文罽』與西南織錦、中原麻織、農作物等物資相互交流，逐步形成統一的國内大市場，加强了邊疆與其他地區的經濟聯繫，促進了邊疆特色産業的發展。

隨着民族交往交流交融的增强，清代以降，黄河流域内蒙古段輸入到内地的也不僅僅是『异寶』了。《綏遠通志稿·水路》載：『自乾隆以還。口外墾殖日廣。民殷物阜。出境之油、糧、鹽、鹼（碱）、甘草各貨。入境之日用雜貨。山西與歸綏往來之商運。凡經河路者皆以托屬河口爲唯一之碼頭。』〔十六〕從清乾隆年間到民國時期，由内蒙古經黄河運到山西的貨物有糧、油、鹽、碱、藥材、皮毛等，其中以糧油爲最大宗。糧食品種主要有糜黍、穀子、高粱、豆類及玉米、大小麥

等，油料主要是胡麻。内蒙古供貨支綫有從阿拉善盟阿拉善左旗吉蘭泰鹽池到山西吕梁市磧口鎮的運鹽駝路，五原縣、臨河區一帶各大幹渠的運糧水道，杭錦旗、達拉特旗的甘草馱運綫，鄂托克旗的運碱駝路。内蒙古段各條支綫以供貨爲主，山西段若干支綫以運銷爲主。

《臨縣志》載：『清朝乾隆至民國年間，陝、甘、綏、蒙等地的物資，通過此航綫運達磧口，再用牲口馱運到離石、吴城，轉運至東路（汾、平、介、孝等縣）。據民國 20 年（1931）統計，每年從綏遠磴口航至磧口的貨船不下 4000 餘艘』，『是陝、甘、綏、寧與晋西北物資集散之重鎮』。[十七]可見，内蒙古在甘肅、寧夏與陝西、山西等沿黄上下游物資交易中起到了重要的聯結作用；同時也吸引了山西、陝北、河北、山東、甘肅等地的農民遷移至此，并將開渠打壩、引水澆地等農業生産技術、手工技術和商業貿易經營方式帶到這裏。他們在此扎根，除了從事農業生産外，還挖甘草、下窑背炭、在黄河上拉船、在沙漠中拉駱駝、打短工放冬羊、開碾磨油坊，等等。不同地域、不同民族的人們合力修築河渠、引水興業，逐漸形成休戚與共的共同體。其間積纍的産品交易、商業管理、社會治理等方面的經驗，在今天依然有借鑒意義。

清代『首重治河，探河源以窮水患』[十八]，但更深層次的考量是『宣揚大一統及增强國家認同』[十九]。黄河流域人口基數大、分布廣，而全流域治理理念將不同地區、不同民族的人們凝聚成命運共同體，而『大一統』理念正是這一治理實踐的核心主題。

三、黄河流域拓展了中國的發展空間

早期統治者因巡幸及邊防建設所需，統籌管理沿黄河運與秦直道等沿黄馬道，維持着中央政府對北邊的有效治理。河套平原引黄渠道的建設爲秦漢王朝屯田事業提供了基本的水利保證，并將這些區域變成防禦北部邊患的大後方與根據地。于是，沿黄馬道、沿黄河運與萬里茶道、草原絲路等陸路運輸聯通起來，促進了中華文明與其他文明的交流互鑒，拓展了新的發展空間。

新中國成立之後，沿黄各族兒女在中國共産黨的領導下團結合作、艱苦奮鬥，實現了大河安瀾。黄河流域建立起行之有效的防洪抗汛機制，支撑着沿岸的産業發展，改善了周邊生態環境。當代治黄史證明，正是由于中國共産黨的正確領導以及集中力量辦大事的制度優勢，纔從根本上減輕了河患的威脅。進入新時代，黄河流域在築牢安瀾根基的同時，以蓬勃活力拓展着中國的發展空間。沿黄九省區在協同發展中不斷釋放潛力，讓黄河流域成爲國家區域協調發展戰略中不可或缺的重要一極，爲中國的發展源源不斷地注入新動能。

綜上所述，黄河流域的治理不是單純的河道治理、生態環境治理或社會治理，而是一種關涉水、沙、産、人四者關係的系統性、協同性治理，是推動國家可持續發展的動力，也是厘清國家治理與邊疆治理兩者動態交互實際效果的絶佳視角。而黄河工程等『中國本土理論資源、學術積纍』〔二十〕，有助于研究國家治理的演進歷程。進入新時代，黄河治理與國家治理的關係研究不斷開闢新視角、持續涌現新成果，其中鑄牢中華民族共同體意識、邊疆治理與黄河流域生態保護和高質量發展成爲非常重要的研究視角。因此，基于這一角度搜集整理黄河國家治理文獻，意義重大。《黄河國家治理文獻集成》，應運而生。

本叢書系統梳理了黄河治理的歷史脉絡與經驗，既爲新時代黄河流域生態保護和高質量發展提供了歷史鏡鑒，更以文獻爲載體，傳承了治理智慧、凝聚了民族力量，是服務國家發展戰略、鑄牢中華民族共同體意識的重要學術實踐。

《黄河國家治理文獻集成》編委會

二〇二五年一月

〔一〕韓建業：《中華文明的起源和形成》，載《中華民族共同體研究》2022年第4期，第80-91+172頁。

〔二〕中共中央馬克思恩格斯列寧斯大林著作編譯局：《馬克思恩格斯選集》第二卷，人民出版社，2014年，第240頁。

〔三〕嚴文明：《黄河流域文明的發祥與發展》，載《華夏考古》1997年第1期，第49-54+113頁。

〔四〕（漢）班固：《漢書》卷二十九「溝洫志第九」，中華書局，1964年，第1692頁。

〔五〕（漢）司馬遷：《史記》卷六「秦始皇本紀第六」，中華書局，1963年，第252頁。

〔六〕冀朝鼎：《中國歷史上的基本經濟區與水利事業的發展》，朱詩鰲譯，中國社會科學出版社，1981年，第7頁。

〔七〕（漢）司馬遷：《史記》卷二十八「封禪書第六」，中華書局，1963年，第1398–1399頁。

〔八〕（漢）司馬遷：《史記》卷三十「平準書第八」，中華書局，1963年，第1441頁。

〔九〕（漢）班固：《漢書》卷二十九「溝洫志第九」，中華書局，1964年，第1686頁。

〔十〕（漢）司馬遷：《史記》卷二十四「樂書第二」，中華書局，1963年，第1178頁。

〔十一〕（漢）司馬遷：《史記》卷三十「平準書第八」，中華書局，1963年，第1420–1421頁。

〔十二〕（清）方家駒修，（清）王文員纂：《汾陽縣志》卷十三「藝文」，清光緒十年刻本，第57–58頁。

〔十三〕王華棠、劉錫彤、吳樹德：《黃河中游調查報告》，華北水利委員會編印，1934年，第1頁。

〔十四〕（漢）司馬遷：《史記》卷十五「六國年表第三」，中華書局，1963年，第758頁。

〔十五〕王利器：《鹽鐵論校注》，中華書局，1992年，第28頁。

〔十六〕綏遠通志館：《綏遠通志稿》第十册，內蒙古人民出版社，2007年，第176頁。

〔十七〕臨縣志編纂委員會：《臨縣志》，海潮出版社，1994年，第273、321頁。

〔十八〕趙爾巽等：《清史稿》卷一二六「河渠一」，中華書局，1977年，第3715頁。

〔十九〕劉惠：《乾隆朝重構黃河河源的實踐與國家認同》，載《清華大學學報》（哲學社會科學版）2018年2期，第147–154+195頁。

〔二十〕許耀桐：《當代中國「治理」概念的演進探析》，載《國家現代化建設研究》2023年3期，第100–111頁。

出版前言

黄河，中華民族的母親河，她不僅孕育了中華文明，更見證了中華民族數千年的發展歷程。習近平總書記深刻指出：『從某種意義上講，中華民族治理黄河的歷史也是一部治國史。』這一重要論述，爲新時代黄河文化的保護傳承以及流域治理提供了根本遵循，也深刻揭示了黄河治理在國家發展和民族復興進程中的核心地位。在學習貫徹習近平新時代中國特色社會主義思想，積極響應國家黄河流域生態保護和高質量發展重大戰略，大力推進北疆文化建設的背景下，《黄河國家治理文獻集成》的編纂出版，具有重要的歷史意義、學術價值與現實指導意義。

黄河治理，自古以來就是國家的頭等大事。從遠古時期大禹治水，到當代運用科學技術進行系統治理，中華民族在數千年的時間裏，積纍了豐富的治河經驗，留下了浩如烟海的文獻遺産。《黄河國家治理文獻集成》收録了元代至民國時期古籍、朱批奏摺、期刊圖片等多模態文獻資源。這些文獻内容豐富、維度多元，既包含記載河工技術、治理方略等的專書，又有漢文朱批奏摺、工程檔案以及不同區域的調查研究報告等。民國時期的文獻則標志着現代水利科學開始融入黄河治理，展現了我國水利事業在時代變革中的創新與發展。近代照片的收録則以更加直觀的方式將黄河治理、黄河沿岸的風貌呈現給讀者。

該文獻的出版，不僅是對瀕危黄河文化遺産的及時搶救與保護，更是對我國水利史、國家治理史、邊疆治理研究學術鏈條的重要補充，具有較高的文獻價值和學術意義。尤爲重要的是，這一集成工作，深度契合鑄牢中華民族共同體意識這一全黨全國各族人民的共同任務。各民族在治理黄河的歷史進程中，緊密協作、共同探索，這些珍貴文獻便是各民族交往交流交融和中華文明認同的生動見證。對這些文獻進行整理出版，能够讓各族人民更加深刻地認識到，在歷史長河中，各民族共同爲黄河治理貢獻了力量，共同守護了家園，從而進一步增强對中華民族共同體的認同感與歸屬感，夯實鑄牢中華民族共同體意識的歷史根基。

《黄河國家治理文獻集成》以『國家治理』爲核心綫索，構建起一個全面、系統、多維的文獻體系：在時間跨度上，聚焦從元代至民國這一傳統治河向現代水利轉型的歷史時期，爲深入研究我國水利事業的發展脉絡提供了清晰的時間坐標；在内容分類上，細緻劃分爲技術專著、工程檔案、區域研究、朱批奏摺、科學報告、圖片等類别，涵蓋黄河治理的各個方面，從不同角度展現了我國在黄河治理上的探索與實踐；在版本選擇上，秉持嚴謹、科學的態度，確保文獻内容的準確性與代表性，爲學術研究奠定堅實基礎。

在編纂過程中，叢書特别注重『全流域治理』的理念，不僅收録了有關下游防洪治河的重要文獻，還涵蓋了中游地區水土保持以及上游地區灌溉開發等方面的珍貴記載。這種對黄河全流域治理的全方位關注，與當前『共同抓好大保護，協同推進大治理』的要求高度契合，充分體現了叢書在傳承歷史文化遺産的同時，緊密服務于當代國家發展戰略的時代價值。

在出版過程中，嚴格保持原書的版式與行款，最大程度地還原文獻原貌。對于部分出現黴變、殘缺的頁面，運用先進的數字化修復技術進行精心處理，在保留原始批注與印章痕迹的基礎上，兼顧了文物的真實性與文獻的可讀性。

此外，爲了更好地服務讀者，方便學術研究，本叢書新增了目録、提要等内容，這些新增部分由編委會精心撰寫。新增目録一般編製二級，個别圖書編製三級；原書有目録而内文無對應標題的，根據原書目録照録；原書目録爲關鍵詞或者其他情况的不編製目録；原書目録與内文不一致的，以原書内文爲準；原書無目録的，按卷端、版心或其他部分輯録；一册書中收録多種圖書的，以書名爲一級標題，編製二或三級。在文字使用上，統一使用現代漢語規範繁體字，對于原版文獻中的异體字、避諱字也使用現代規範繁體字，無對應規範繁體字的保留原字。

《黄河國家治理文獻集成》的出版，是對黄河文化遺産的一次系統性、搶救性保護，具有重大而深遠的現實意義：從學術價值層面來看，叢書成功構建起一座連接傳統與現代治黄文獻的橋梁，爲黄河流域生態保護、水利工程史、國家治理史、邊疆治理、中華民族共同體學等多個領域的學術研究提供了豐富、翔實的基礎文獻，有力推動了相關學科的發展與創新；從文化價值角度而言，生動展現了北疆文化與黄河文化在歷史長河中的交融共生，爲内蒙古『北疆文化』品牌建設提供了堅實的文獻支撑，進一步豐富了中華文化的内涵與外延；從實踐價值方面考量，書中所藴含的治河理念爲我們在新時代背景下實現人與自然和諧共生、推動黄河流域可持續發展提供了寶貴的歷史經驗與智慧啓示。

在此，我們要衷心感謝各藏書機構的大力支持，正是他們提供了珍貴底本資源，纔使得本叢書的編纂出版成爲可能。同時，我們也要向文化遺産智能應用服務中華民族共同體建設『英才興蒙』團隊致以崇高的敬意，他們歷經五年的辛勤耕耘，以嚴謹的治學態度和專業的學術素養，對文獻進行了系統的整理和輯録，爲叢書的内容質量提供了堅實保障。此外，我們還要特别感謝内蒙古自治區黨委宣傳部、内蒙古出版集團將本叢書納入『北疆文庫』重點項目，并在出版過程中給予全方位支持與幫助。

我們衷心期待，這套凝聚着無數心血與智慧的《黄河國家治理文獻集成》，能够在新時代的『黄河大合唱』中奏響歷史的强音，爲黄河流域生態保護和高質量發展注入强大的歷史動力，讓黄河文化在保護中傳承，在傳承中創新，在創新中不斷發展，綻放出更加絢爛的光彩。同時，希望這套叢書能够成爲促進各民族文化交流、鑄牢中華民族共同體意識的重要載體，助力各民族更加緊密地團結在一起，共同爲實現中華民族偉大復興的中國夢而努力奮鬥，讓中華民族共同體意識在黄河文化的滋養下，扎根于每一位中華兒女的心中，成爲推動中華民族不斷前進的强大精神力量。

提　要

河工圖譜

《河工圖譜》1941年由日僞『籌堵黄河中牟决口委員會』編印，鉛印本。籌堵黄河中牟决口委員會是抗日戰争時期日僞政權設立的治河機構，儘管編印主體具有特殊歷史背景，但其對傳統埽工技術的系統記録及水文實測數據的保存，仍爲治黄工程史研究提供不可替代的原始素材。《河工圖譜》收録新舊河工堤、埝、埽、壩、護岸及主要實例圖譜。

古今治河圖説

《古今治河圖説》由日僞『籌堵黄河中牟决口委員會』成員吴君勉（1892—1961）纂輯，1942年鉛印。吴君勉，江蘇無錫人，1915年考入南京河海工程專門學校（現河海大學前身），1941年參與組建『籌堵黄河中牟决口委員會』，1943年晉升爲黄河水利委員會總工程師。

該書以圖文并茂的形式簡明扼要地講述了黄河河變癥結及施治方略。全書包括十一章，第一章爲概論，第二章記述《尚書》中關于禹河形成的論述，第三至八章講述了黄河的六次變遷，第九章介紹了近代黄河情况，第十章論述了黄河利病及治法，第十一章進行了總結。

目録

河工圖譜

弁言　二
一、堤埝埽壩圖譜　三
二、護岸圖譜　一五
三、搶險圖譜　二九

古今治河圖説

諸序　六三
武序　六四
自序　六五
目録　六七
第一章 概論　七五

第二章 禹河　八〇
第三章 河大徙一（周定王河）　八七
第四章 河大徙二（王莽河）　九〇
第五章 河大徙三（宋代商胡大河）　九九
第六章 河大徙四（金明昌大河）　一〇四
第七章 河大徙五（明弘治大河）　一〇九
第八章 河大徙六　一一九
第九章 近代大河　一三九
第十章 黄河利病及治法　一六八
第十一章 结论　一九七
勘误表　二三九
後记　二四一

河工圖譜

殷同

籌堵黃河中牟決口委員會彙刊第二種

弁言

是編所集河工圖譜新舊兼收以切實用為目的全部計分三項一曰隄埝埽壩二曰護岸三曰搶險隄埝埽壩圖譜係由河工用語中擇要製成護岸圖譜係將護岸工程之實例分為編蘸梢秸塊石鐵絲籠混凝土木櫃六類搶險圖譜分為搶加隄頂搶修滲漏搶護坍潰防禦風浪搶護漫溢埽工搶險六類並附說明以便明瞭再第一項圖譜係專指黃河而言其他兩項則兼用於一般河流考河防工程種類繁夥參酌變化貴在因地制宜此編聊舉一隅以備設計之參考云爾

一、隄埝埽壩圖譜

圖一　各種隄埝圖
圖二　大隄子埝後戧圖
圖三　丁廂護沿暨捆廂埽圖
圖四　埽圖（附羊角抓子）
圖五　埽之做法圖
圖六　埽之平面圖
圖七　埽之剖面圖
圖八　石壩圖
圖九　石壩平面圖
圖十　石壩石護沿圖
圖十一　石壩甲乙剖面圖
圖十二　排石壩護沿圖
圖十三　埽壩之功用圖
圖十四　埽壩平面圖(一)
圖十五　埽壩平面圖(二)（附順廂護沿埽圖）
圖十六　柳裹頭圖（附掛柳）
圖十七　柳護沿圖（附編柳法）
圖十八　七星樁圖
圖十九　三星樁圖
圖二十　雞爪抓子圖
圖二十一　梅花樁圖（平面形）
圖二十二　棋盤樁圖（平面形）

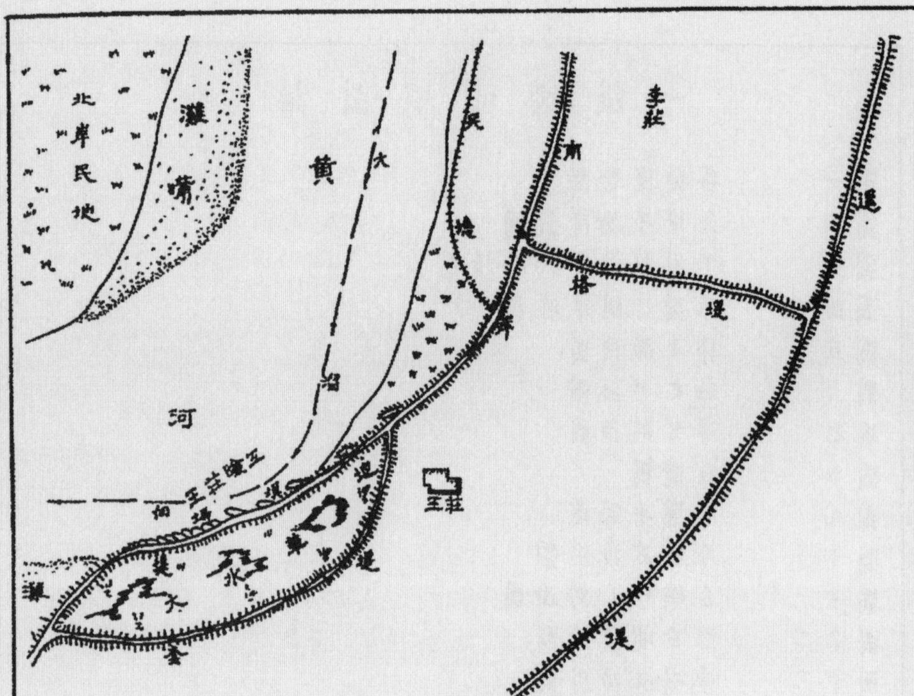

圖一 各種堤埝圖

圖二 大堤子埝淺截圖

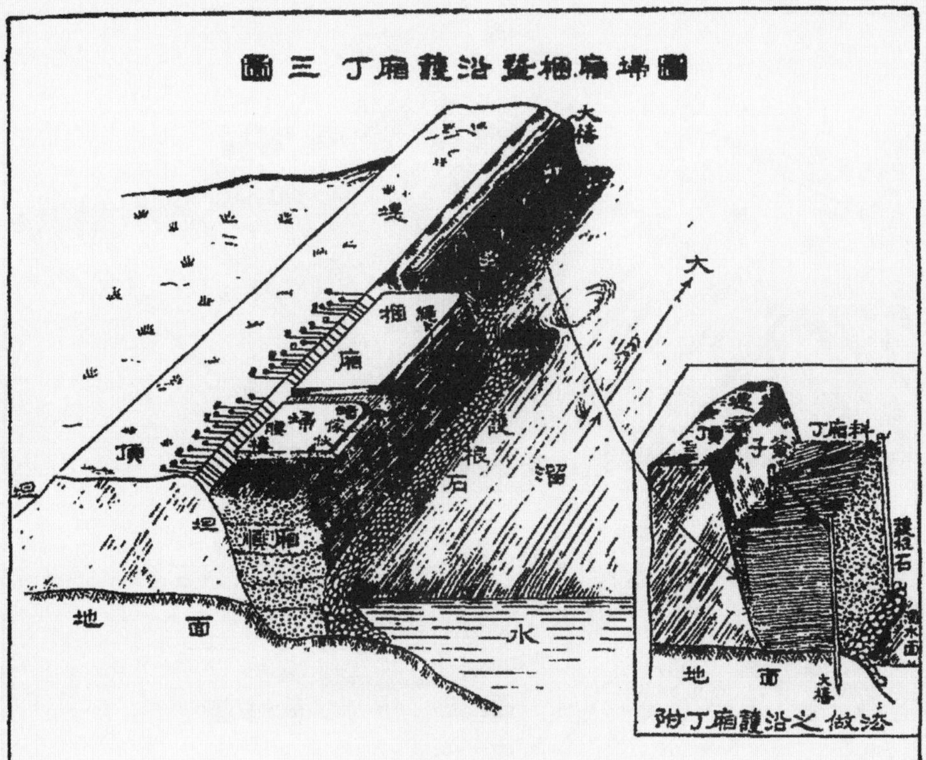

圖三 丁廂護沿壟捆廂埽圖

圖四 埽圖（附羊角抓子）

圖五 埽之做法圖

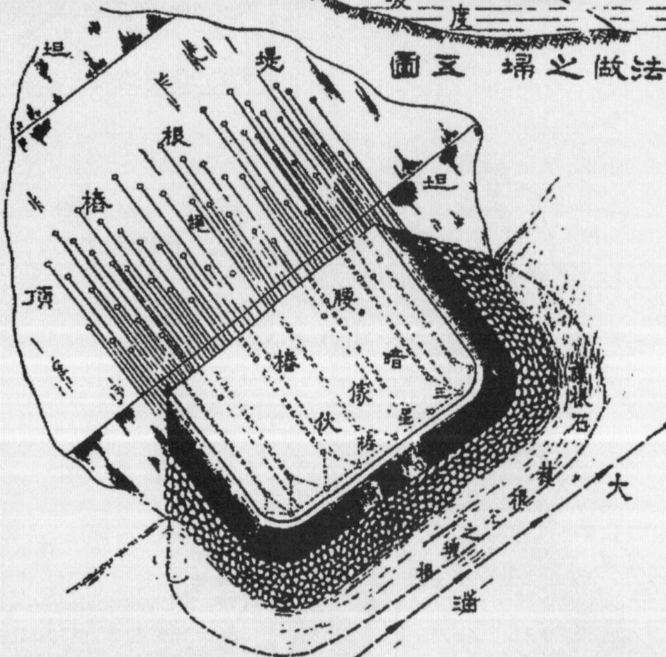

圖六 埽之平面圖

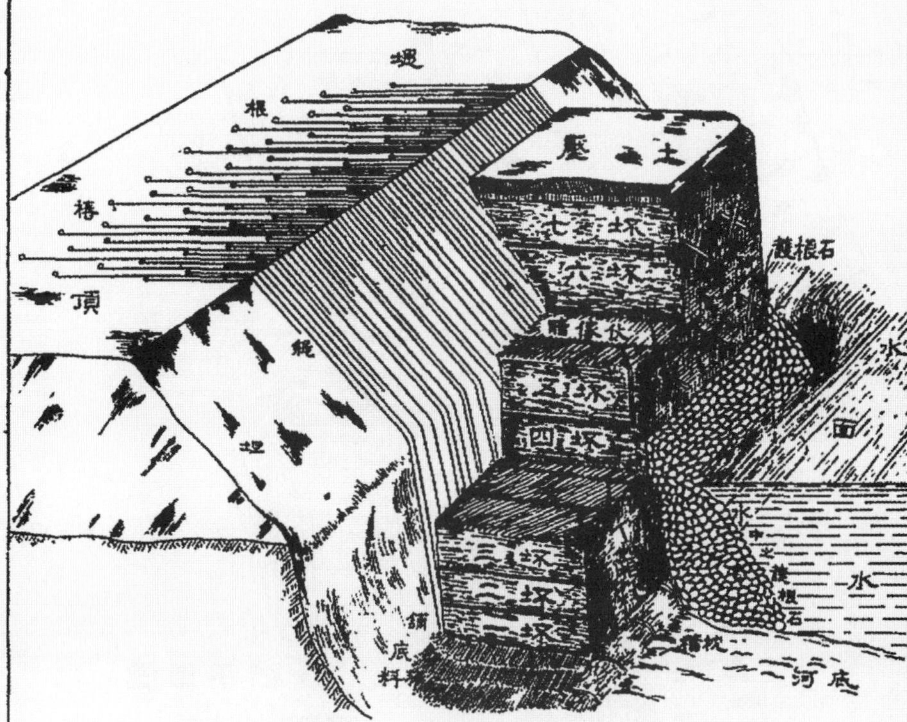

圖七 埽之剖面圖

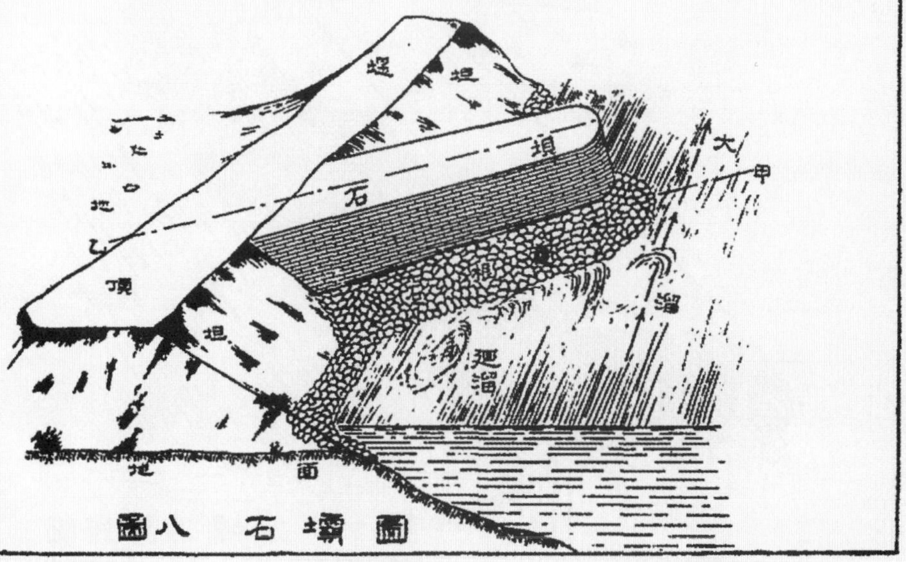

圖八 石壩圖

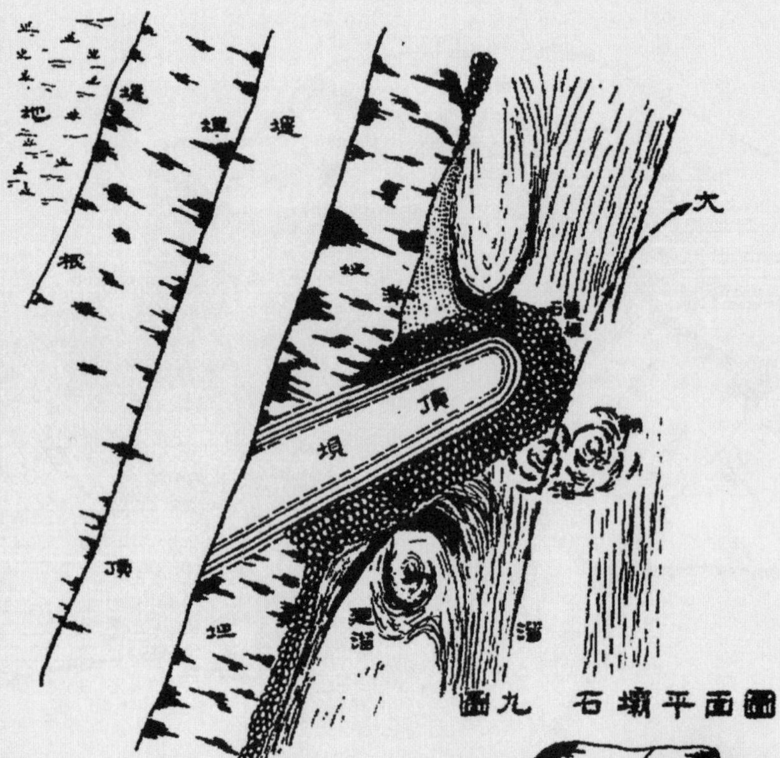

圖九　石壩平面圖

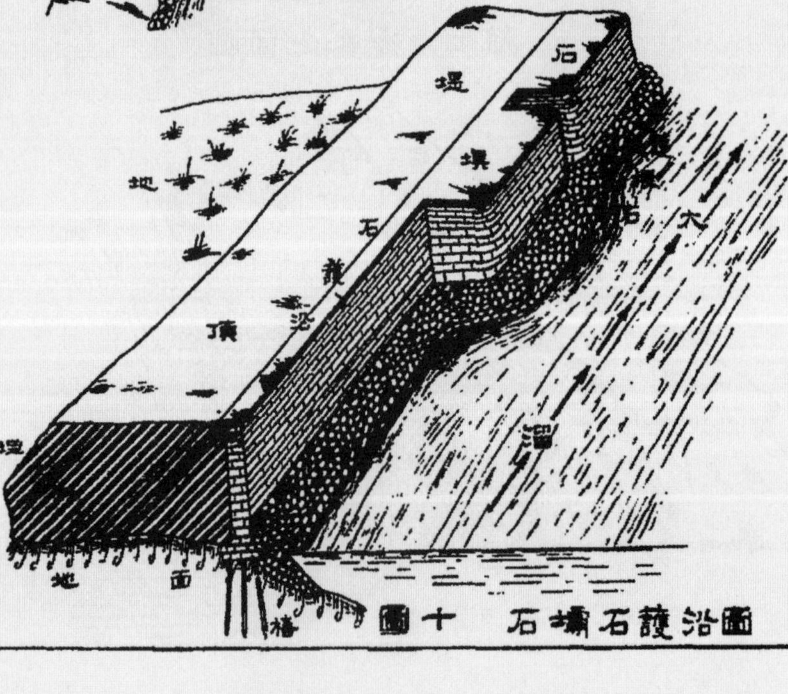

圖十　石壩石護沿圖

圖十一　石壩甲乙剖面圖

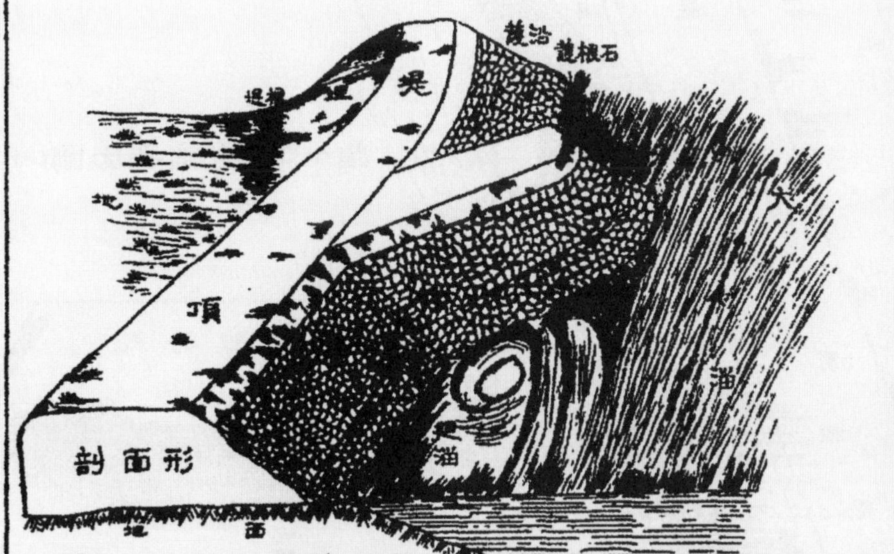

圖十二　抹石壩護沿圖

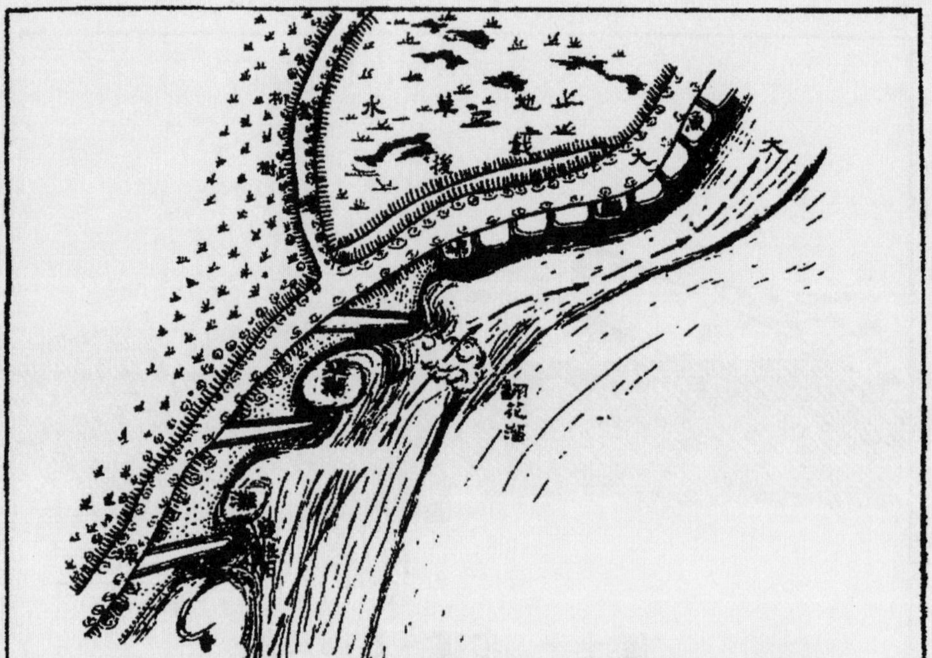

圖十三　埽鑲之功用圖

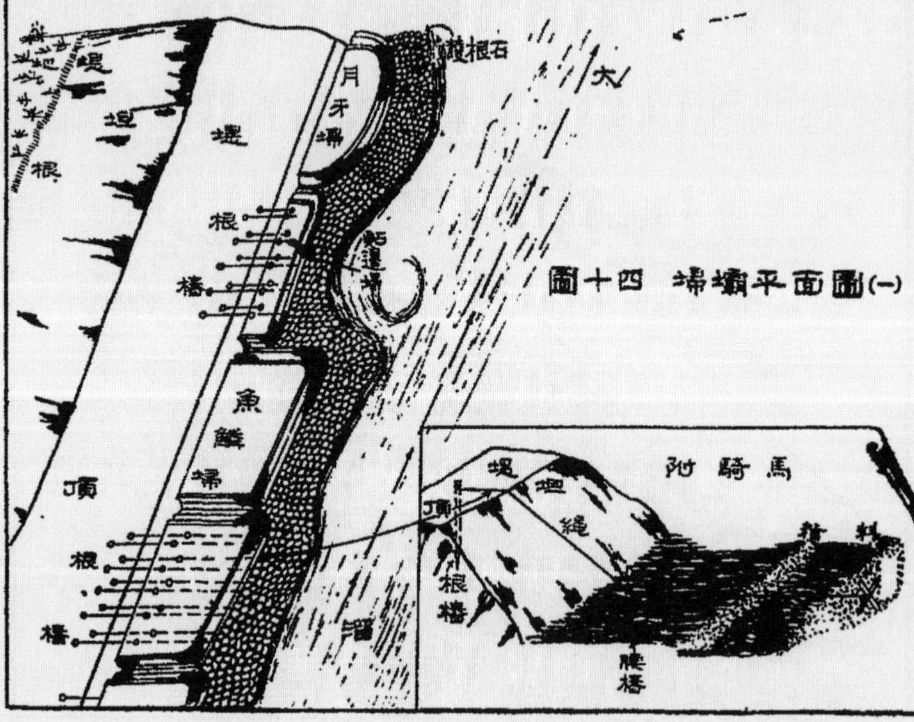

圖十四　埽鑲平面圖(一)

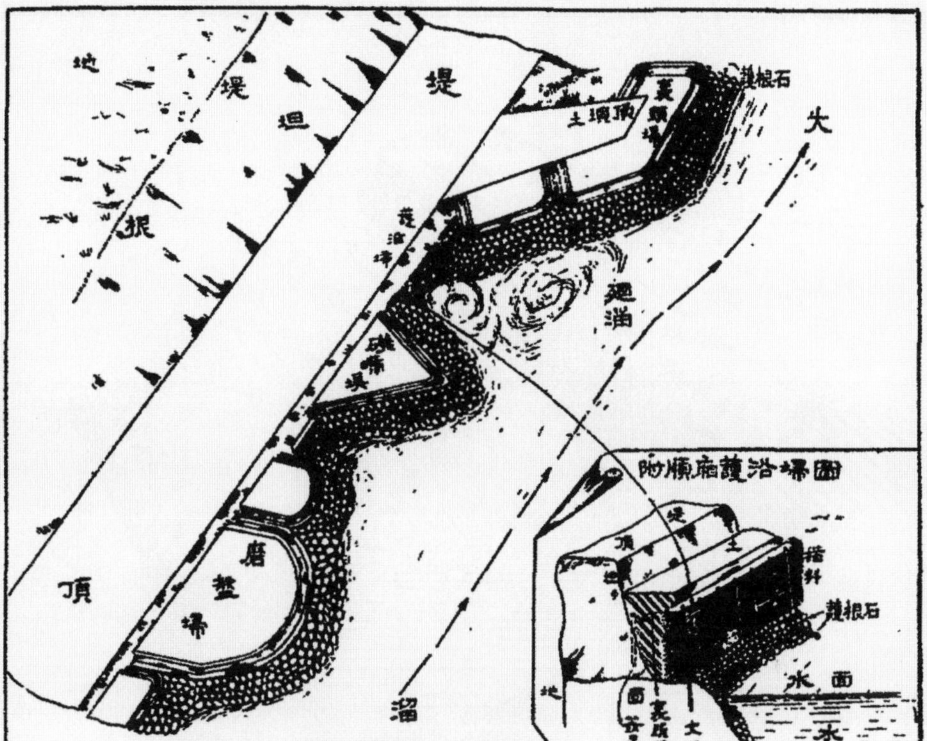

圖十五　埽壩平面圖(二)

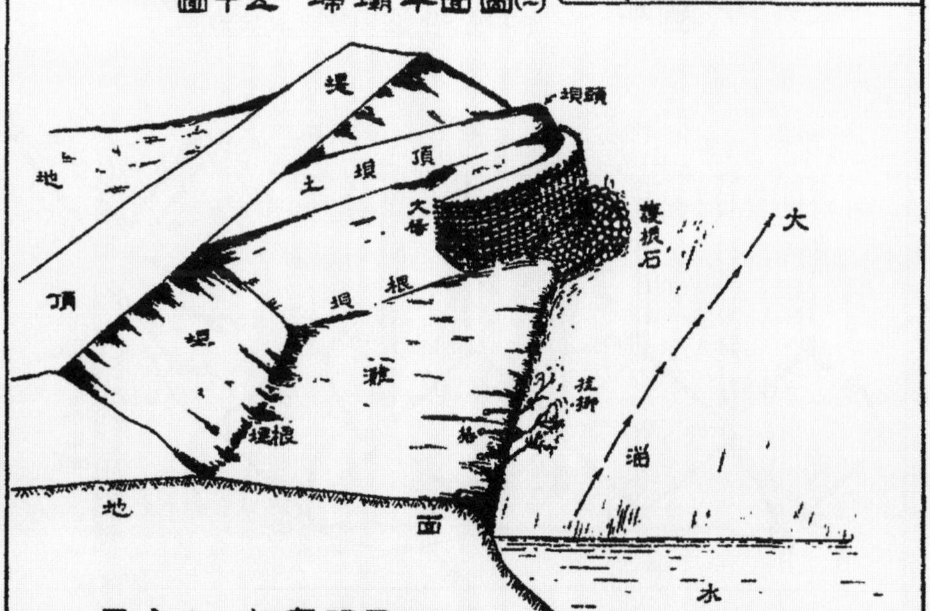

圖十六　柳裹頭圖(附掛柳)

圖十七. 柳護治圖(附編柳法)

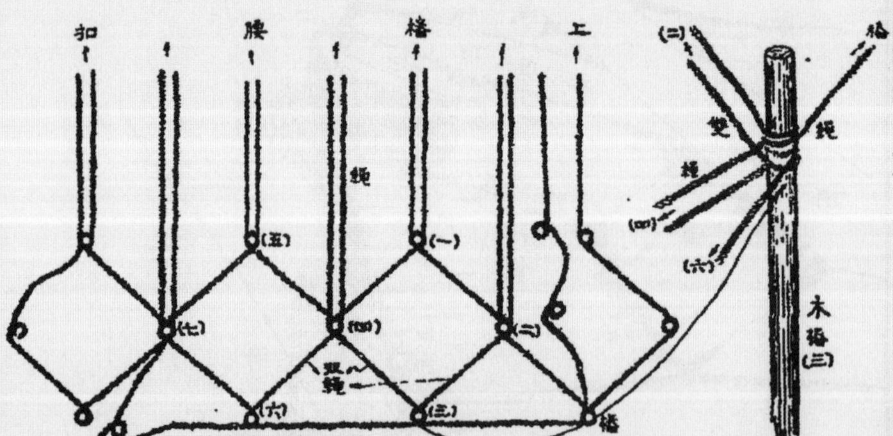

圖十八　七星樁圖

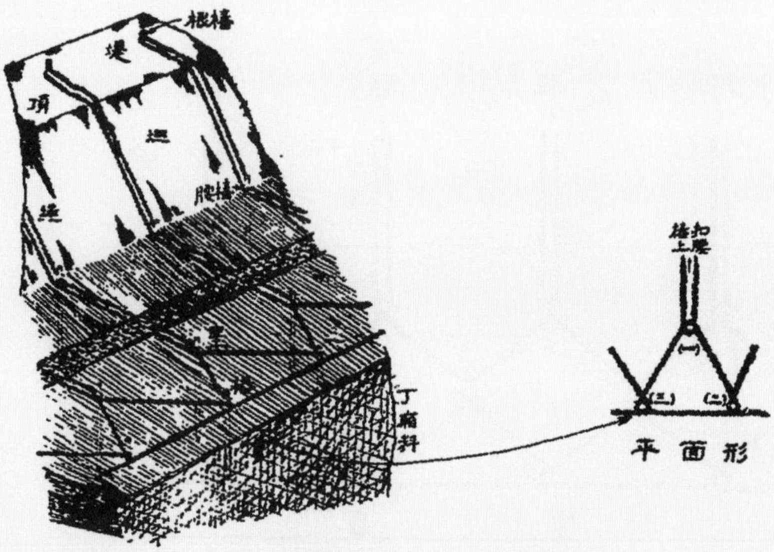

圖十九 三星樁圖

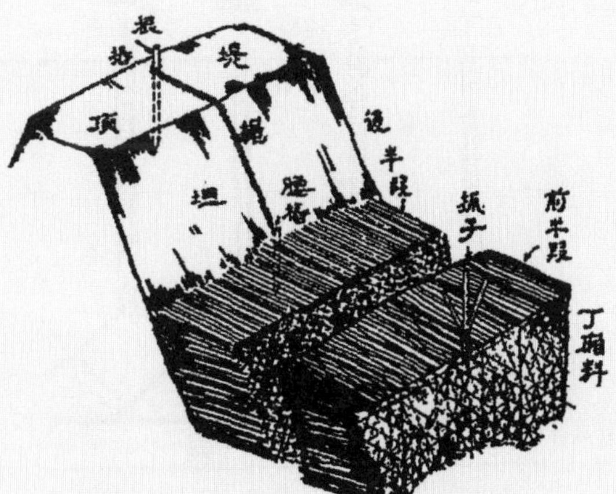

圖二十 雞爪抓子圖

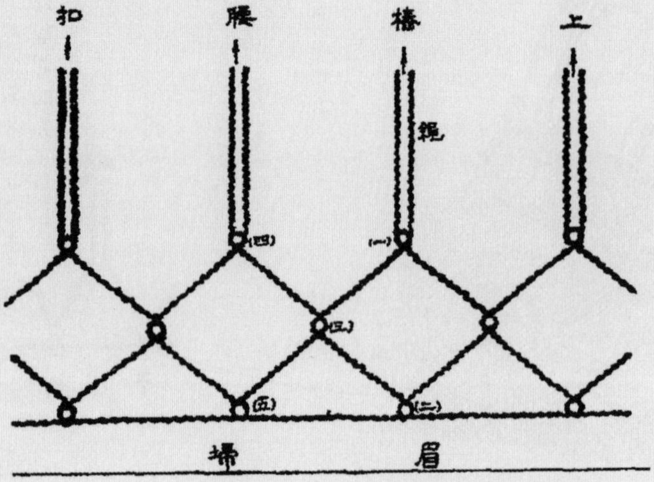

圖二十一　梅花樁圖（平面形）

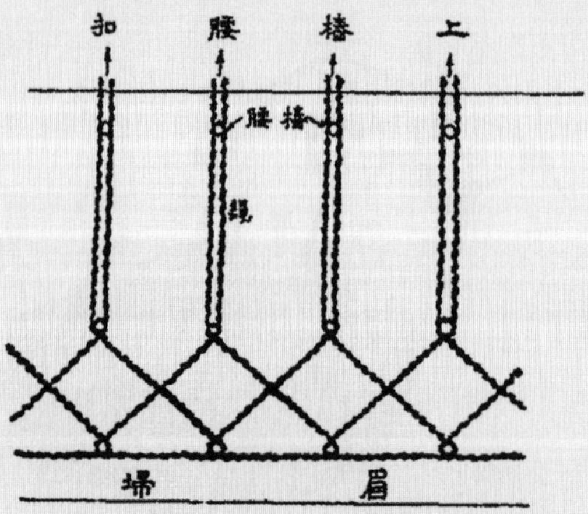

圖二十二　棋盤樁圖（平面形）

二、護岸圖譜

護岸工程之目的：(1)使河岸不為水流所沖蝕崩落河中淤塞河床(2)使新成之河岸具一適合人意之形態(3)保護河旁之建築物如碼頭之類(4)保護沿河所建之隄工(5)防免河流之自然裁直致使重要商市失其利益設計護岸工程以能抵抗水流之拖刷力為標準拖刷力可自次法計算之設水流之斷面積為A潤周為W水力半徑為R比降為s水之比重為w則河床在平衡狀態時其每單位面積之拖刷力K與水量因重力就下之力相等即(假定水流長度為dl)

$$A\cdot dl\cdot w\cdot s \leqq k\,W\,dl$$

$$k \geqq \frac{w\,s\,A}{W} \geqq w\,s\,R \quad\cdots\cdots(1)$$

如k以kg/m²計R以公尺計則

即∴ $k \geqq 1000Rs$

故護岸工程單位面積之抵抗沖蝕力k如比河流之拖刷力wsR或S為大或相等則安全否則失敗例如 $s=0.005$, $R=2^m$ 則

$$k=1000\times.0005\times2=1kg/m^2$$

(1)式中Rs與水流速度之二次方成正比故

$$k \geqq C\,V^2 \quad\cdots\cdots(2)$$

C為係數因河流各段情形而異

各種天然河岸之抵抗沖蝕力按經驗所得如下表

普通石英質砂直徑	0.2—0.4mm	S=0.18—0.20	kg/m^2
普通石英質砂直徑	0.4—1.0mm	S=0.25—0.30	”
普通石英質砂直徑	在2mm以上	S=0.40	”
土壤		S=1.0—1.2	”
石英質圓礫直徑	0.5—1.5cm	S=1.25	”
大石英質圓礫	4—5cm	S=4.8	”
片狀石灰岩厚	1—2cm長4—6cm	S=5.6	”

各種護岸材料所能抵抗之沖刷力如下表

草皮（浸水之時間甚短暫者）	S=2.0	kg/m^2
編籬並以粗砂填實	S=1.0	”
編籬並以礫石填實	S=1.5	”
塊石舖疊成1:1坡,0.3m厚	S=16.0	”
埽工	S=7.0	”
乾砌塊石於橫臥木上	S=60.0	”
混凝土片長0.60—1.40m厚	S=60.0	”
梢工	S=17.0	”

大塊石拋石	S ＝24.0	kg/m²
塊石木柵工(Crib-Work)	S ＝150.0	〃以下

護岸工程除能抵抗拖刷力外尤須有穩固之岸脚若河底未至穩固之狀態尚有沉降之虞或河岸猶未有其應有之河岸綫暨傾斜度時護岸工程應分數部進行河底有沉降之虞者其岸脚常為水冲蝕故所用護岸材料應能隨其沉降以免其冲蝕之過甚此等岸脚所用材料以塊石沉梢石籠為宜蓋以其能自行填補為水冲成之坑穴而河岸得以保全也

兹將護岸工程之實例分為(1)編籬(2)梢輥(3)塊石(4)鉄絲籠(5)混凝土(6)木櫃六類各製為圖以供設計時之參考各種工程抵抗拖刷力之可考者亦附著於圖

第一類編籬類

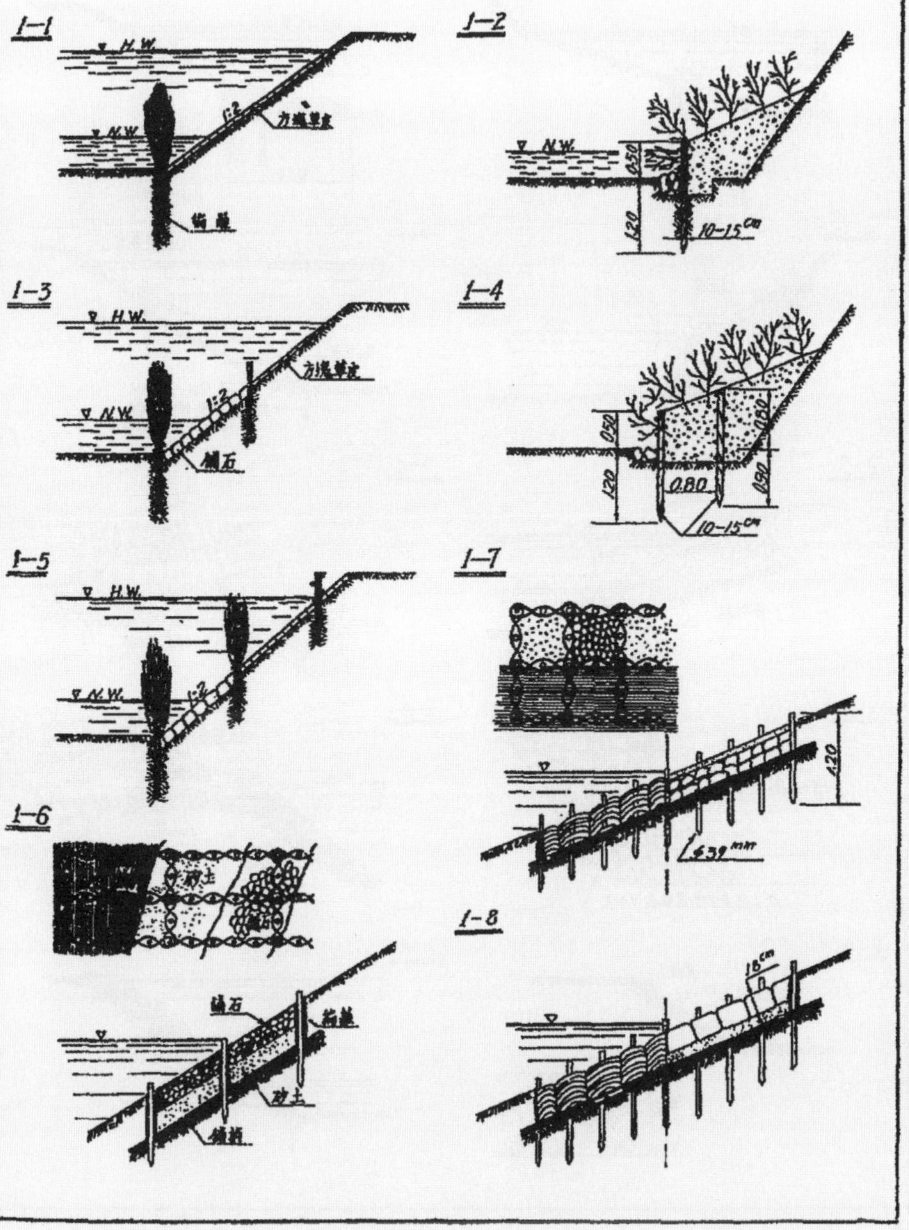
1-1
H.W.
N.W.
方塊草皮
編籬
1-2
N.W.
0.50
1.20
10-15cm
1-3
H.W.
N.W.
1:2
方塊草皮
舖石
1-4
0.50
1.20
0.80
0.90
10-15cm
1-5
H.W.
N.W.
1-6
砂土
舖石
編籬
砂土
舖柴
1-7
1.20
1-8
18cm

第二類 梢輥類

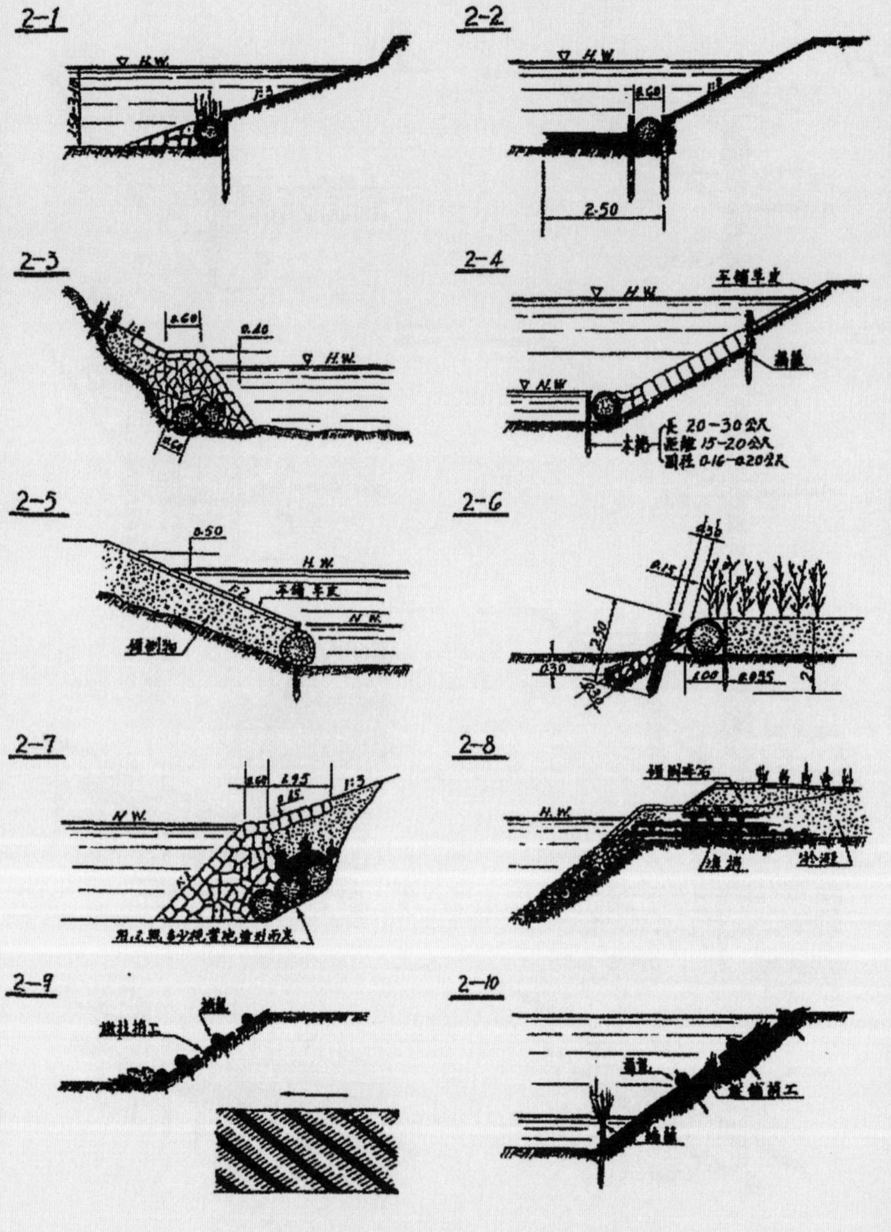

2-1
H.W.
2-2
H.W.
0.60
2.50
2-3
0.60
H.W.
2-4
H.W.
N.W.
長 20-30公尺
距離 15-20公尺
圓徑 0.16-0.20公尺
2-5
0.50
H.W.
N.W.
2-6
2-7
N.W.
2-8
H.W.
2-9
2-10

續梢輥類

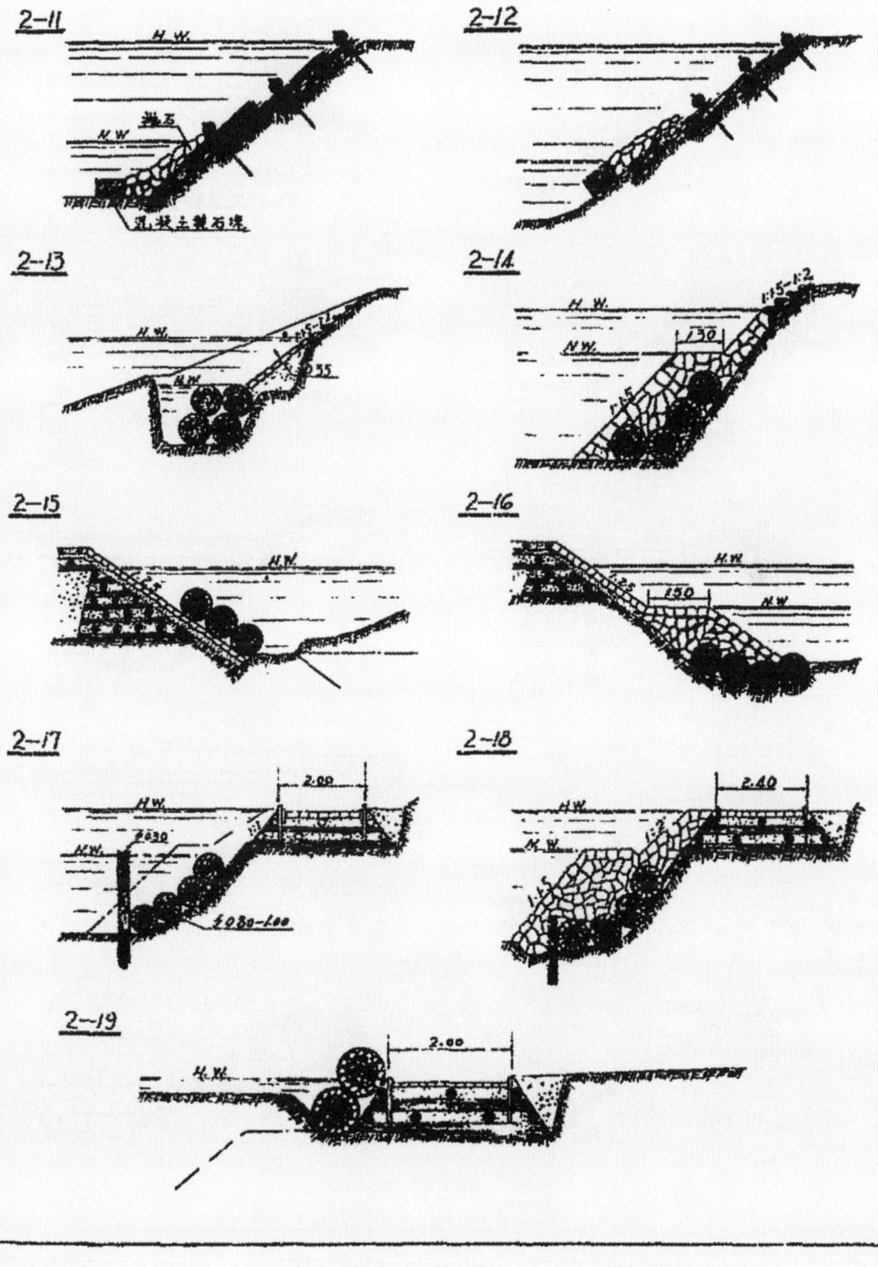
2-11
H.W.
N.W.
拋石
2-12
2-13
H.W.
N.W.
2-14
H.W.
N.W.
1.30
1:5
2-15
H.W.
2-16
H.W.
N.W.
1.50
2-17
H.W.
N.W.
2.00
2-18
H.W.
N.W.
2.40
1:5
2-19
H.W.
2.00

第三類塊石類

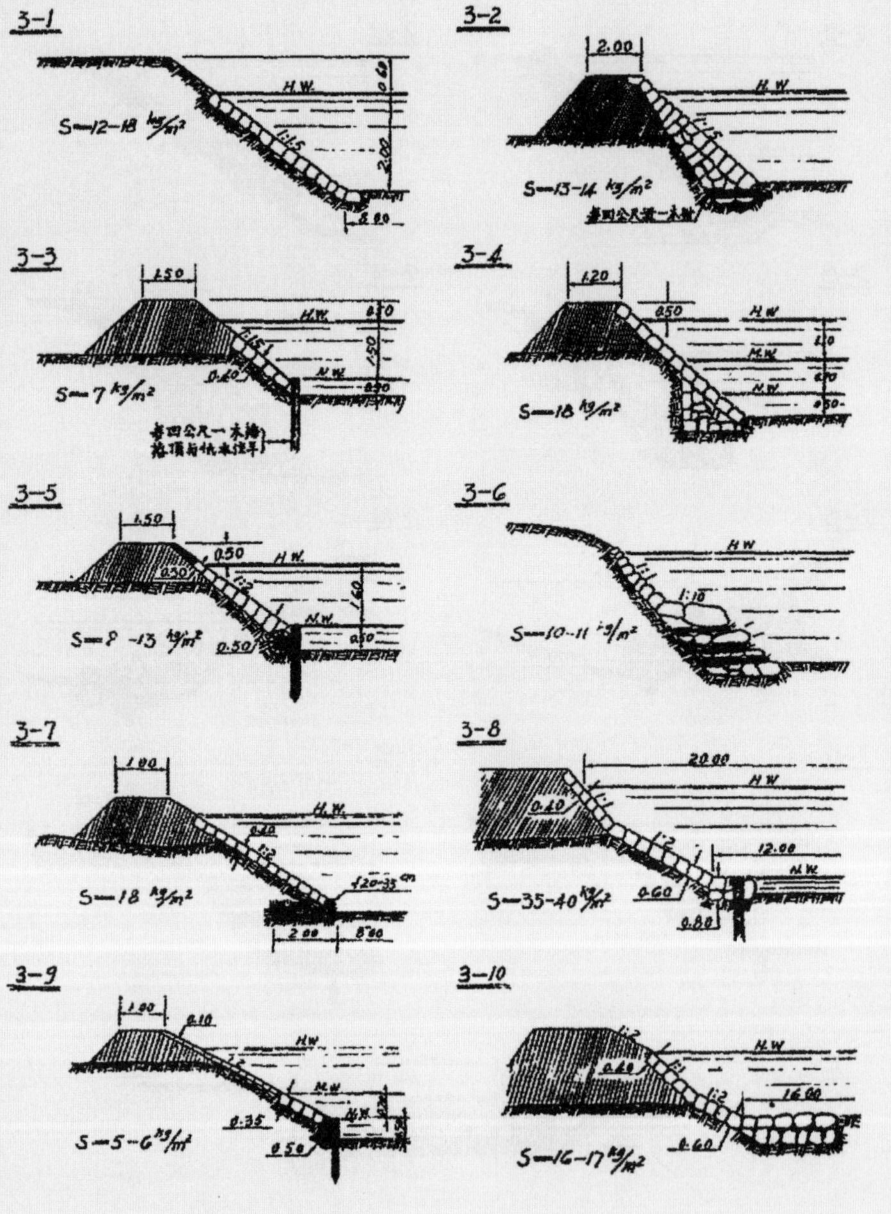
3-1
H.W.
S—12-18 kg/m²
1:1.5
2.00
3-2
2.00
H.W.
1:1.5
S—13-14 kg/m²
3-3
1.50
H.W.
1:1.5
N.W.
S—7 kg/m²
3-4
1.20
0.50
H.W.
N.W.
S—18 kg/m²
3-5
1.50
0.50
H.W.
1:2
N.W.
S—8-13 kg/m²
0.50
3-6
H.W.
1:10
S—10-11 kg/m²
3-7
1.00
H.W.
1:2
S—18 kg/m²
20-35 cm
2.00
3-8
20.00
H.W.
1:2
12.00
N.W.
S—35-40 kg/m²
0.60
0.80
3-9
1.00
0.10
H.W.
N.W.
0.35
0.50
S—5-6 kg/m²
3-10
1:2
H.W.
1:1
1:2
16.00
0.60
S—16-17 kg/m²

續塊石類

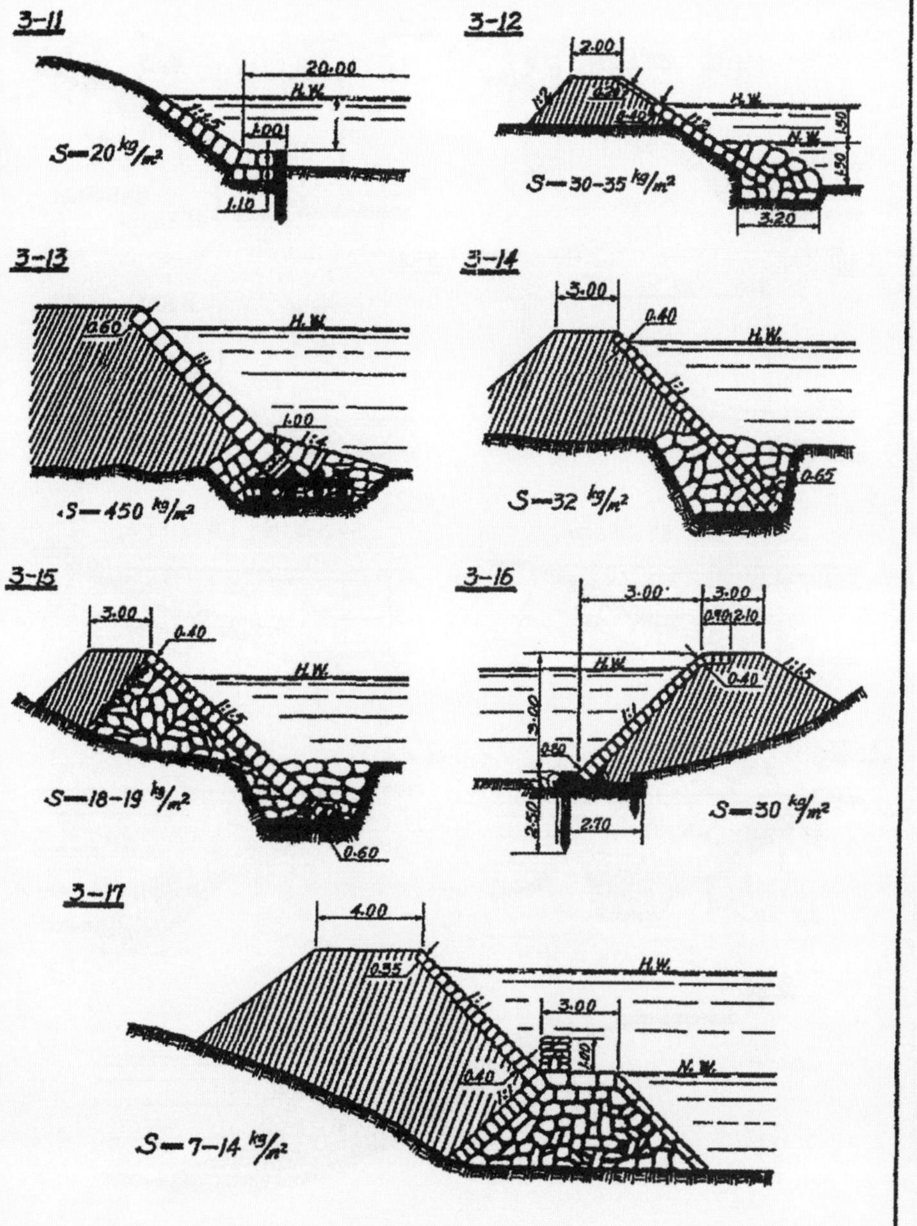
3-11
20.00
H.W.
1:1.5
1.00
S—20 kg/m²
1.10
3-12
2.00
H.W.
N.W.
1.50
1.50
S—30-35 kg/m²
3.20
3-13
0.60
H.W.
1:1
1.00
1:4
S—450 kg/m²
3-14
3.00
0.40
H.W.
1:1
0.65
S—32 kg/m²
3-15
3.00
0.40
H.W.
1:1.5
S—18-19 kg/m²
0.60
3-16
3.00
3.00
0.90
2.10
H.W.
1:1.5
0.40
1:1
3.00
0.60
2.50
2.70
S—30 kg/m²
3-17
4.00
0.55
H.W.
1:1
3.00
1.00
N.W.
0.40
S—7-14 kg/m²

續塊石類

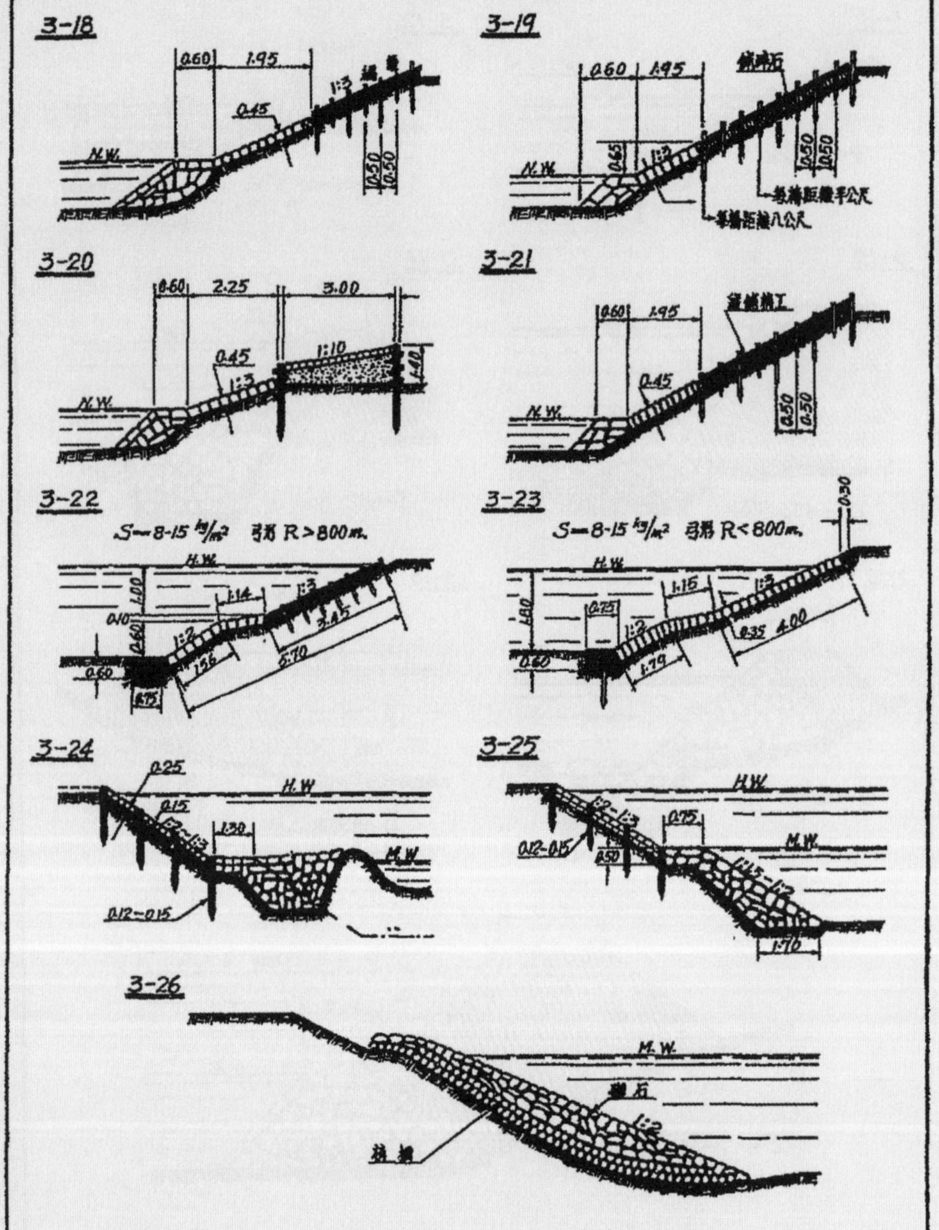
3-18
0.60
1.95
1:3
0.45
N.W.
0.50
0.50
3-19
0.60
1.95
N.W.
0.50
0.50
3-20
0.60
2.25
3.00
0.45
1:3
1:10
1.40
N.W.
3-21
0.60
1.95
0.45
N.W.
0.50
0.50
3-22
S=8-15 kg/m2 弓形 R>800m.
H.W.
1:14
1:3
1:2
0.60
0.75
3-23
S=8-15 kg/m2 弓形 R<800m.
0.30
H.W.
1.15
1:3
1:2
0.25
4.00
1.79
0.60
3-24
0.25
0.15
1.30
H.W.
M.W.
0.12-0.15
3-25
H.W.
0.75
M.W.
0.12-0.15
0.50
1.70
3-26
M.W.
1:2

續塊石類

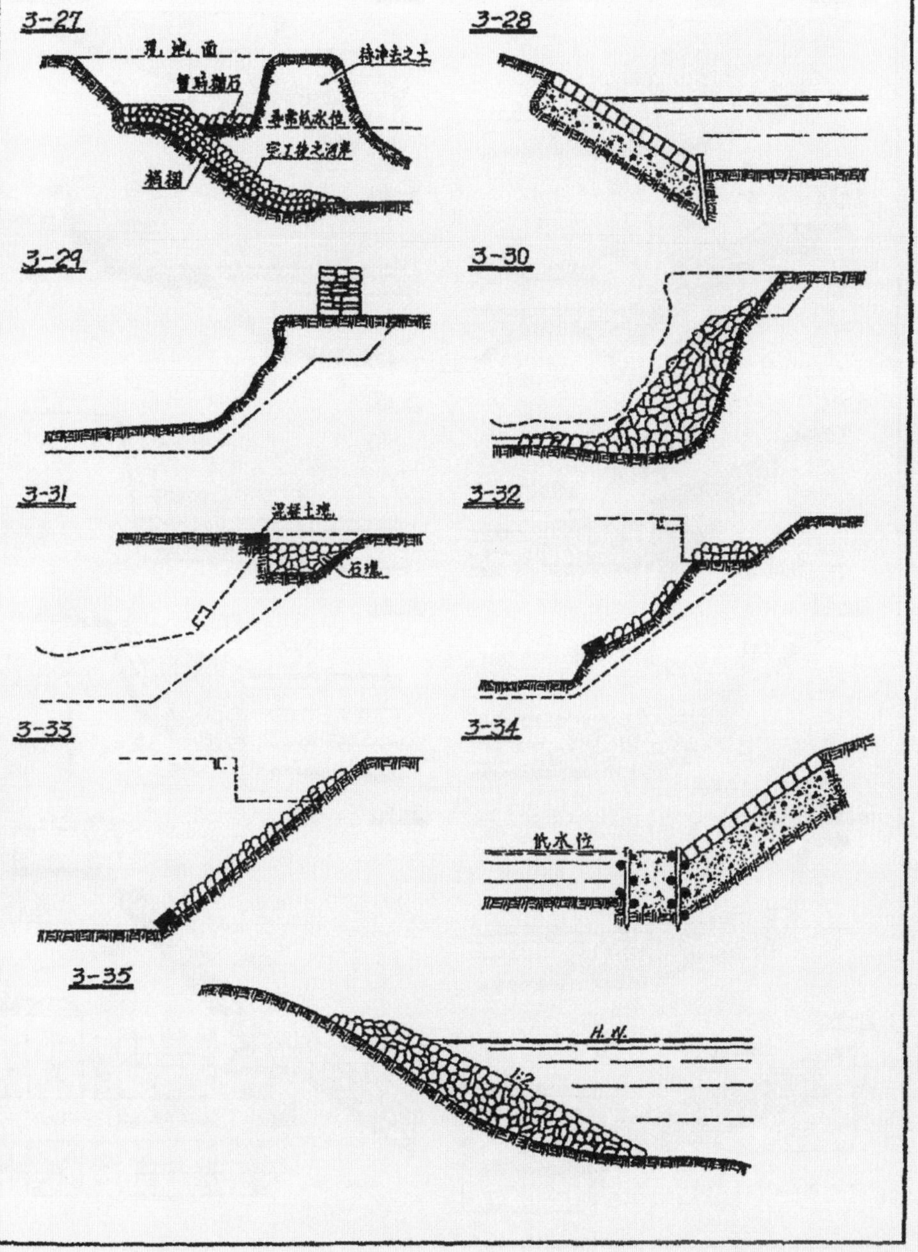
3-27
現地面
暫時抛石
待沖去之土
尋常低水位
完工後之河岸
梢捆
3-28
3-29
3-30
3-31
混凝土塊
石塊
3-32
3-33
3-34
低水位
3-35
H.W.
1:2

續塊石類

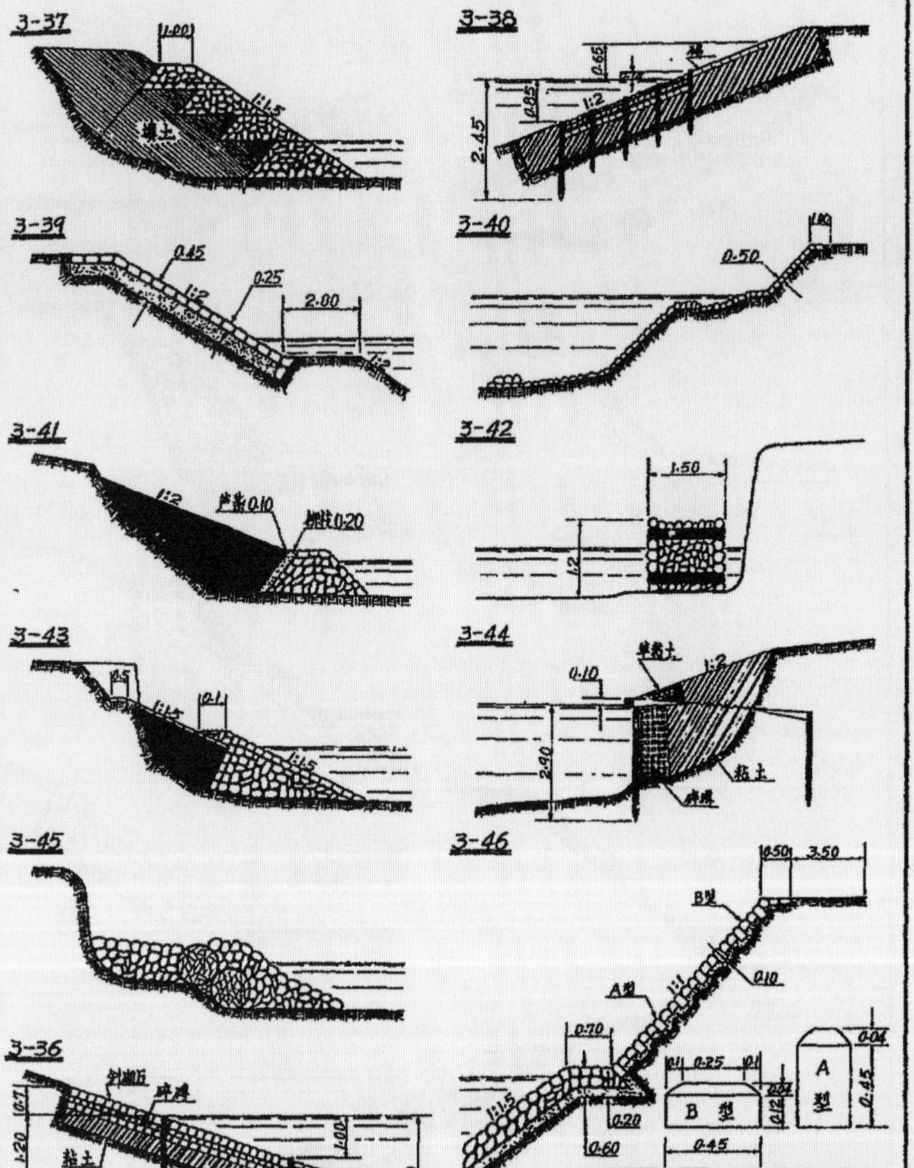
3-37
1.00
1:1.5
3-38
0.65
0.85
2.45
1:2
3-39
0.45
0.25
1:2
2.00
3-40
1.80
0.50
3-41
1:2
3-42
1.50
1.2
3-43
0.5
0.1
1:1.5
3-44
0.10
1:2
2.90
粘土
3-45
3-46
0.50
3.50
B型
0.10
A型
1:1
0.70
1:1.5
0.20
0.60
0.04
0.25
0.45
A
B 型
0.24
3-36
1.20
1.00
2.60
粘土

第四類 鐵絲籠類

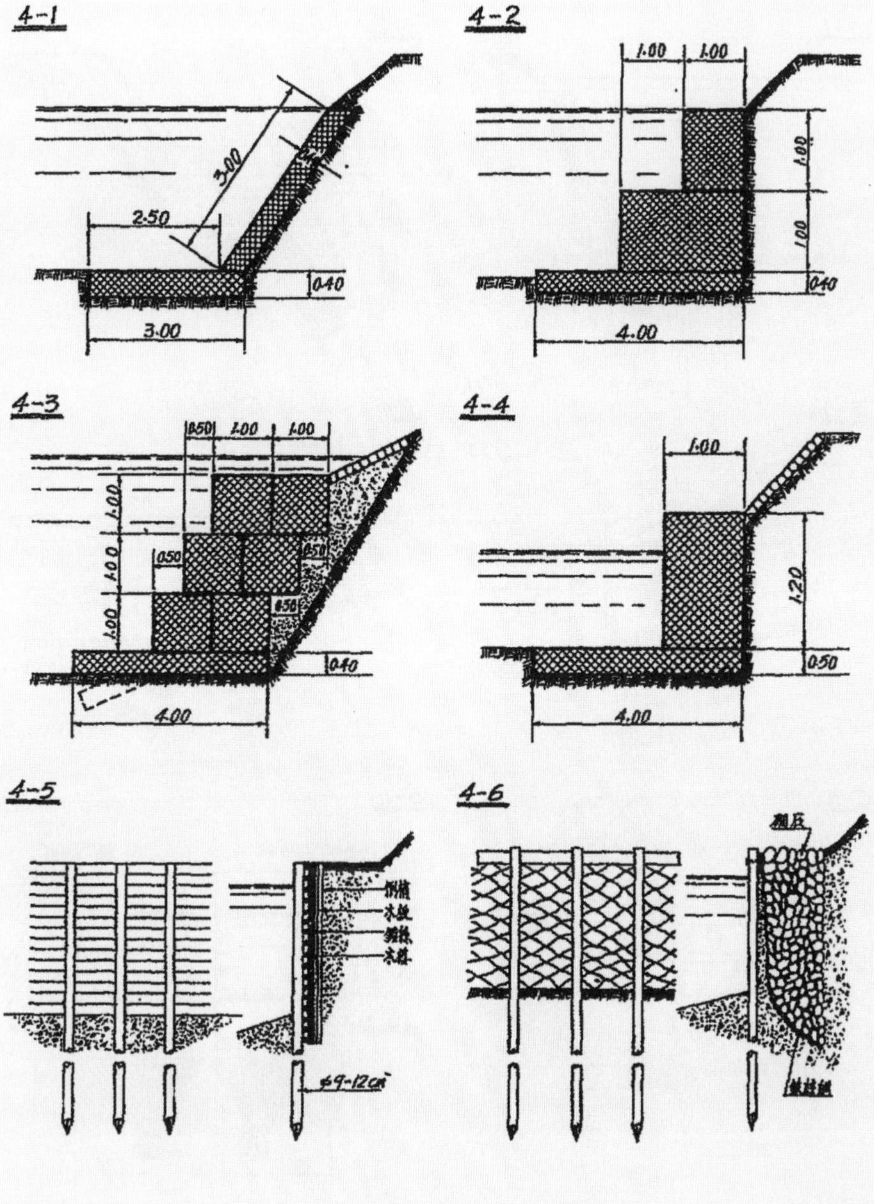
4-1
3.00
2.50
0.40
3.00
4-2
1.00
1.00
1.00
1.00
0.40
4.00
4-3
0.50
1.00
1.00
1.00
1.00
1.00
0.50
0.50
0.50
0.40
4.00
4-4
1.00
1.20
0.50
4.00
4-5
φ9-12cm
4-6

第五類 混凝土類

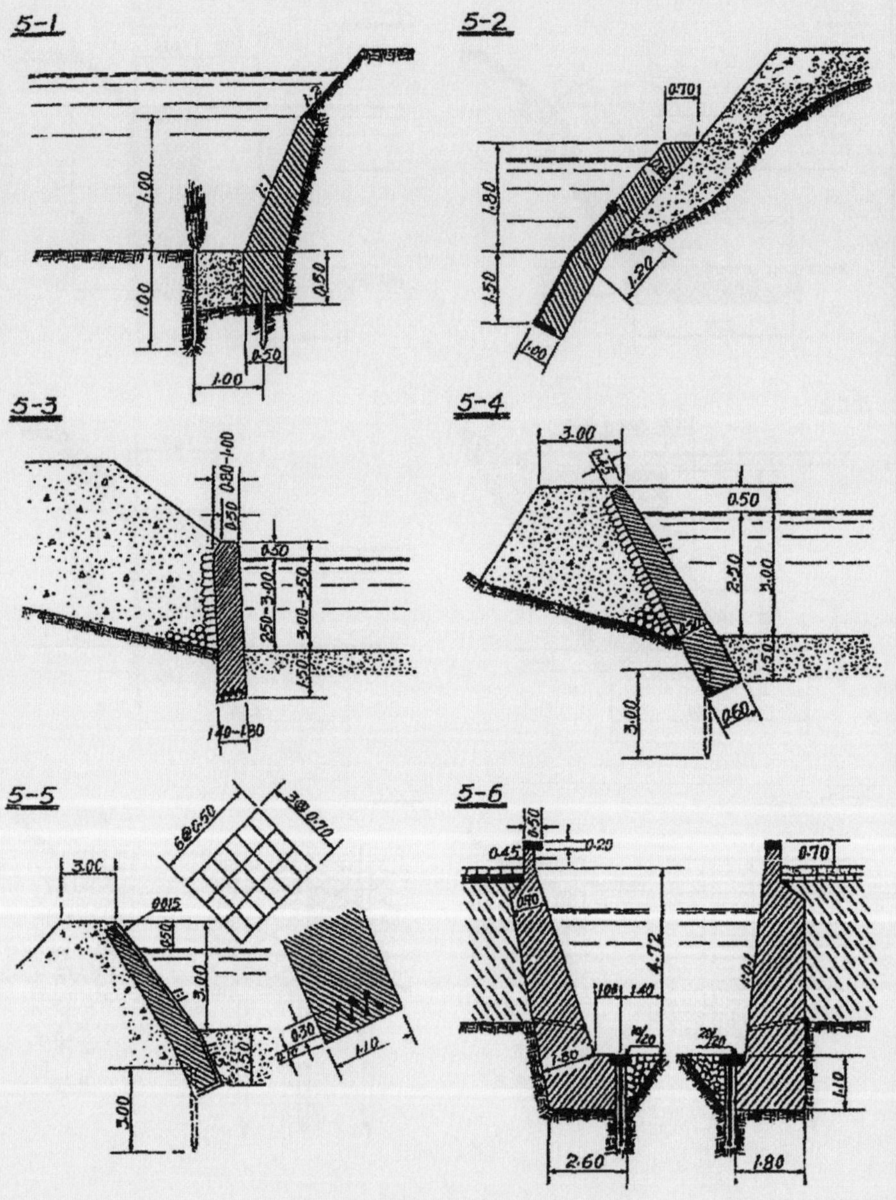

第六類木櫃類

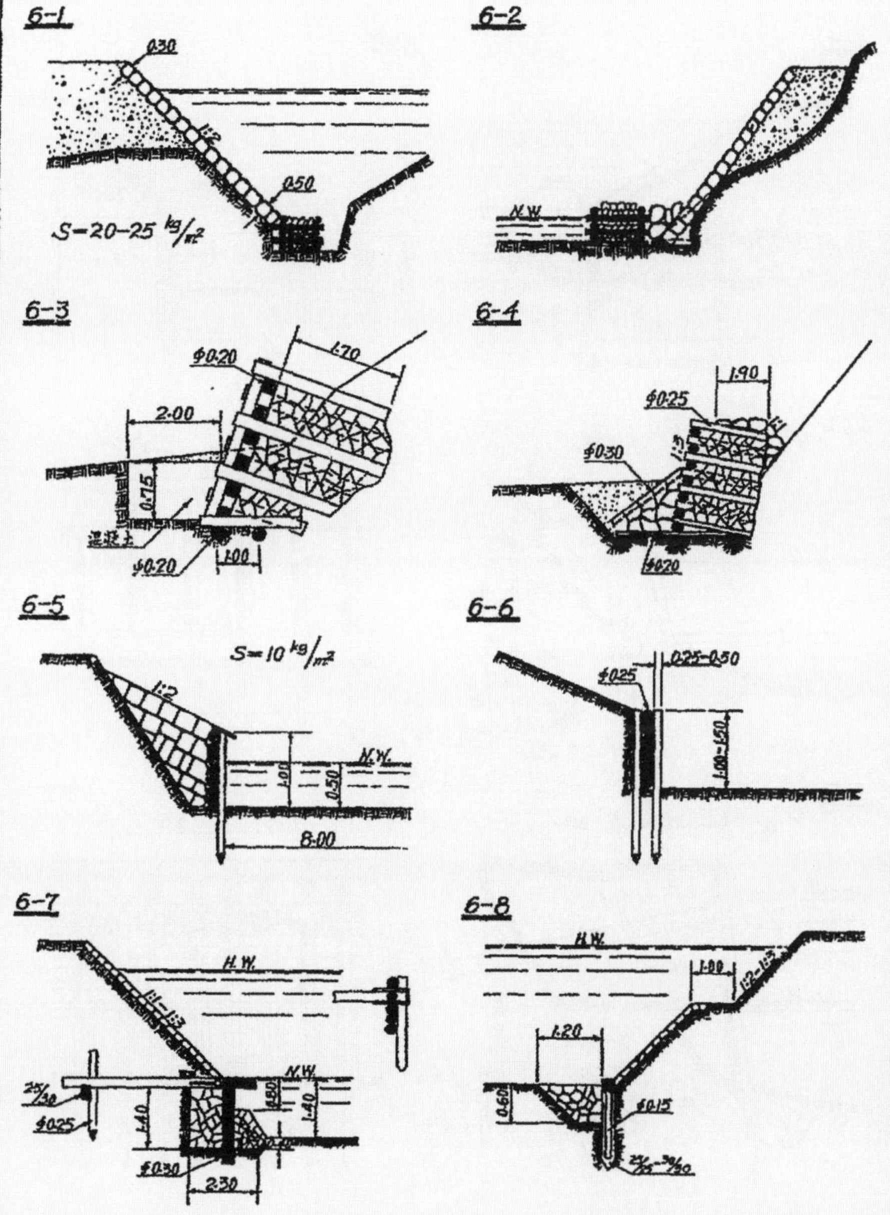
6-1
0.30
0.50
S=20-25 kg/m²
6-2
N.W.
6-3
φ0.20
1.70
2.00
0.75
混凝土
φ0.20
1.00
6-4
1.90
φ0.25
φ0.30
φ0.20
6-5
S=10 kg/m²
1:2
N.W.
1.00
0.50
8.00
6-6
φ0.25
0.25-0.50
1.00-1.50
6-7
H.W.
1:1-1:3
N.W.
φ0.25
1.40
0.80
1.40
φ0.30
2.30
6-8
H.W.
1.00
1:2-1:3
1.20
0.60
φ0.15

續木櫃類

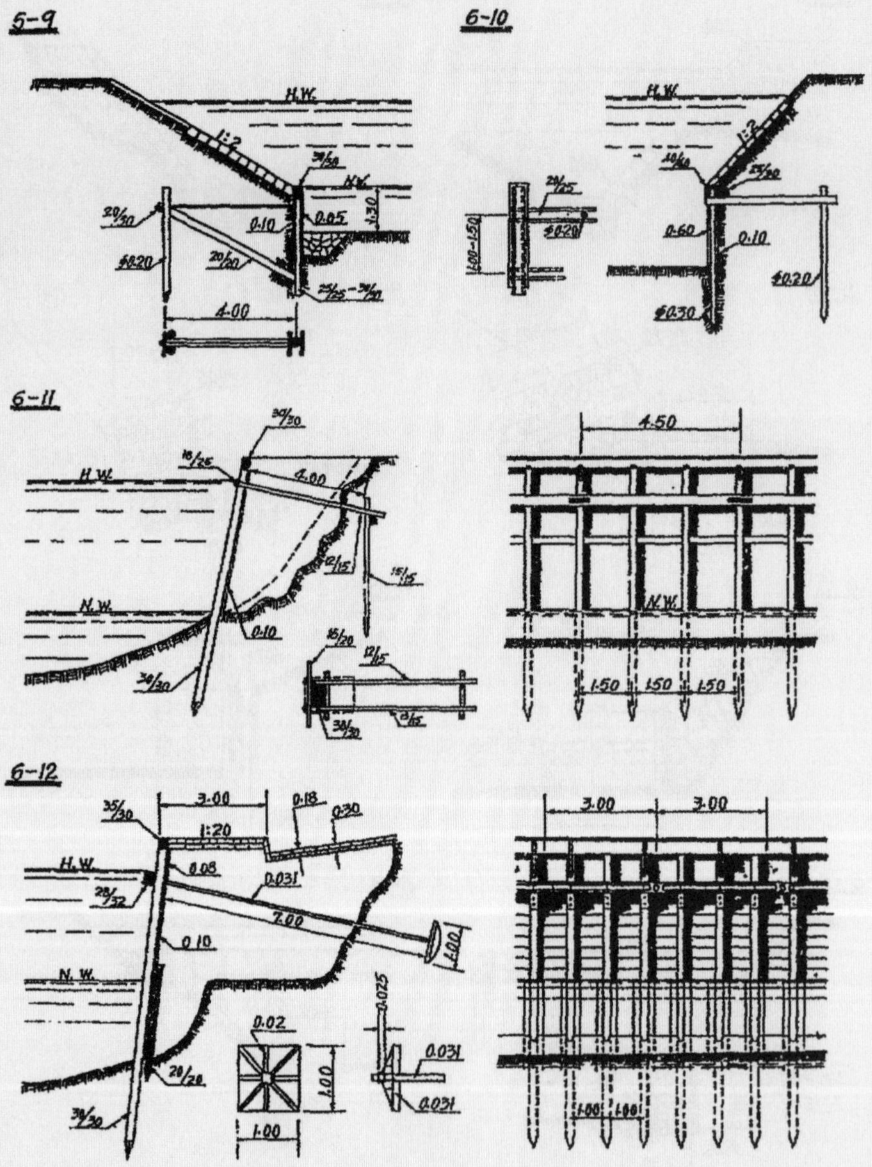

三. 搶險圖譜

第一類　　搶加堤頂

概言：

河水或漲堤身卑矮勢將漫溢過頂則惟有搶加堤頂惟堤線甚長若欲普遍加高培厚時間人夫均已不及故祇得在堤頂之上加築小堤名曰子埝以資防禦

施工以前必須斟酌儲存或就材料多寡及形勢緩急決定施工方法然後分配人夫同時並進有條不紊庶足以濟危應變子埝應全段分層建築切忌做完一小段再做一小段庶免措手不及水已從低處漫進

子埝應做在臨河方面但亦不可過近河邊以致崩落埝後應多留餘地以便人夫往來奔走搶護之用切忌滿堤挖滿散土散料以致通行之路全為遮斷茲將子埝做法分述於後

圖1—1　純土子埝
圖1—2　土袋子埝
圖1—3　捲枕子埝
圖1—4　單層木板子埝
圖1—5　雙層木板子埝
圖1—6　梢綑子埝
圖1—7　鉛絲磚籠子埝

第二類　　搶修滲漏

概言：

堤防遇水背河現清水者為滲現渾水者為漏（洪水時期河水必較渾）滲水者臨河不見任何徵象背河如係陸地則堤腳濕潤或現清水細流如有積水則水面恆現細碎水泡起滅不已漏水者則臨河因漏洞之吸力水面發生中部深下之漩渦背河堤腳或水面因水壓之懸殊復湧起如噴泉諺云蟻穴潰堤星火燎原不可以其小而忽之也其搶護方法如後

圖2—1　澆築後戧
圖2—2　土袋塞洞
圖2—3　鐵鍋覆蓋

圖 2—4　臨河澆土
圖 2—5　柴排堵塞法
圖 2—6　挖槽堵塞法
圖 2—7　蘆蓆覆蓋
圖 2—8　柴土還坡法
圖 2—9　臨河月隄
圖 2—10　背河月隄
圖 2—11　無底水桶
圖 2—12　搶築圍埝
圖 2—13　堵塞石工底脚空虛滲漏法
圖 2—14　堵閉水閘出險法
圖 2—15　堵塞閘洞窨漏法

第三類　搶護坍潰

概言：

隄身坐灣急溜頂冲或風浪襲擊隄坡每易刷深淘空隄身上部即發裂坍潰苟不設法制止即潰決隨之矣

圖 3—1　泥袋劈竹
圖 3—2　簽樁實土
圖 3—3　拋泥土袋或塊石
圖 3—4　簽張蘆蓆
圖 3—5　帶纜加磚
圖 3—6　柴土廂做補救
圖 3—7　簽樁護沿
圖 3—8　梢捆護沿
圖 3—9　廂埽護沿
圖 3—10　簽樁護脚
圖 3—11　搶護隄身滑坍
圖 3—12　搶護隄坡串水脫卸
圖 3—13　幫隄掛柳
圖 3—14　排樁填土
圖 3—15　編柵堆土

圖3—16　　框架填土

圖3—17　　挑灘法

圖3—18　　掛柳緩溜

圖3—19　　(甲)遠水柳枝丁壩打樁編柳法

圖3—19　　(乙)遠水柳枝丁壩柳束框架法

圖3—20　　壘石柳壩法

第四類　　防禦風浪

概言：

盛漲之時水流甚速遇有狂風來且直撲隄頂勢甚猛烈隄身土埽頃刻冲失此種現象最易出險預防方法之簡而有效者莫如隄外水面掛枕掛柳或於坡上編做鞔草防風使波浪近岸不易翻騰衝擊力自然減少或用碎石柳枝鋪護隄面或臨河簽樁紮枕以護隄身茲分述如次

圖4—1　　築防風坡

圖4—2　　沿隄掛枕

圖4—3　　隄面護石

圖4—4　　沿隄掛柳

圖4—5　　柳枝護沿

第五類　　搶護漫溢

概言：

隄身初告漫水形勢尚未十分嚴重應急施搶救否則刷口漸大終必潰決此項搶救工程最為危險動作務須迅速敏捷茲將搶救各方法分述如次

圖5—1　　泥袋堵閉

圖5—2　　柴廂土袋堵閉

第六類　　埽工搶險

一、埽工出險之種類及其發生之主因

二、埽工搶護舊法

1. 搶護墩蟄
2. 搶護吊蟄
3. 搶護前眉垂頭
4. 搶護爬蟄

5. 搶護後潰吊塘揚臉抽籤換簽箕
6. 搶護航胎
三　埽工搶護新法
圖6－1　增加埽體重量
圖6－2　拋護埽根

第一類

(一) 純 土 子 埝 (圖 1-1)

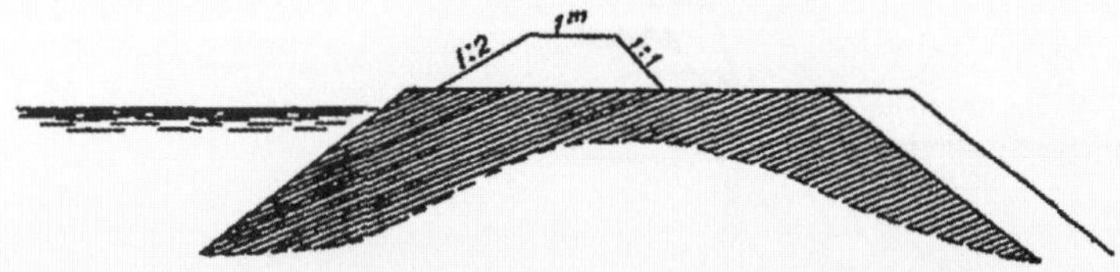

1. 適用範圍—此法適用於附近有好土或河面風較少之處但水已漫堤者不適用
2. 材　　料—粘土或肥土
3. 建築方法—建築土埝應逐層加高每層約厚二十公分隨築隨由人夫用足踐踏結實土塊應打碎堤面及土中所有樹枝草叢一律除去埝之外坡收分愈大愈佳普通為一比二坡腳離堤頂外邊至少半公尺以免新土擠入河中埝頂寬度至少一公尺

(二) 土 袋 子 埝 (圖 1-2)

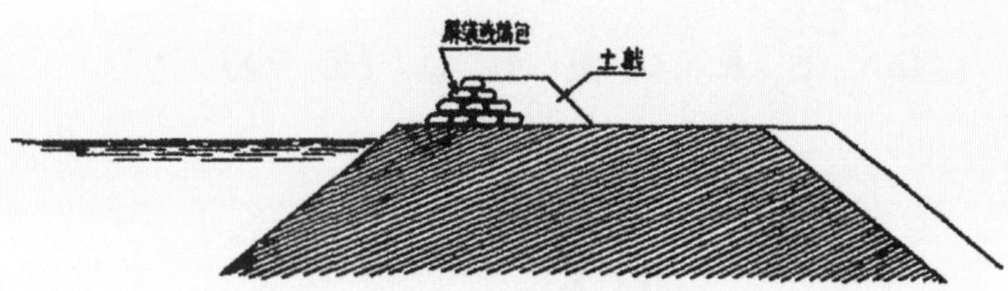

1. 適用範圍—適用於附近土質不良或風浪較大處
2. 材　　料—土及舊蔴袋或蒲包
3. 建築方法—於臨河堤頂退後半公尺排鋪土袋成埝埝後用土湊戧土袋互相擠壓務以嚴密為主

(三) 捲 枕 子 埝 (圖 1-3)

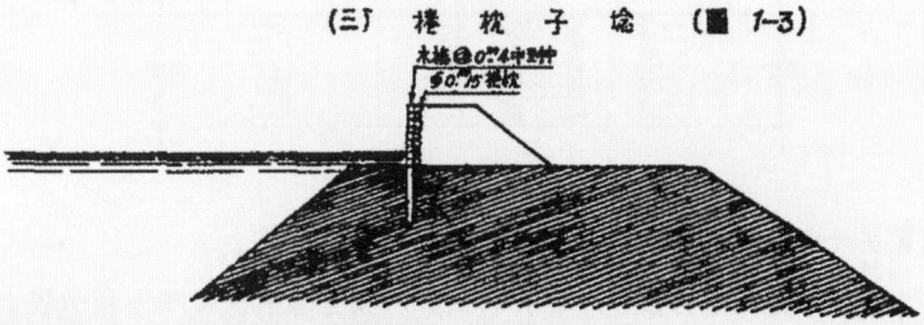

1. 適用範圍—此法適用於水將漫堤或已漫堤之處
2. 材　　料—木樁鉛絲帶葉柳枝或芦葦土
3. 建築方法—於臨河堤頂退後一公尺簽釘木樁一行樁身一半打入土內樁間相距約四十公分預將柳枝或芦葦用十六号鉛絲束成直徑十六公分之捲枕巳用十二號鉛絲將捲枕疊繫於排樁之內側然後用土湊戧

(四) 單層木板子埝 (圖1-4)

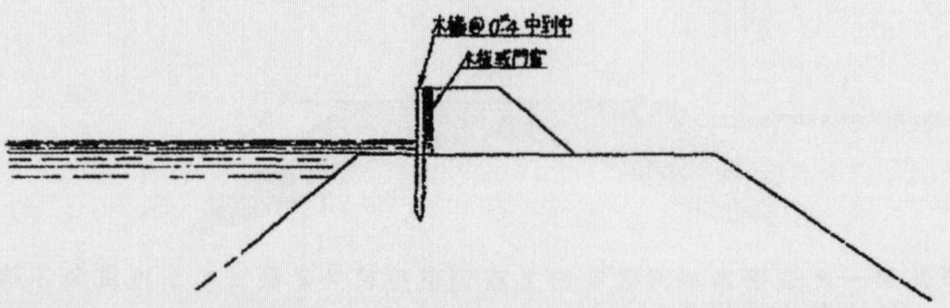

1. 適用範圍—此法適用於異常緊急時期水已漫堤或將漫堤之處.
2. 材　料—木樁木板(門窗均可代用)土.
3. 建築方法—於臨河堤頂退後一公尺,簽釘木樁一行樁間相距約四十公分.木樁一半打入土中.於排樁內側,附繫木板,然後澆土.或於澆土之前,堆加土袋頂住木板,使勿內傾以使取土較為從容.

(五) 双層木板子埝 (圖1-5)

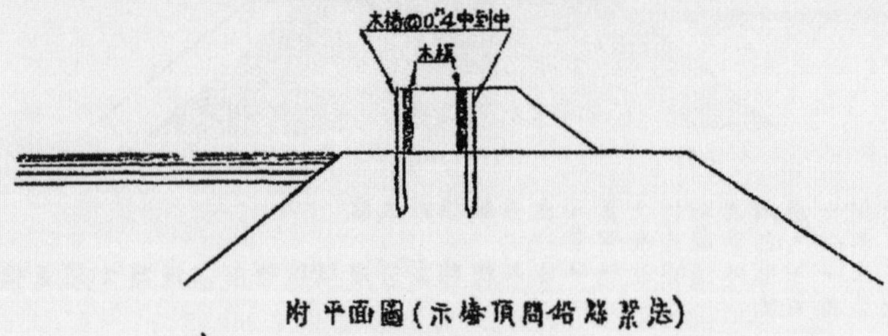

附平面圖(示樁頂間鉛絲繫法)

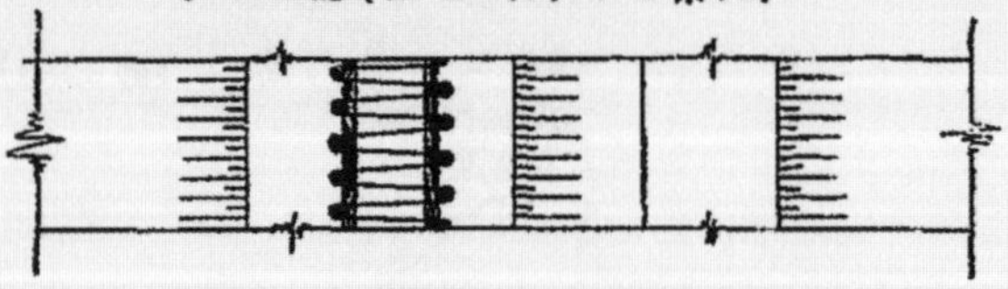

1. 適用範圍—此法適用於緊急之時,而堤頂並不寬展之處.
2. 材　料—木樁,木板(門窗亦可代用),鉛絲,土.
3. 建築方法—於臨河堤頂退後一公尺,簽釘第一排木樁再退後七十公分,簽釘第二排木樁,樁之間距為四十公分,前後兩排樁間應互相錯膈,於樁之內側附繫木板填土其中如見樁有外傾情形可用鉛絲交迭扣繫於前後兩排樁上,如時間充分則於牆後澆築裏戧.
4. 附　註—如有預製之柳捲或葦把,可用以代木板,排樁間亦可實以散柳上壓土袋或塊石而於牆後澆土.

(六) 梢輥子埝 (圖 1—6)

1. 適用範圍——堤防關係極重，附近柴薪樹木出產甚多河水漲發較緩可以適用此法。
2. 材　　料——柳枝（其他樹枝亦可用）鉛絲，磚石或土袋。
3. 建築方法——先將樹枝紮成捲枕如圖甲，再將捲枕若干個平放堤頂，中實塊石（或磚塊土袋）包捲成梢輥（俗名春捲）子埝高度為半公尺者用梢輥一個，後澆埝土，子埝高一公尺者應用梢輥三個壘成品字形，一公尺半者則分三層，底層三個中層二個，頂層一個澆土成梁截。

(七) 鉛絲磚籠子埝 (圖 1—7)

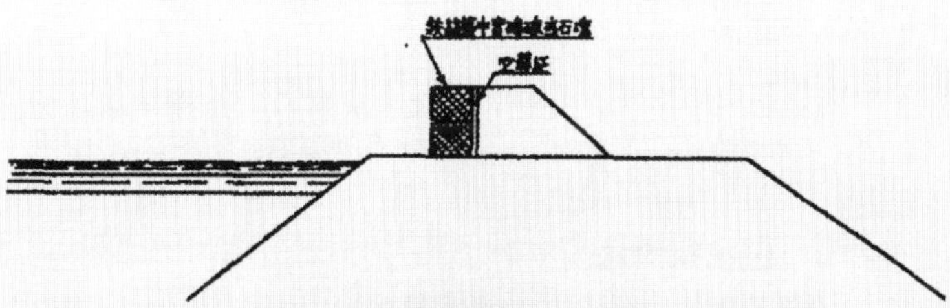

附：鉄絲籠圖

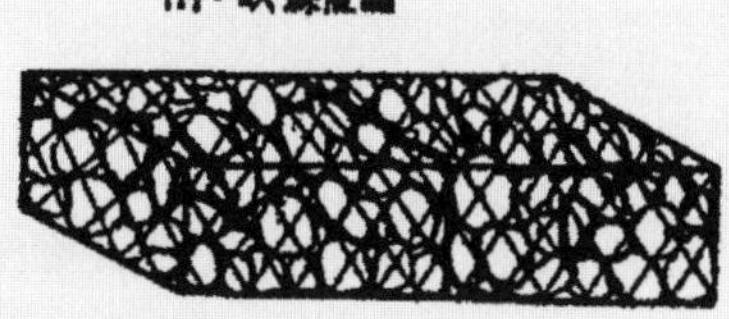

1. 適用範圍——堤上預備鉛絲籠及磚料之處可用之。
2. 材　　料——鉛絲籠及磚（或石）
3. 建築方法——將鉛絲預製成方或長方籠排置堤上，中實以磚塊，再以鉛絲縱橫貫結之，籠後實以土戧，實土之前，能於籠後張掛空麻袋者尤佳，欲使子埝格外堅固，則排列磚籠兩行，中實泥土，其上蓋以土袋。

第二類

(一) 淺築後戧 (圖 2-1)

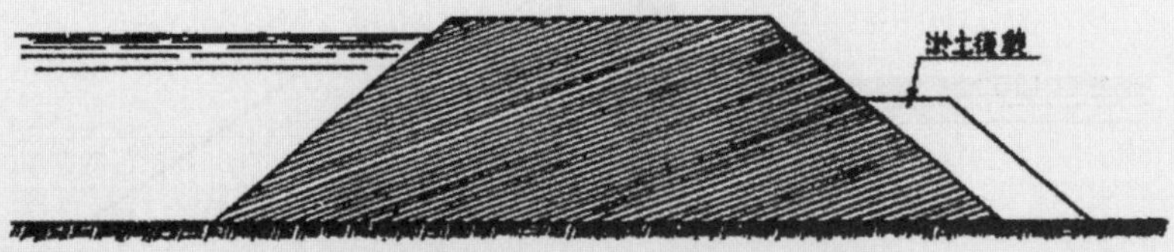

1. 適用範圍—堤背滲水或水淺溜緩堤身漏洞並不甚大者
2. 材　　料—淤土
3. 建築方法—於背河處加築後戧夯硪堅實其高度至少須超過滲透所及之處

(二) 土袋塞洞 (圖 2-2)

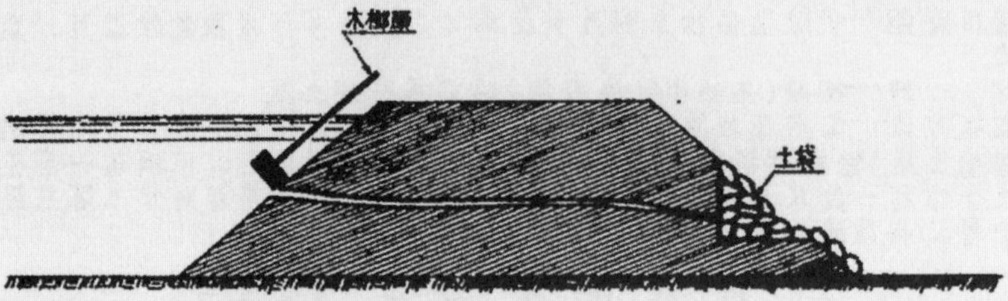

1. 適用範圍—水淺溜緩漏洞不甚大者
2. 材　　料—土袋
3. 建築方法—背河奔漏洞所在將堤坡切土上鋪土袋臨河以木榔頭搗填洞口

(三) 鐵鍋覆蓋 (圖 2-3)

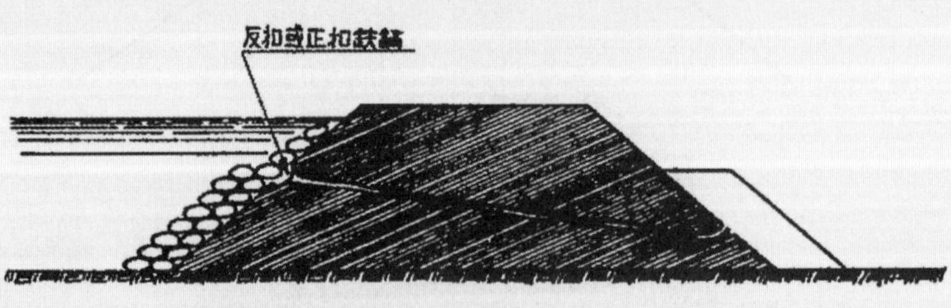

1. 適用範圍—水淺溜緩漏洞較大時適用之
2. 材　　料—鐵鍋舊棉衣棉被蔴袋淤土
3. 建築方法—由水手（俗稱水鴨子）入水探到洞口所在即用鐵鍋扣塞（正反均可但反扣較便）或用棉被棉衣蔴袋等物填塞洞穴亦可使漏水斷流乃於臨河拋填土袋或淤土而於背河搶加後戧

(四) 臨河澆土 圖 2-4)

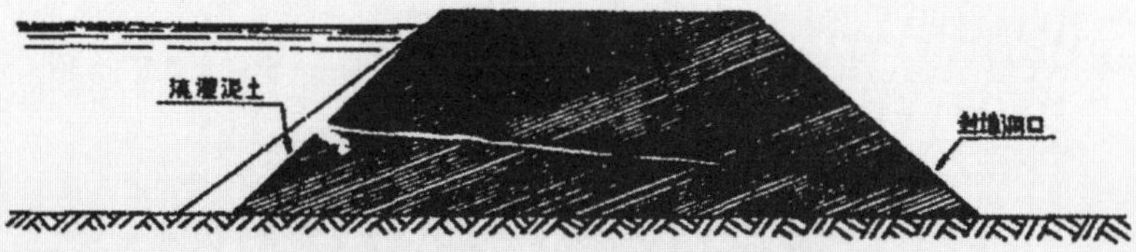

1.適用範圍—水淺溜緩而所生漏洞又不甚大者。
2.材　　料—泥土。
3.建築方法—於臨河澆灌泥土,背河封墳洞口。

(五) 柴排堵塞法 (圖 2-5)

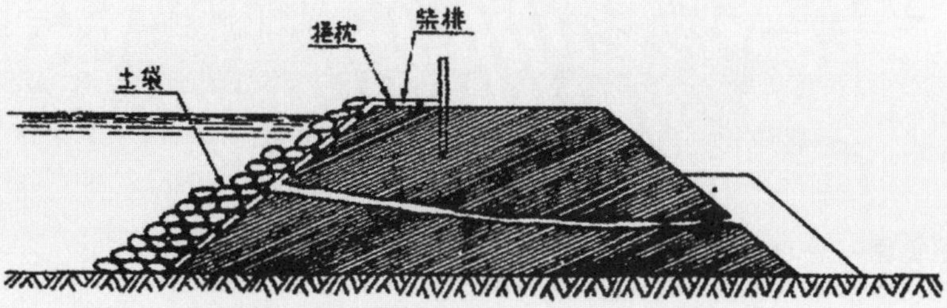

1.適用範圍—水深溜急,漏洞多而且大者。
2.材　　料—樹、柴、繩索木樁、土袋等物。
3.建築方法—於堤頂簽釘木樁一排,趕紮柴排,繫以捲枕,隨將繩索放鬆,使柴排隨堤坡下沉,遮蓋漏洞,再拋土袋以資鎮壓,俟漏水稍緩即於背河搶加後戧。
4.附　　註—在緊急之際,用棉被芦蓆等物,疊叠做成排形,以代柴排亦可。

(六) 挖槽堵塞法 (圖 2-6)

1.適用範圍—堤身兩側皆水,臨河背河搶堵,均感不便者。
2.材　　料—蔴袋、棉被褥、淤土。
3建築方法—於堤頂中間挖槽,深及漏道,用被褥或空袋填堵堅實,然後用淤土或土袋填平之。

(七) 芦蓆覆蓋 (圖 2-7)

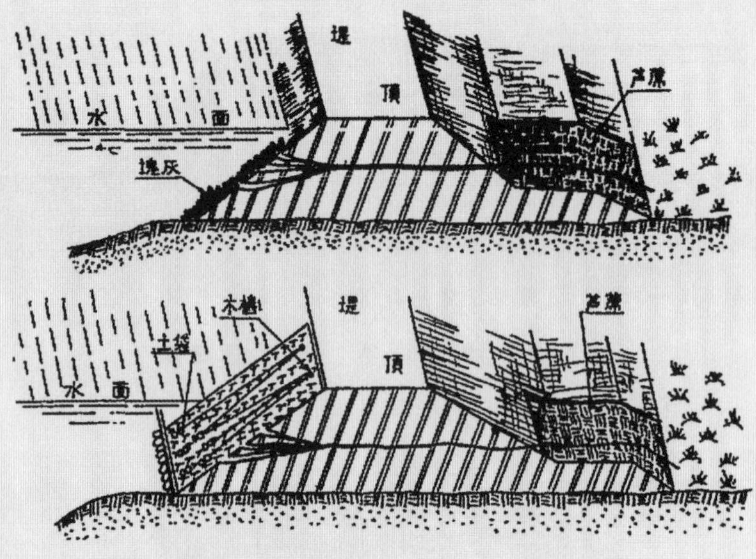

1. 適用範圍—於堤身漏口不明所在或有數處同時漏水者適用之。
2. 材　　料—石灰、竹蓆或芦蓆、木樁、蔴繩。
3. 建築方法—用多數成塊石灰，靠堤之内边放下，以期糊塞進水口，吐水口之下則舖以竹蓆，免傷堤坡或在内面堤腹張以芦蓆，扦釘木樁並牽繩繫以袋土，斜壓其上，以防上浮，如上圖。

(八) 柴土還坡法 (圖 2-8)

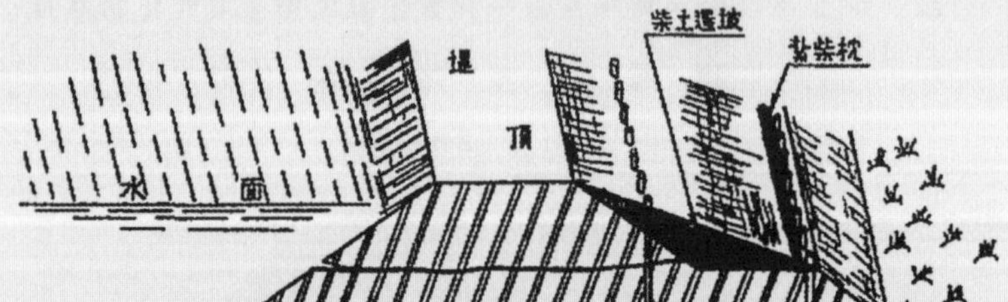

1. 適用範圍—於堤身滲漏湍急，一時無法堵止，外坡已被刷壞且有繼續塌坍之勢者適用之。
2. 材　　料—木樁、柴枕、土。
3. 建築方法—於外坡堤脚簽釘木樁一排外，再於上坡擇要簽樁，柴枕擋護，以柴土還坡，待見清水徐徐沿柴料洩出，則危險之境已過，然後徐圖堵塞。

(九) 臨河月堤 (圖 2-9)

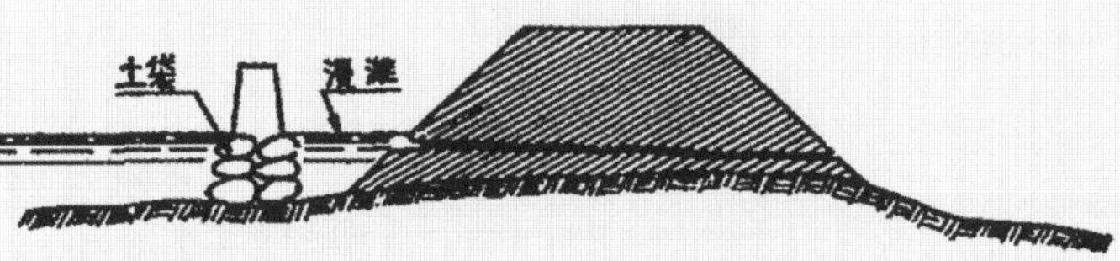

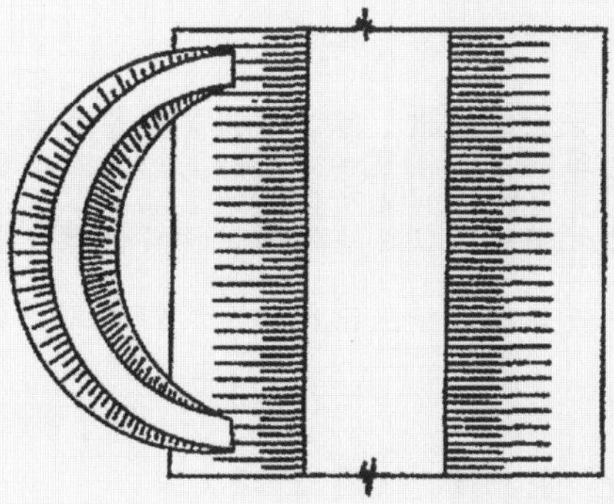

1 適用範圍一漫灘淺水堤腳之一部管漏透水而背河地勢復異常窪下
2.材　　料一土袋及土
3.建築方法一於臨河一面搶築月堤將漏洞部分圍護在內搶築月堤時先拋土袋於月堤內外坡腳然後於兩排土袋之間填土俟出漫灘水面始全用土築

(十) 背河月堤 (圖 2-10)

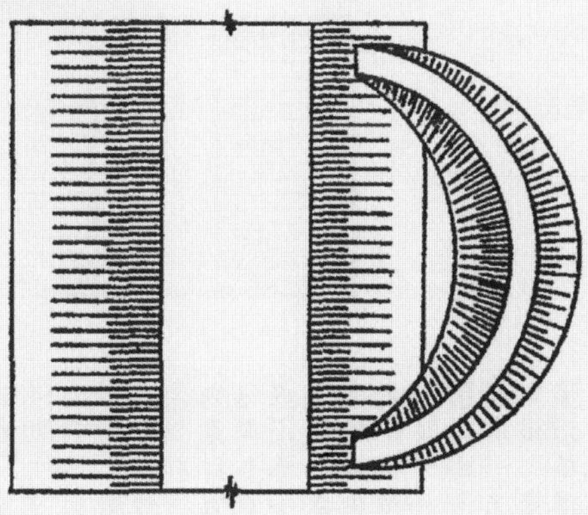

1.適用範圍一大堤之一部管漏透水而背河地勢較高者
2 材　　料一土袋土
3.建築方法一於背河一面搶築月堤將滲漏部分圍護在內開始時先於月堤內外腳拋土袋兩排然後填土於兩排土袋之間逐層做高俟內水面與外河水面相平水壓力平衡滲漏自止
4.附　　註一建築月堤可應用第一類搶築子捻各法

（十一）無底水桶（圖 2-11）

1. 適用範圍—水自背河平地或堤脚湧出，但漏洞不甚大時。
2. 材　　料—木桶。
3. 建築方法—將鼓形舊木桶（如桕油桶水泥桶之類）除去底及蓋，覆蓋於漏洞之上，桶與地相接部分有水漏出急用土袋或泥土填塞，如水頭較高，則將木桶兩只套接，如用鼓形之桶，祇須將桶口鋸去二、三寸，即可套於別桶之上，兩桶相接處宜用布疊口，以免漏水，漏水停止後，須將木桶設法扶住並將淤土作成極濃泥漿灌入桶內，使漏洞自行填塞。
4. 附　　註—如有木板可以四塊合成無底方桶以備應用，有三七尺白鐵皮時亦可臨時做成圓筒供用。

（十二）搶築圈埝（圖 2-12）

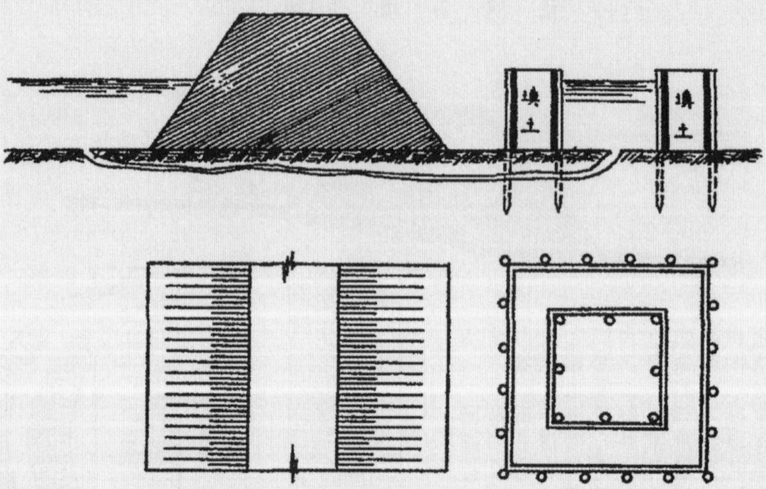

1. 適用範圍—水自堤底地內滲漏於背河方面平地忽然翻起滴沙，面積較大水量汩汩湧出離堤較遠不能適用背河月堤者。
2. 材　　料—搶築子埝各材料。
3. 建築方法—照搶築子埝方法於背河平地湧水之四周，築一圈堤，築圈堤時置木水槽於圈堤之上，以導水流而利施工，俟內水面與河水面相平，滲漏即止。

(十三)　堵塞石工底脚空虛滲漏法　(圖 2-13)

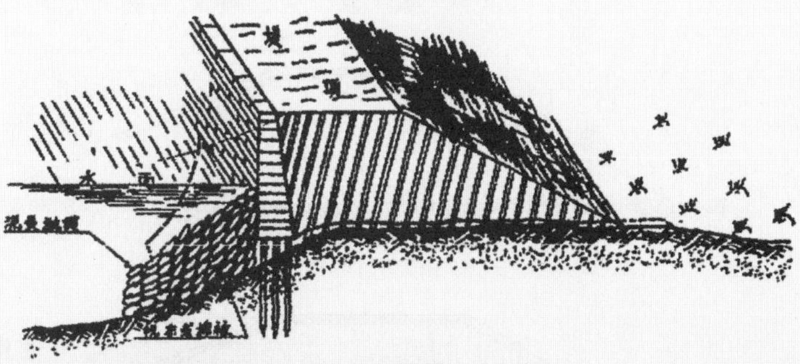

1. 適用範圍—石工底脚空虛發生滲徑滲漏時適用之
2. 材　料—帆布或棉絮泥袋土
3. 建築方法—於石工底脚內面空漏處用帆布或棉絮鋪墊一二層上蓋泥袋再用粘土散佈袋面以塞袋間空隙

(十四)　堵閉水閘出險法　(圖 2-14)

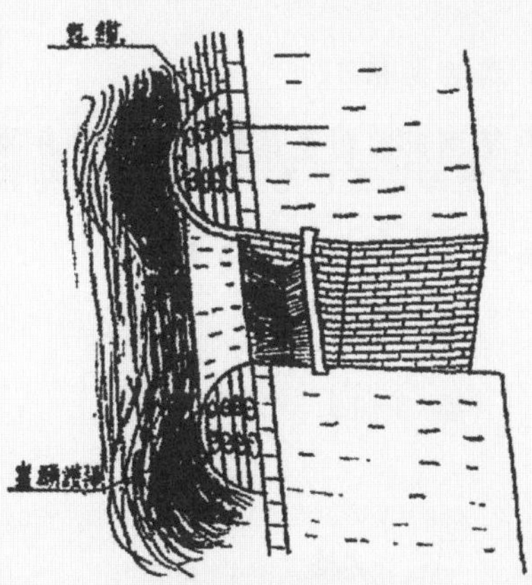

1 適用範圍—於閘牆或閘門出險時適用之
2 材　料—蔴繩土木樁
3 建築方法—先在裏頭牆掙上簽釘木樁以長蔴繩排鋪其上而扣拴其兩端然後在蔴繩上疊層壓以料土徐徐放鬆蔴繩則料土整塊下降終將口門全部閉塞再澆足裏戧以求閉氣。

(十五)　堵塞閘洞窨漏法　圖 (2-15)

1 適用範圍—於閘洞素牆發見窨漏帶將崩潰時適用之
2 材　料—土袋或蒲包
3 建築方法—先於臨河一面拋壘土袋或蒲包堵塞

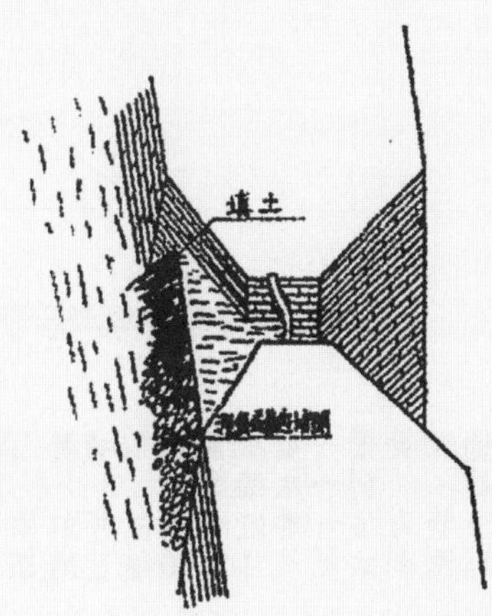

第三類

(一) 泥袋劈竹 （圖3-1）

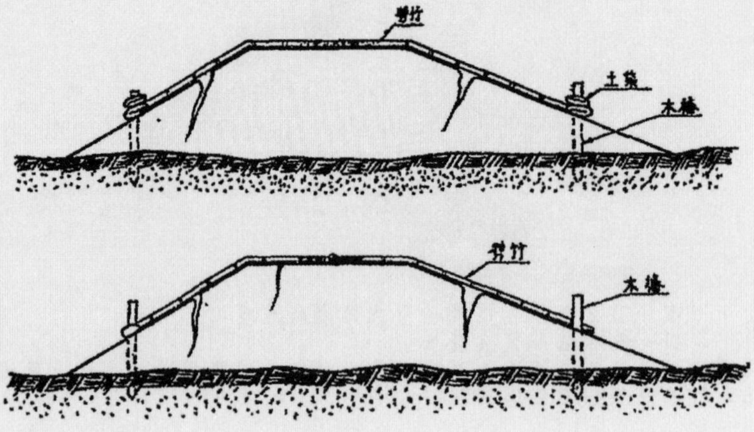

1. 適用範圍——堤防發生崩塌或龜裂有滑落之虞者適用之。
2. 材　　料——泥袋、竹、麻繩、木樁
3. 建築方法——於堤身內外兩面，各堆積泥袋兩層，用細竹相互維繫，另加簽樁，每隔二公尺至四公尺兩面各插一劈竹，（以大竹劈為四片或六片）一端縛於泥袋簽樁一端緊相連結。
4. 附　　註——或不用泥袋堆積兩坡，僅用木樁，繫以劈竹連結維護之。

(二) 簽樁實土 （圖3-2）

1. 適用範圍——堤坡緊臨深塘，發生脫裂者適用之。
2. 材　　料——木樁、土。
3. 建築方法——於近坡脚處，扦釘關護樁一排，間距約一公尺，並於裂縫內填以乾土，以免雨水灌入，俟其險境已過，然後填土加硪。

(三) 拋沉土袋或塊石 (圖 3-3)

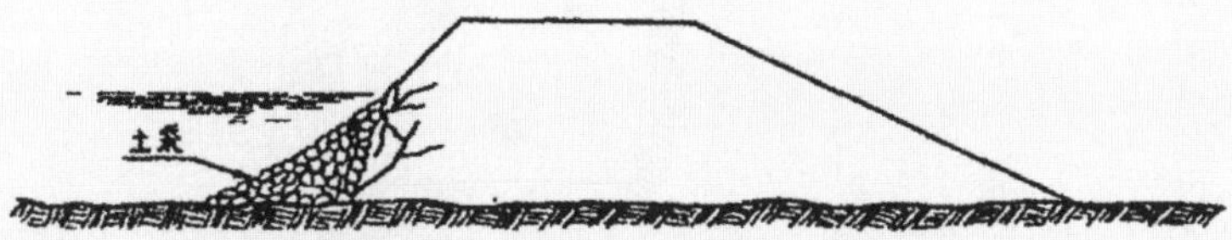

1. 適用範圍—水淺流緩,溜勢掃達時適用之
2. 材　　料—土袋或塊石。
3. 建築方法—於坍潰處拋以土袋或塊石。

(四) 簽張芦蓆 (圖 3-4)

1. 適用範圍—堤內崩缺較小者適用之。
2. 材　　料—芦蓆,短樁。
3. 建築方法—在內坡表面簽張芦蓆,以免續坍。

(五) 帮築加戧 (圖 3-5)

1. 適用範圍—外堤脫坡者適用之。
2. 材　　料—木樁,土。
3. 建築方法—於脫坡部分沿外坡脚簽釘關土樁一排,然後帮築加戧。

（六）　柴土廂做補救　　　（圖 3-6）

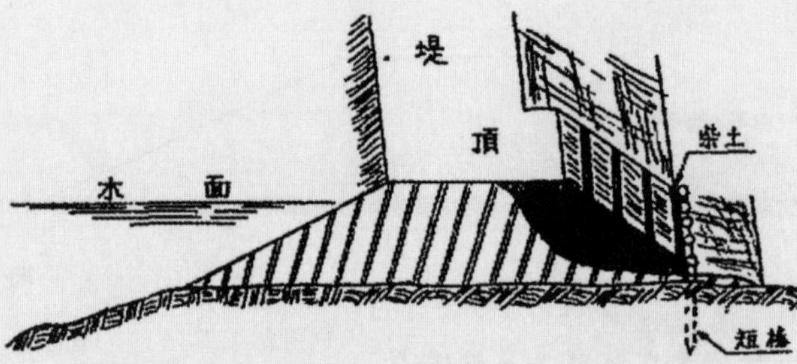

1. 適用範圍—堤身外坡潰脱者適用之。
2. 材　　料—短樁，柴土。
3. 建築方法—於潰脱處簽釘短樁一排，然後層土層柴，廂做補救。

（七）　簽樁護沿　　　（圖 3-7）

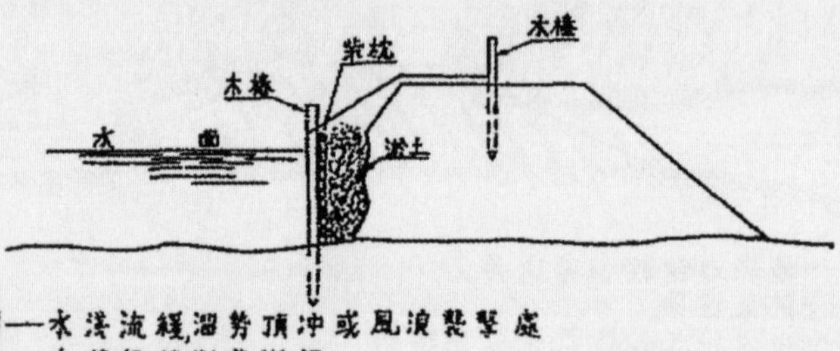

1. 適用範圍—水淺流緩，溜勢頂冲或風浪襲擊處
2 材　　料—木樁鉛絲，樹柴，淤泥。
3 建築方法—於冲塌坡脚處及堤頂各打樁一排，用鉛絲互相連繫，將散柴成捲枕繫於樁内，隨將淤土填實。
4 附　　註—門窗木板可代樹柴。

（八）　梢輥護沿　　　（圖 3 8）

1. 適用範圍—水深溜急時適用之。
2. 材　　料—柴料，塊石（或磚塊土袋）鉛絲。
3. 建築方法—於堤頂製作梢輥，其方法與第一類第六法梢輥子埝之梢輥製法相同，其長度應與坍潰部相等，做就後推入水内，壹壘至出水為止，即成梢輥護沿。

(九) 廂埽護沿 (圖 3-9)

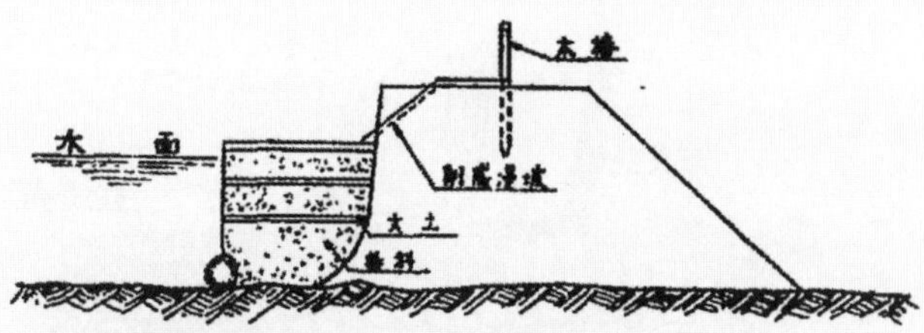

1. 適用範圍—水深無法簽樁者,可用此法。
2. 材　　料—稭料,土,繩纜,木樁。
3. 建築方法—廂埽之前應先考察地勢,修整壩台,繼順壩台量定擬修埽長尺寸,以標誌之,於台上堤頂邊際橫排五尺木樁若干,長與埽等,間距約3尺左右,樁間排列枕繩(撓栓繩)樁上順鋪稭料,層疊吞壓,追厚達枕高之半,即於料中橫縱筋繩一條,續加稭料,使圓如枕,然後用預鋪之枕繩及露出兩端之筋繩捆束之而成枕。捆枕既成即於枕上枕繩之間匀拴底鉤繩若干,繩上橫結束成網,次將枕端筋繩活繫於堤頂上下兩端,預備既竟,然後將枕下五尺樁之一端托起,使枕順樁滾下推墜河中,用撑桿及活繫之筋繩將枕之方位矯正後,即於繩網上匀鋪料物,拍以脊板,務使嚴密整齊,高至數尺是為一坯。(普通每坯料高自4尺至6尺不等)一坯廂竣,即於上面加壓花土,簽打樁木,繼結練纜,藉以連繫罣圍之,繩之他端均回繫於堤頂樁上,以便隨時鬆動,如此逐坯廂做,以抵於成,至坯間繩之連結及方式,均依照工情水勢而定,高度既定即於埽頂加壓大土通常厚約二尺,此為廂新埽施工之大略情形。

(十) 簽樁護脚 (圖 3-10)

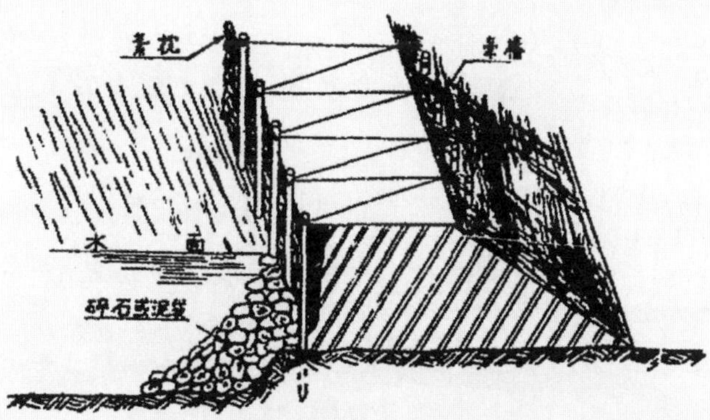

1. 適用範圍—堤身坐灣,急溜頂沖,坡脚刷成深泓,堤身陡立,容易坍卸者適用之。
2. 材　　料—木樁,柴枕,鉛絲,碎石,泥袋。
3. 建築方法—急應在坍卸部份簽釘長樁,另打短樁,防其傾倒,然後紮枕填土並用蠻石泥袋抛護下脚,以防堤身泥土刷空。

(十一) 搶護堤身浡坍 (圖 3-11)

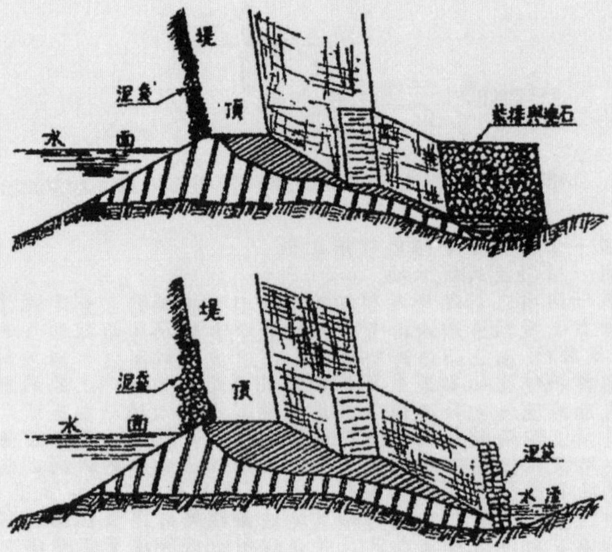

1. 適用範圍—堤身發見浡坍者適用之.
2. 材　　料—泥袋(或柴排塊石),土..
3. 建築方法—於浡坍處先以泥袋堆置臨河坡面,以防河水漫過,再於外坡脚以泥袋層疊堆置,或用柴排與石塊重重鎮壓,以防堤土隨滲漏之水再行下溜,然後於坍損處填土加硪.

(十二) 搶護堤坡串水脫卸 (圖 3-12)

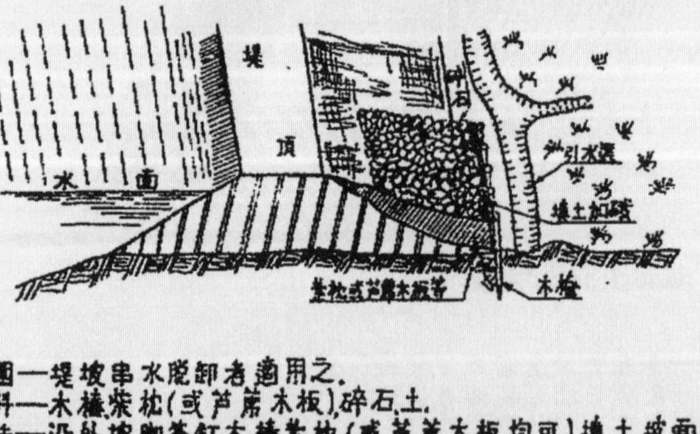

1. 適用範圍—堤坡串水脫卸者適用之.
2. 材　　料—木樁,柴枕(或芦蓆木板),碎石,土.
3. 建築方法—沿外坡脚叅釘木樁,柴枕(或芦蓆木板均可)填土,坡面用蠻石压之,另於外坡脚闢引水溝一道,以排泄串水.

(十三) 幫堤掛柳 (圖 3-13)

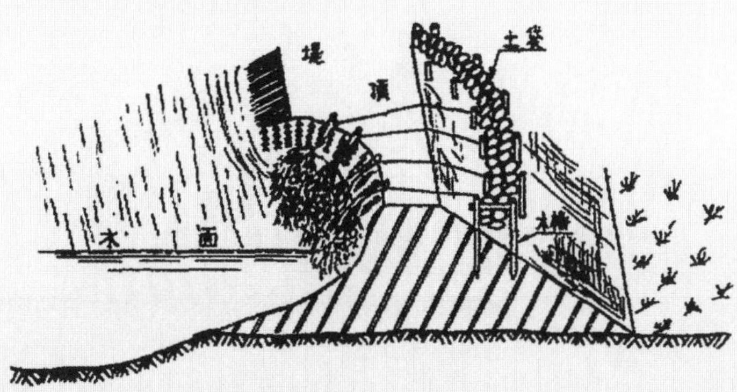

1. 適用範圍—迎流頂冲堤身大部冲毀者適用之。
2. 材　　料—木樁,土袋,柳楸鉛絲。
3. 建築方法—於堤身坍塌處之外坡加築帮堤其作法,先打樁兩排中填土袋,內坡掛柳擋護如能拋鄉鉄籠沉石,柳笸沉土(用柳條編成大筐,中實以土連蓋緊紮下沉)保護下脚,尤為得力.

(十四) 排樁填土 (圖 3-14)

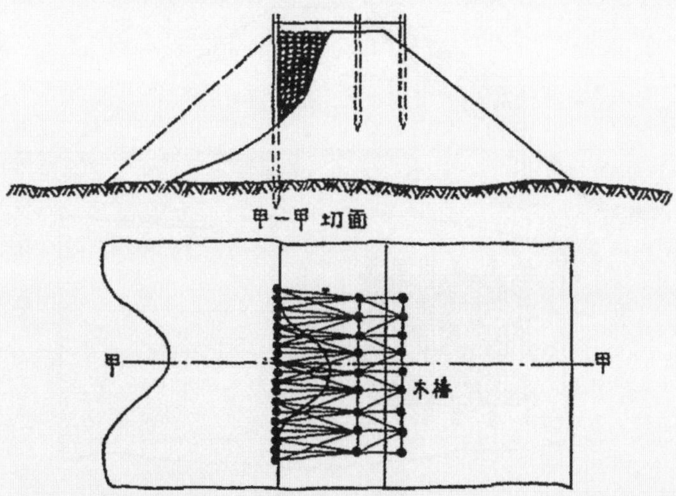

1. 適用範圍—堤防之一部發現滑落,情節較重大者適用之
2. 材　　料—木樁,鉛絲,袋土。
3. 建築方法—於堤之內外打樁,用鉛絲維繫,保護,並於滑落處留釘排樁,中實袋土。

(十五) 編柵堆土　(圖 3-15)

1. 適用範圍—堤內崩缺較大者適用之。
2. 材　　料—木樁竹(或芦蓆)袋土沙土。
3. 建築方法—於堤內崩缺處,釘立木樁一排,成新月形,再以橫竹編成柵欄或張以芦蓆,中堆袋土,上澆沙土,以塞其隙。

(十六) 框架填土　(圖 3-16)

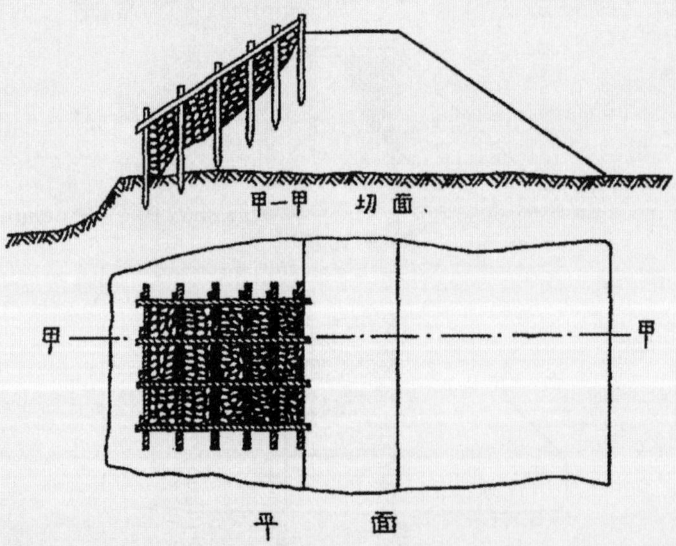

1. 適用範圍—堤防之一部發現滑落情節較重大者。
2. 材　　料—木樁木板土包土。
3. 建築方法—於滑落處全部打樁,互相連鎖成框架狀,中間再填以土包及粘土。

（十七）挑灘法　（圖3-17）

1. 適用範圍——凡因對岸灘嘴挑溜衝於此岸，可適用此法。
2. 材　　料——土工。
3. 建築方法——凡對岸灘嘴甚小者則將灘嘴切去，如灘嘴甚鉅則挑挖引河，以改變溜勢。

（十八）掛柳緩溜　（圖3-18）

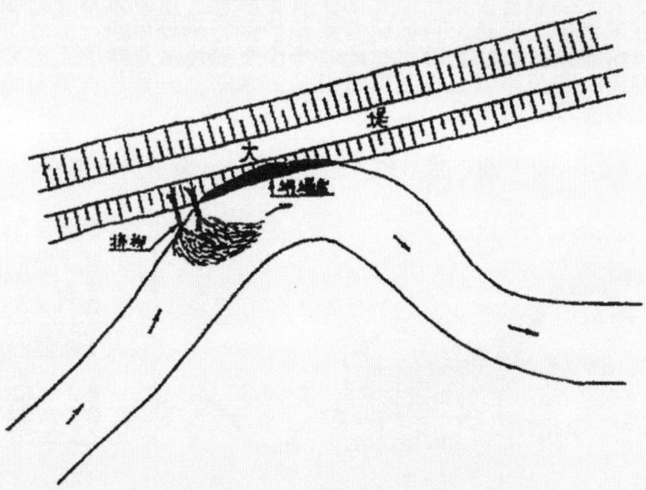

1. 適用範圍——溜勢掃邊坍潰尚未甚烈，或已做護沿仍恐其冲毀者。
2. 材　　料——整棵柳樹（別種樹亦可代用），木樁，磚石，鉛絲。
3. 建築方法——於柳幹枝上繫結鉛絲網，兜成籠狀，內裝磚石，其多寡以能壓沉樹頭為度，近幹部份枝葉稍疏者，剝取樹枝，用鉛絲綁繫其上，然後置於坍塌處之上游，樹幹上另用鉛絲繫住，一面繫於堤上預簽之木樁，沿河依次掛柳，至溜勢緩殺為止。

（十九）透水柳枝丁壩

（甲）打樁編柳法　（圖 3-19-甲）

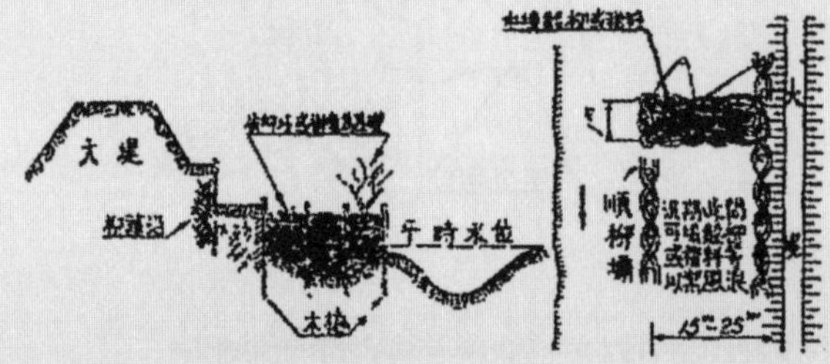

1.適用範圍一已做護沿欲加保護而上游水不甚深者適用之施用於含沙量特多之河流其效更著.
2.材　　料一木樁鉛絲柳捲.
3.建築方法一擇堤脚凸出或溜勢靠岸之處各做堤脚之樹株或已伐尚存之樹墩作成約二十餘公尺之小透水柳壩垂直於大堤或稍向下游傾斜地勢勘定後先打木樁兩行間距為一公尺同行各樁之中心間距為 0.8 公尺樁之頂徑最小為 0.13 公尺長度分 2.5、3.0，3.5，公尺各種視堤脚地面之高低而定樁頂須高出洪水位 0.30 公尺以上同時下端入土至少須為樁長之半將柳枝用十六号鉛絲捆作 0.15 直徑之柳束每長一公尺至少有鉛絲腰三道方為結實柳束捆好後即用以在打下成行之木樁上內外編結成籬笆兩行兩行中間一公尺之空槽實以散柳壓以磚頭以防散柳之冲失如此柳壩遂成然後以十四号三股鉛絲絕將兩行木樁捆紮結實並於壩之各段結纜引至上水約 10 公尺處打樁或繫于前面樹墩之上以禦水流之冲動

（乙）柳束框架法　（圖 3-19-乙）

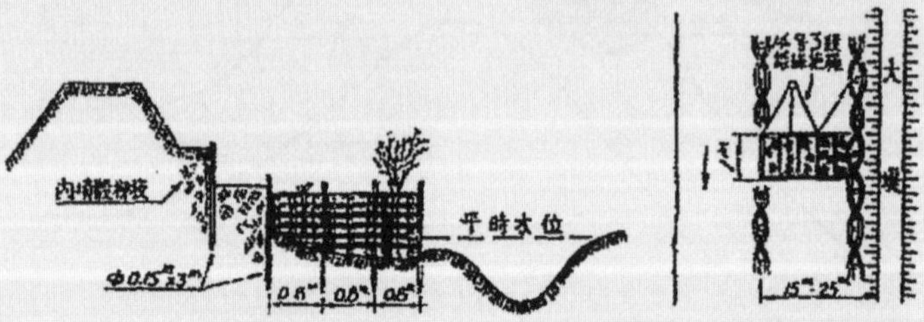

1.適用範圍一已做護沿欲加保護而上游水不甚深者適用之施用於含沙量特多之河流其效更著.
2.材　　料一木樁柳枝鉛絲.
3.建築方法一先用柳把兩個橫出堤間拴結樹墩或打好之樁上兩把間距約一公尺取長約一公尺餘之短柳把若干個橫架於兩長把之上用鉛絲捆成梯式方框紮好後再如法添第二框如是者層層加叠至高出地面 1.5 公尺為止做好後如前法引結于上水樹墩或打下之木樁上.

（二十）墜石柳壩法　（圖 3-20）

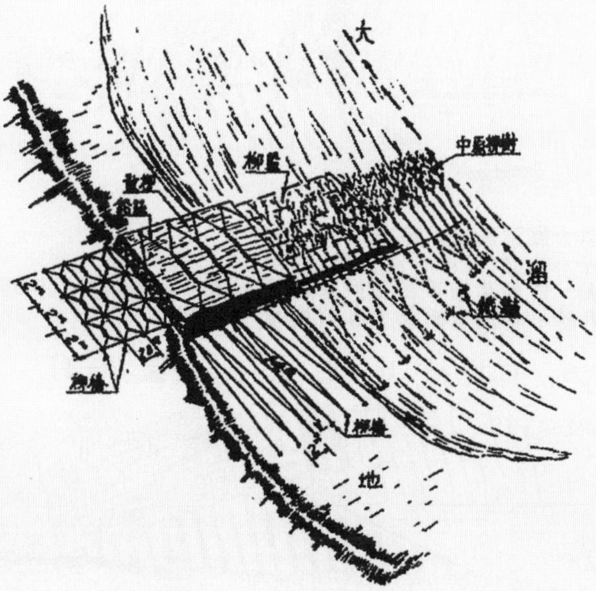

1. 適用範圍——溜勢掃邊坍潰未烈或已做護沿仍恐冲毀者。
2. 材　　料——木樁、鉛絲、柳、鐵錨（或石塊）
3. 建築方法——於坍潰處上游堤上簽打六尺柳樁四行，間距約二公尺許，每行各有四樁，間距八十公分，樁頂高出地面三公寸，以為柳壩之壩基。次以整棵柳樹由船上放下，根部上游，樹梢向下游，根即用十二号鉛絲繫於鐵錨或塊石之上，使勿漂失，近岸部分可繫固於排樁上。自壩基起直達大溜邊緣，每隔二公尺置柳樹一棵，然後再以柳股橫於其上，近灘部分之柳股間可簽打木樁而繫以十四号鉛絲，以使其牢固。再以散柳為被覆於柳股之上，使高出水面為止。再以鉛絲縱橫連繫之於排樁之上。鐵錨或塊石重約五十斤至八十斤，流速甚巨者用數鐵錨或數塊石連成一起。於水淺無浪之處，可先放柳樹，次沉錨石。水急浪高之處，應先在上游遠處沉錨石，俟石到底，再放柳樹。

第四類

(一) 築 防 風 漬 (圖 4-1)

1. 適用範圍——風浪衝擊之處。
2. 材　　料——軟草(或芦葦或芦蓆)泥土。
3. 建築方法——用軟草或芦葦或芦蓆同泥土間層叠舖築於臨河坦坡及堤頂之上使波浪近岸不易翻騰衝擊力自然減少。

(二) 沿 堤 掛 枕 (圖 4-2)

1. 適用範圍一風浪衝擊之處
2. 材　　料——柳枝(或稭料)木橛鉛絲或麻繩。
3. 建築方法一用柳枝或稭料捆紮成枕置於堤坡水邊隨浪浮沉另於堤頂簽釘木橛以繩繫之。

(三) 堤 面 護 石 (圖 4-3)

1. 適用範圍一風浪衝擊之處。
2. 材　　料——塊石或泥袋。
3. 建築方法一於堤坡堤頂之上拋砌塊石或泥袋,以殺水浪之襲擊。

(四) 沿堤掛柳 (圖 4-4)

1. 適用範圍—風浪衝擊之處。
2. 材　　料—柳樹(其他樹木,或連葉大竹亦可代用)木橛鉛絲。
3. 建築方法—斫伐附近柳樹,連枝帶葉列掛堤坡,以殺浪勢,其根端用鉛絲維繫於堤頂預簽之木橛上。

(五) 柳枝護沿 (圖 4-5)

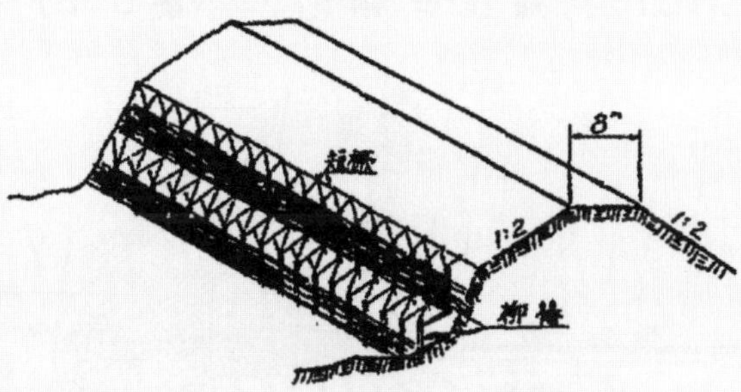

1. 適用範圍—風浪衝擊之處。
2. 材　　料—柳枝,木樁,鉛絲。
3. 建築方法—沿堤腳打下木樁一列(或利用沿河樹株為樁)以徑約十五公分柳束(作法見第一類第六法中)編結於樁上或為柳簾用鉛絲捆縛之,中實散柳淤土,做好後用鉛絲將各列樁相互繫住,拴固於坡上短橛之上
4. 附　　註—如用此法搶護之後,內坡仍有遭溜冲動之勢,則於靠近樁腳處加扦大枕一長道則更為穩固矣。
   或利用沿河樹株為樁,編做柳簾以護沿。

第五類

(一) 泥袋堵閉　(圖 5-1)

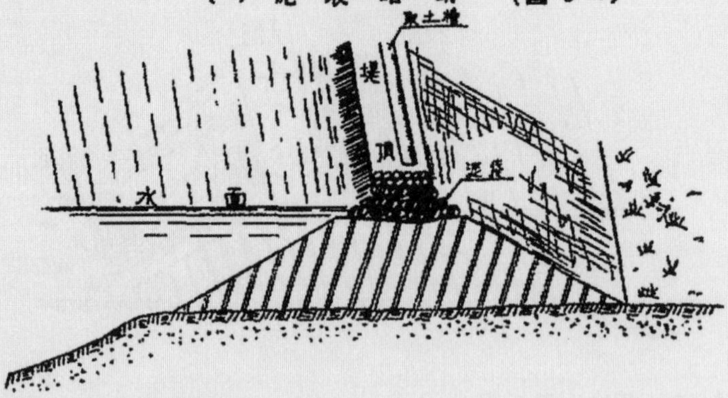

1.適用範圍—堤頂一部分發現漫水者.
2.材　　料—蘇袋.土蒲包.
3.建築方法—於堤頂一部分發現漫水處趕將泥袋堵閉最緊要時則就堤頂外邊一二尺處掘槽取土以期迅速,但土槽內應踐踏結實以免雨水浸漏有害堤身,事後並隨將掘槽取土之處填實.

(二) 柴廂土袋堵閉　(圖 5-2)

1.適用範圍—水流漫堤湍急已有一部冲缺者適用之.
2.材　　料—柴料.土袋.
3.建築方法—於堤之前部,用柴廂橫截,後部用土袋填補.

第六類

(一)埽工出險之種類及其發生之主因

出險種類		
1	墩蟄	埽底被溜普遍冲刷或土質疏鬆埽之整體隨而平下者
2	吊蟄	埽底之一部被溜冲刷上部隨而下蟄者
3	前眉形勢垂頭	埽土前重後輕河床土質疏鬆或埽眉底部被溜浸入刷深因而垂蟄者
4	爬蟄	埽前水深坡陡埽體檣繩不固埽底一經水浸或眉土過重即向前移動
5	後潰	埽後河水串入因而堤上坍潰者
6	吊塘	埽後堤土即因串水而坍潰則埽膛後失依附下部空虛土面因而下墜遂成吊塘
7	揚臉	埽既吊塘則下有土料河水之擁擠推之向前上有檣繩之牽扯挽之向後上下交爭則埽遂不得不下吐而上仰矣
8	抽籤	埽體揚臉則埽前稭根料而向上埽腹料土冲動疏鬆被串通之水迫壓以致稭料抽出激射如矢

9	播簸箕	埽體稭料一經抽籤則全埽皆浮因仍有樁繩之維繫尚未走失僅隨波起伏狀如簸箕然
10	脫　胎	因埽底腐朽全埽劇烈陡蟄繩纜斷折因而失形者

(二) 埽工搶護舊法：

1 搶護墩蟄： 搶護墩蟄不外加廂露出水面者則先起去眉土簽樁結纜逐堨廂做較未蟄時原埽稍高為度其蟄沉入水者即於前眉後退少許簽繫樁纜照前鋪做其入水較深加廂困難時即於埽上推枕搶廂如做新埽然

2. 搶護吊蟄：吊蟄埽段補廂時在水面上者須將吊蟄部分之面工全行起去再加用樁攬鋪料襯平所鋪稭料應與未蟄部分之料物犬牙錯綜藉期廂平之後成為整體如吊蟄不甚多有不用樁纜者滙入水者即於前眉後退少許簽樁廂做同時未蟄部分之邊際拆去柴土俟與水平然後與未蟄料物交錯鋪廂

3 搶護前眉垂頭： 於前眉後退數尺（普通三尺至五尺）起去面土拆新見料然後加廂平整使後部加重藉得其平或一律起去面土加廂平整而將面土減少者

4 搶護爬蟄：法有兩種：(1)用束腰繩摟住埽身(2)用磚石柳抛護埽根

5 搶護後潰吊塌揚臉抽籤擱簸箕 此數種埽工險象乃連帶發生者為埽工最要五大險後潰不生則諸弊皆免搶護之法自以填堵埽眼截斷串水來源為要同時廂做後膛防其蟄陷抛護埽根防其揚臉若已抽籤浮飄只有多壓磚.石以圖挽救然情況至此餘埽俄頃即失故仍以事先預防為是

6 搶護脫胎：埽工脫胎則埽頂坎坷不平須拆去柴土使之齊整然後埽廂普通做法均收進數尺因埽經脫胎其面積均較原埽為大也

(三) 埽工搶護新法：

(一) 增加埽體重量　　(圖 6-1)

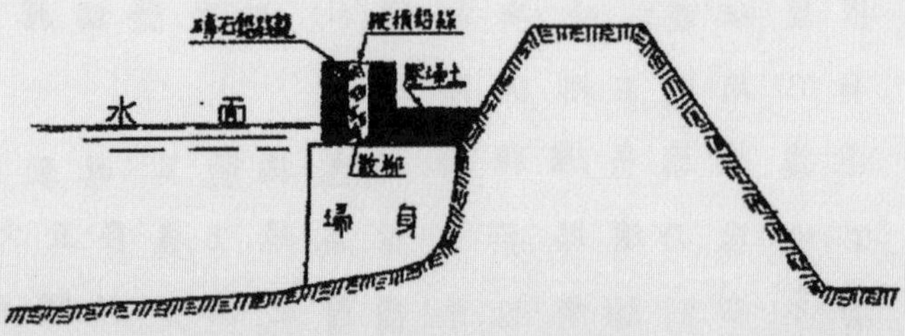

1. 適用範圍一凡河水陡漲甚速,舊埽根基雖穩,而高度不足,或新埽高度雖足而重量不敷以及新舊各埽搶廂不及,或壓土不及者均適用之.
2. 材　　料一鉛絲磚石,散柳.
3. 建築方法一以鉛絲籠兩行密排埽頂前眉(其已壓有大土者起去之)其層疊之多寡視水勢升漲之遲速及工情而定,籠中實以磚石,行内填舖散柳,繼以縱橫鉛絲連結之俾成整體.
4. 附　　註一增加埽體重量之利益有五:

(一)埽体重量增加後不致因輕浮而掏空埽底.
(二)溜勢緊急時能防止面土冲失揭動埽眉.
(三)河水猛漲時埽頂雖經浸没然透過鉛籠及散柳後藉緩溜之力則籠後面土不但不被冲涮反因落淤而增加,堤埽均得保障.
(四)如遇埽堤前爬揚臉或發生其他變故必須加廂時即將鉛籠推墜埽前既可保護埽根,加廂之時兼免拆去眉土之煩.
(五)工輕易舉費省效大.

(二) 抛護埽根　　(圖 6-2)

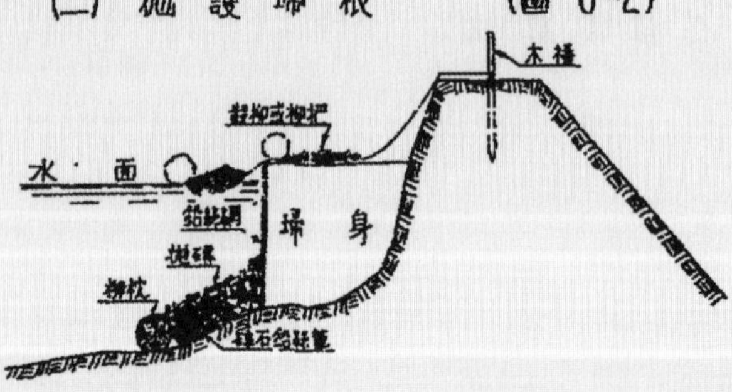

1. 適用範圍一抛護埽根.
2. 材　　料一柳枝,鉛絲磚籠.

建築方法一以柳葉繁茂之嫩柳,於埽頂前眉捆束與埽休等長之大枕一個,以鉛絲繩之一端堅結枕上,他端活扣堤頂樁上,再加橫豎鉛絲網結成網,網上薄鋪散柳或柳把一層,然後推枕入水,矯正其方位,即於原放枕處排列實磚石鉛絲籠連結之,依次推墜枕後網上,俟沉壓到底再散抛磚石,使成自然坡度此法因前有柳枕攔護,下有網柳襯托,而初抛磚石各籠,又係連為整体,故不但無冲失滚墜之虞兼免冲刷阻溜之弊故費省而效宏

吳君勉纂輯

古今治河圖説

水利委員會印行

諸序

余幼讀四史及資治通鑑等書凡遇古代地名輒覺模糊影響以無適當輿圖爲之左證至於涉及河事無論河溢河決河徙更苦惝恍迷離如墮五里霧中論辨愈繁者讀之神思愈瞀往往廢書而歎曰古人左圖右史良有以也余時尙在幼年智慧未開所不能解者不求甚解而已其後漸有進步終難豁然貫通偶因時會忝莞水政値豫河決口未堵江淮河三瀆合流莽莽神州陸沈是懼於是河溢河決河徙與夫施治之利病得失種種問題不覺縈繞腦際揮之不去遣之復來雖欲不求甚解不可得已乃取舊所研習參證新編困勉求知將以窮其因革損益得失利病勒爲專刊志在創作顧簿書期會爲日不給鈎稽甄錄旋作旋輟行見頭白可期汗青無日深爲愧恨霞峯先生精研水利三十餘年造詣卓絕旣獲共事納交每與論及河事滔滔汨汨如數家珍嗣乂介其門人吳子君勉襄助爲理與之語條理井然觀其行悃愊無華誠一績學之士爰以斯事相屬吳子勉爲承諾乃原本師說參以新知從事纂輯每成一圖一說皆經霞峯先生及余爲之鑒定閱半歲脫稿提要鈎玄體用賅備圖說互證朗若列眉不但足資治水者參攷抑亦讀史之一助也余幸觀是書之成得償宿願且喜霞峯先生之絕學將來定有傳人也遂書之以爲息壤

中華民國三十一年六月諸青來

武序

五六年前余初纂再續行水金鑑時學友吳君勉曾佐鄭權伯輯成中國水利史由商務印書館印成精册定爲中國文化史叢書之一國內大學或取材以爲教本其書范博歸約汰粗取精擷文化之菁華開水學之塗徑不虛作也昨歲余賡續編纂再續行水金鑑約君勉爲助都水諸公以牟鄭黃河決口久久不塞水入江淮隱憂甚大屬君勉特輯古今治河圖說藉供參攷君勉有難色余以爲河事載籍極爲緐賾上下四千年提要鉤玄供我陶冶談何容易作圖更無憑借冥想所及或有乖舛然可藉此以爲讀書之機會吾輩讀書往往雲煙過眼不甚經意至於編著則不容有一字一句輕輕放過既有所得因事作圖又將擱筆數數鑽研及至了無扞格圖成而說具始可謂真能讀書者余語君勉盍一試之君勉唯唯乃發篋陳書大都曾寓目如見故人爬梳搜剔提挈綱要日無暇晷接席商量悉中肯綮爲時六閱月成圖凡四十幅說凡十一章三十節約五六萬言既脫稿經諸公審定卽將付印適余承纂之再續行水金鑑江淮兩編已先付印約計可同時出版君勉索序爲述其略如右

中華民國三十一年六月　灌雲武同舉

自序

余髫齔時夏夜納涼望星河耿耿銀漢迢迢家人詔余曰此黄河也心竊識之已而讀唐人詩至黄河之水天上來及黄河遠上白雲間之句以爲黄河果在雲煙杳靄之間也稍長游北郊見長隄横亘平沙無垠家人詔余曰此舊黄河也則憮然有悟低回久之余家故當河淮之會前清道咸間有良田數千畝竟以河淮屢災家業中落及余之身河雖北徙已久鄉里故老道及黄河者猶若談虎色變余於是又知黄河之爲害矣其後從吾師霞峯武先生游讀所著淮系年表關於黄河奪淮之紀載文詞簡約反覆數四猶不甚了了及進而讀正續行水金鑑則又苦過於浩博簿書餘晷窮年累月不能卒業余雖數數關心河事而其所得仍僅一鱗半爪不禁廢書而歎以爲黄河大川變遷複雜欲求上下古今首尾貫澈殆非顓蒙如余所能勝任也又其後吾師出其緒餘著爲河史述要受而讀之綱舉目張引人入勝爲之狂喜曰吾積年所求之黄河其在是矣自是涉獵有關黄河之著録便覺頭頭是道即向苦簡約浩博者亦漸有會心甚矣著書難而讀書亦不易有如此者都水諸公青來深具同感且病水利書無圖爲之左證益難索解曾發願纂輯古今治河圖説俾便初學草創未就面授指要屬爲編次竊維黄河縱横奔突蹂躪中原大陸蒙其害者何啻萬萬此萬萬人者厝火積薪曾不知根本排除河患安其危而利其災父子祖孫苟安旦夕歷數千年其事甚怪今豫河決口未堵江淮之間危如累卵而懵然罔覺視若星河銀漢者

自序

依然比比皆是可痛已或謂治河專家之學未易責諸人人卽進而考諸治水名家如明淸潘靳諸公其始又何嘗胸有成竹熟審河之利病而後治之哉潘之言曰季馴生東海之濱不知所謂黃與淮者而功業爛然靳輔以安徽巡撫調任河道總督初固未嘗嫺習河事偶於逆旅邂逅陳潢延爲幕賓贊襄決築治河始有方略此無他經世致用之學與射策甲科欺世盜名有別志在干祿者旣不肯絞腦殫精致力於無用之地而有志之士宅心悲憫又以深文奧義圖解不備讀之如墮五里霧中卽如賈讓三策至正河防記雖悉心揣摩仍苦難得碻解又或鴻篇鉅著汗牛充棟而人事繁賾吾生有涯則望洋興歎束之高閣於是中國治河大業乃付諸河員汎兵而不可究詰良可慨已古今治河圖說之作青公詔以定義曰舍繁就簡曰避晦求明蓋欲備社會之常識作初學之階梯自慚譾陋難副斯旨乃取淮系年表河史述要爲藍本旁及行水金鑑河渠紀聞黃河年表黃河志歷代疆域沿革圖等兼採近人論著間或參以臆見爲時半稔成圖稿四十幅圖說約五萬言吾師隨時爲之繩正青公更爲之鑑定雖未爲賅備儻初學循此階梯由淺入深進而求之鴻篇鉅著略無扞格而向之視若星河銀漢者忽覺如在堂奧衣帶之間矍然淸醒羣起自救進而謀其根治袪害興利則此篇用覆醬瓿可也繪圖者張君安仁例得附書

中華民國三十一年六月吳君勉謹識

古今治河圖說目錄

第一章　概論……一—四

第二章　禹河……五—一〇

第一節　禹河之前身

第二節　禹河

第三章　河大徙一（周定王河）……一一—一二

第一節　大徙之朕兆

第二節　周定王河

第四章　河大徙二（王莽河）……一三—一八

第一節　瓠子之決

第二節　賈讓三策

第三節　王莽河

第四節　王景治績

第五章　河大徙三（宋代商胡大河）……一九—二二

第一節　漢宋間分流之害
第二節　宋代商胡大河
第六章　河大徙四（金明昌大河）……一三—一六
第一節　宋代回河之失上
第二節　宋代回河之失中
第三節　宋代回河之失下
第四節　金明昌大河
第七章　河大徙五（明弘治大河）……一七—三三
第一節　黄河奪淮之物步
第二節　賈魯治績
第三節　明代河患
第四節　明弘治大河
第八章　河大徙六（清咸豐大河）……三三—四四
第一節　潘季馴治績
第二節　靳輔治績

第三節　康乾之治
第四節　乾嘉河決及塞治
第五節　清咸豐大河
第九章　近代大河……四五—五九
第一節　近代大河之形成
第二節　近代河患及塞治一
第三節　近代河患及塞治二
第四節　河防行政
第十章　黄河利病及治法……六一—八七
第一節　河性通論
第二節　水流
第三節　泥沙
第四節　治法上
第五節　治法中
第六節　治法下

第十一章　結論……八九—一二〇
附黃河水利委員會勘查下游三省黃河報告
李儀祉氏黃河根本治法之商榷
谷口三郎演講詞
張一烈氏黃河中牟堵口概况
武霞峯先生牟鄭堵口籌備時期利用機會大治黃河議
水利委員會諸委員長致華北建設總署殷督辦論黃河不宜分流書
殷督辦復書
諸委員長再致殷督辦書
新黃河隄防竣工消息

圖目

第一圖　黃河六大變遷圖
（以上入第一章）
第二圖　禹河前身圖
第三圖　禹河形勢圖
（以上入第二章）
第四圖　禹河初徙圖
（以上入第三章）
第五圖　西漢河患及塞治圖
第六圖　賈讓三策形勢想像圖附賈讓時代冀州大河形勢略圖
第七圖　王莽河形勢圖
第八圖　東漢王景治績圖附十里立一水門更相洄注圖
（以上入第四章）
第九圖　漢宋間大河形勢圖

第十圖　宋代商胡大河形勢圖
（以上入第五章）
第十一圖　宋代回河圖
第十二圖　金明昌大河圖
（以上入第六章）
第十三圖　黄河奪淮初步圖
第十四圖　元至正河決白茅圖附徐睢阨塞不利行河圖附元至正賈魯治績想像圖
第十五圖　明初河患圖
第十六圖　明景泰徐有貞治績圖
第十七圖　明弘治白昂治績圖
第十八圖　明弘治劉大夏治績圖附明代淮安大河圖
（以上入第七章）
第十九圖　明正德嘉靖河患圖
第二十圖　明潘季馴初任治績圖
第二十一圖　明潘季馴再任治績圖附邳州決河圖

第二十二圖　明潘季馴三任治績圖附桃源四減壩圖
第二十三圖　明潘季馴四任治績圖其一　其二　其三
第二十四圖　明季河患圖
第二十五圖　清初河患圖
第二十六圖　清靳輔治績圖其一　其二
附徐州近閘壩圖　附碭山附近閘壩圖　附睢甯峯山四閘圖
第二十七圖　清張鵬翮治績圖其一　其二　附陶莊引河圖
第二十八圖　清乾嘉大河寨治圖附咸豐清口及運口圖
第二十九圖　清咸豐河徙圖附咸豐河徙溜分三股圖
（以上入第八章）
第三十圖　近代大河形成圖
第三十一圖　清光緒十三年鄭工決口形勢圖附鄭工堵口想像圖
第三十二圖　民國二年濮陽決口形勢圖附濮陽堵口想像圖
第三十三圖　民國二十二年二十三年馮樓堵口前後形勢圖
第三十四圖　民國二十二年二十三年馮樓貫台決口形勢圖

第三十五圖（上） 民國二十四年董莊決口災區圖上 魯南
第三十五圖（下） 民國二十四年董莊決口災區圖下 蘇北
第三十六圖 民國二十四年董莊堵口工程圖
第三十七圖（上） 孟津至海口黃河略圖其一 其二
第三十七圖（中） 孟津至海口黃河略圖其三 其四 其五
第三十七圖（下） 孟津至海口黃河略圖其六
第三十八圖 民國二十五年海口亂荆子壽光圩裁灣工程圖
第三十九圖 民國二十七年鄭州中牟決口災區圖其一 其二 附鄭州中牟決口流向變遷圖 附黃河
京水鎮附近決口平面圖 附黃河決口附近放大平面圖
（以上入第九章）
第四十圖 豫冀魯三省接界黃河詳圖
（以上入第十章）

古今治河圖說

第一章 概論

諸青來 鑑定
武兩軒 吳君勉 纂輯

黃河善決善徙，著聞於世。自神禹大治以來，決徙之數，更僕難數，自古無長治久安之策。河源萬里，孟津以上，山高水深，終古無變。孟津以下，鈐束驟解，土疏水肆。或北走津沽，或南出雲梯，或中趨利津。其勢飄忽如怒馬游龍，不可方物。世稱黃河六大遷徙：禹河距今凡四千二百十八年。（公元前二二七八年）閱一六七六年，初徙於周定王五年。（前六〇二）又閱六一三年，再徙於王莽始建國三年。（一一）又閱一〇三七年，三徙於宋仁宗慶曆八年。（一〇四八）又閱一四六年，四徙於金章宗明昌五年。（一一九四）又閱三〇〇年，五徙於明孝宗弘治七年。（一四九四）又閱三六一年，六徙於清文宗咸豐五年。（一八五五）禹河周定王河宋慶曆大河皆行北道，由津沽入海。莽河清咸豐大河，皆行中道，由利津入海。明弘治大河行南道，趨雲梯關入海。金明昌大河，則分行中南兩道，由利津雲梯入海。（參觀第一圖黃河六大變遷圖）北道閱時最久，歷二千四百餘年。中道次之，歷一千四百餘年。南道又次之，歷六百餘年。河道利病之癥結，亦於是覘焉。茲更列爲簡表如次。

黃河大徙簡表

大徙	時期	公元	歷時	河線所經
元始	禹時	前二二七八年	一六七七年	積石龍門華陰底柱孟津洛汭（洛水入河處）大伾（浚縣西南）大陸（鉅鹿東北）九河渤海
初徙	周定王五年	前六〇二	六一三	宿胥口（大伾之南山）長壽津（濮陽）成平天津
再徙	王莽始建國三年	一一	一〇三七	魏郡（濮陽）清河（高唐）平原濟南千乘（濱縣）
三徙	宋仁宗慶曆八年	一〇四八	一四六	商胡（濮陽）永濟渠（衛河）乾寧軍（青縣）獨流口（天津）
四徙	金章宗明昌五年	一一九四	三〇〇	陽武封邱長垣東明菏澤鉅野鄆城分兩派南派奪泗入淮北派奪大清河入海
五徙	明孝宗弘治七年	一四九四	三六一	原武開封蘭封歸德虞城夏邑永城碭山蕭縣銅山睢寧宿遷泗陽淮陰奪淮入海
六徙	清文宗咸豐五年	一八五五		銅瓦廂（蘭封北）東明鄄城濮縣鄆城范縣壽張東阿平陰長清齊河濟南濟陽濱縣利津

河性善決善徙，吾人研究河史，不惟明其變徙之迹而已；尤當探本窮源，推求制馭之方略。請申四義，以概其餘：

河本北流，其南有漯濮濟汴，綱舉目張；更南有江淮，水脈連貫。九河既堙，河變斯起，河綫每愈趨而南。漯濮濟汴，既因行河而久已堙廢；淮爲河奪，亦成半身不遂；寖假而長江且受威脅。長此以往，伊於胡底！然河之將徙，多由人事之醞釀，致成溢決。既徙而未定局，又多由人力之迫挾，使之强趨新河。如田蚡王莽，維護先塋；賈魯白昂，拘牽運道；皆强河使南。宋代大河北行，本已安流，當事者欲藉河作封疆之界，限戎馬之足，於是京東故道，横隴故道，二股六塔諸爭議，紛然而起。拂逆河性，終釀巨變。前事不忘，足爲炯戒。是爲第一義。

河性決徙無常，縱横奔突，不但漯濮濟汴，故迹堙沒；凡江淮以北，永定以南，百餘萬方里間，千陂摧敗，百脈塡淤；其所牽連者，至爲廣泛。南北大運河，當河水之衝。自來一切治運工程，皆緣河而起。漳衞之通塞，沂泗之演變，會通泇運皂河中河淮揚運河之逐漸溝通，皆受黃河影響。宋明以來，黃旣奪淮，洪澤淪爲大湖，高堰崇爲大隄。淸口運口，閘埽紛紜，亦皆由應付黃水之侵逼而起。是故黃河無定軌，中原大陸，水禍永無甯日，一切灌溉航運諸水利事業，皆將無從說起。是爲第二義。

河雖善徙，究其實亦未嘗無長治久安之策。四千餘年來，一治一亂，若循環然；未必盡由天行肆虐，蓋亦有人謀之不臧焉。潘季馴曰：『成功不難，守成爲難。使禹之成業，世世守之，世世此河也；歲遠人亡，道謀滋起，馴不得而知也。』痛哉言乎！人存政擧，人亡政息，古今同慨，豈獨河事爲然！就河變之迹象，推闡至極，以明其倘有可以維持不變之道在。是爲第三義。

治河與防河有別。治河者，統籌全局，一勞永逸之謂也。防河者，頭痛醫頭，補苴一時之謂也。自周末井田廢，阡陌開，治河亦蒙受莫大之影響。宋明以來，名賢治績，要不外黃河中下游隄防之修護。潘靳治河名家，皆名其書曰河防。主河事者，但求一時不溢不決，維持現狀；或已溢決而能堵口合龍，恢復舊觀；已屬盡莫大之職責。自歐美科學治水，輸入中國，治河之領域，乃恢廓而有新機。酌古斟今，舍短師長，貫徹首尾，而謀根治，實爲今後水利界應有之努力。是爲第四義。

黃河治導，已費中外水利專家幾許心力。德儒恩格斯至謂『黃河治理，爲未來之空前文化事業，』一鑑往知來，取證不遠，一河治而羣水始可圖治，豈尋常河道所可相提並論哉！

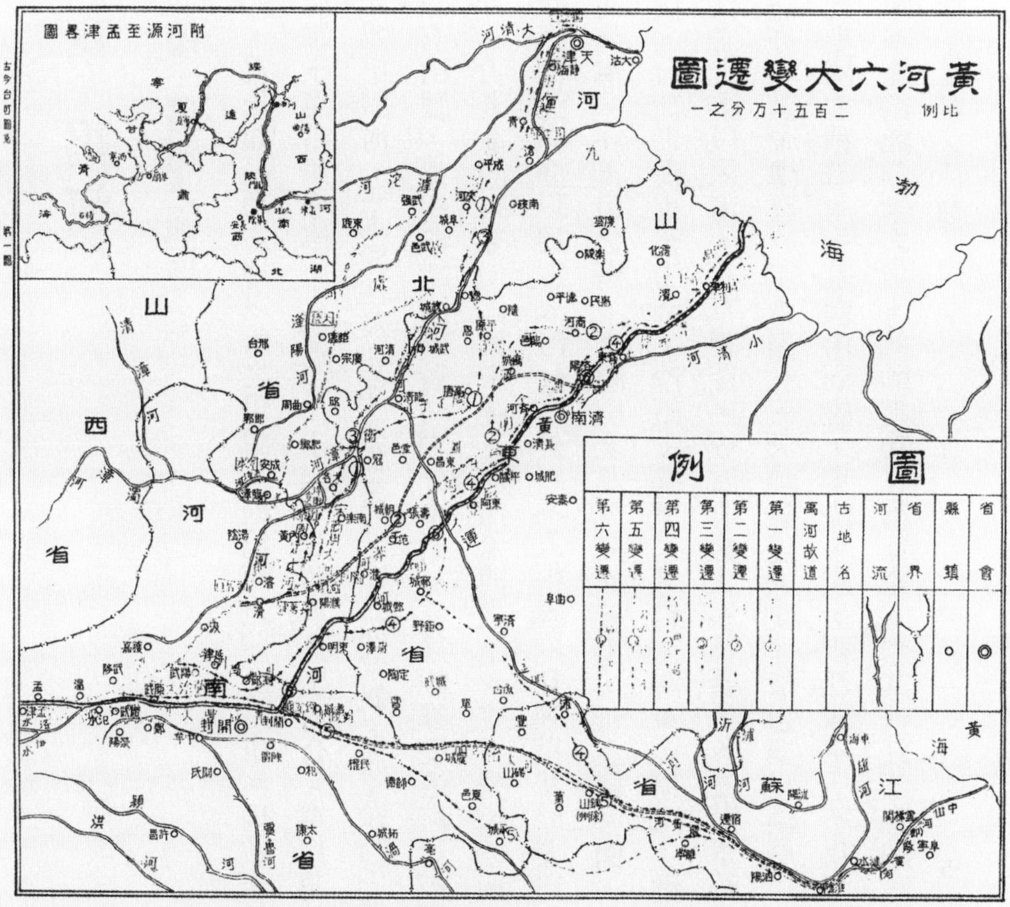
黃河六大變遷圖
比例 二百五十万分之一
附河源至孟津略圖
圖例
省會
縣鎮
省界
河流
古地名
禹河故道
第一變遷
第二變遷
第三變遷
第四變遷
第五變遷
第六變遷

第二章 禹河

第一節 禹河之前身

欲明禹功之偉大，當先知禹功未施以前之現象，則禹河之前身是也。禹功未施以前，大河故道安在，世莫能詳。漢書西域傳：『河源出于闐。北流與蔥嶺河合。東注蒲昌海。潛行地下。南出於積石。爲中國河。』水經注及孔穎達尙書疏，皆同此說。西人威尼斯謂：『古代黃河，未及綏遠。原有山脈，爲綏遠諸河與黃河之分水嶺。其後陵谷變遷河始被迫南折，寖成現道。』尸子言：『古者龍門未鑿，呂梁未闢，河出孟門之上。』，是禹鑿龍門，河水始有入中國之孔道。魏默深先生亦以爲古大河行塞外，不入中國。且確指其原委曰：『河源蔥嶺，經西域，匯於蒲昌海。在天山之南，于闐山之北。三面皆山，惟東隅一面，可爲泄水之口，故古稱不周之山。自蒲昌海東至玉關，沙磧千餘里。又自玉關東至遼西，瀚海六千餘里。東會盧朐河黑龍江之上游以入海。水草豐茂，靈淑所鍾，人物蕃茂。故黃帝都於上谷，晝非始於遼東，而崑崙亦有黃帝遺跡。上古至堯，天地氣運大變，故道漸已淤廢；塞外之河，忽伏流潛行，冒出於中國之積石。于是懷山襄陵，東決平陽，西泛關中，不得不鑿斷呂梁，以納洪流。非神禹斷不能濬此非常之災，此神禹功在萬世也。』其言汪洋恣肆，若不可信。然證諸近世地質學史及地下水潛流貫通之說，又似非理之所無。默深先生，當日必有所據，姑存其說，以供科學之參證可也。（參觀第二圖禹河前身圖。）

塞外古河，無關中原行水，可勿深論。今當一究鯀河之遺跡。河水旣自地層潛流而入中國，行於中條北條之間，溢於龍門呂梁之上，朱子所謂：『禹未鑿治時，龍門正道不甚洩，一派西滾入關陝，一派東滾往河東』者近是。河東爲帝都所在，河水溢於西，汾水壅於東。巀嶭之下，兩水相鬥，浩浩滔天。書曰：『洚水儆予！』蓋謂此也。鯀爲保障帝都計，作九仞之城，以堙洪流，必先施工於此。惟徒爲隄防以障水，而不謀開闢去路，寰宇記『龍門山北有河口，略似龍門而不能通，相傳鯀所鑿，今名錯開河』。是鯀亦未嘗不知爲洪水謀去路，特其功未就耳。致九載績用弗成。（參觀第二圖禹河前身圖）

帝都之隄障，旣屢作而無功，水勢橫溢，下民昏墊；冀雍先被其災。積之旣久，洪水平漫而下，豫揚同罹其阨。是卽孟子所謂『洪水橫流，氾濫於天下』也。鯀築隄防於上流，亦築隄防於下流；酈道元水經注：『元城縣北有沙邱堰，』禹貢錐指引黃文叔語，謂『今澶州臨河有鯀隄，自黎陽入北至恩州清河歷亭皆有之。』武霞峯師河史述要，以爲『是卽鯀所築之大河北隄，』而以古大金隄爲大河南隄，以其間漯川東流之道爲鯀河遺蛻。顧當時水勢浩汗，隄亦屢圮，故夏書云：『禹以爲河所從來者高，水湍悍，難以行平地，數爲敗。』殆謂此也。（參觀第二圖禹河前身圖）

綜上所述，大河本行塞外，帝堯六十有一載以前，中國未聞有水災。河水既入中國，以本無通道，則湧溢於冀雍，氾濫於豫揚，致成中國滔天之水患。鯀欲因勢攔約，大築長隄，束水由今利津入海。（參觀第二圖禹河前身圖）然以疏鑿無功，隄障不成，負咎而去。禹繼父志，卒就大業，成敗利鈍之機，足爲千秋金鑑，當於次節述之。

第二節 禹河

禹功未施以前，河患之烈，已如前述。茲可進而述禹之治績。禹貢『既載壺口，治梁及岐。既修太原，至于岳陽。覃懷底績，至于衡漳。衡衞既從，大陸既作。』又曰：『導河積石，至于龍門。南至于華陰，東至于底柱，又東至于孟津。東過洛汭，至于大伾。夏書曰，於是禹以爲河所從來者高，水湍悍，難以行平地，數爲敗，乃廝二渠，以引其河，北載之高地』。北過洚水，至于大陸。又北播爲九河，同爲逆河，入于海。』前者言施治之次第，後者言大河之逕塗。而其成功之關鍵有三：一在鑿龍門以通上游；一在放河北行，以奠中游；一在疏九河以暢下游。茲分述之：

大禹導河積石，至於龍門。傅寅禹貢集解以爲『龍門而上，積石而下，地高水不爲患，禹功所不加，故不言也。』斯言近之矣，而未盡洽。當時龍門以上，荒曠無人煙，卽使有氾濫，亦無施工之必要。而帝都水禍煎迫，待治甚亟。帝都之災，由呂梁阻水，闕遏不下，橫流旁溢。平陽蒲坂數百里間，皆河與汾所懷襄也。鯀鑿錯開河以通之，功既不就；禹繼父志，乃鑿斷呂梁山脈，魏默深先生言：『孟門爲河之上口，龍門爲河之下口，二門相距百六十里，石脈綿亘，閼塞河流。而壺口則孟門之東山也，呂梁則龍門之南山也，禹闢孟門而始事於壺口，闢龍門而卒事于呂梁。』近人李儀祉先生言：『壺口在陝西宜川縣境，他岸爲山西吉縣。龍門在陝西韓城縣境，他岸爲山西河津縣。龍門之義，擴大言之，以孟門爲其上口，禹門爲其下口，相距百里最狹處河寬只五十公尺。』於是水有所泄，上游漸消。禹乃得西治梁岐，東修太原，至於岳陽。今山西平陽，當時帝都。河汾相鬥之禍解，畿輔之水患平矣。禹治上游，疏築並舉，原本家學；河渠紀聞引翰墨全書：『太谷縣東南有長隄，土人呼爲鯀隄，堯命鯀築之以障水。茅瑞徵亦言：「岳陽爲堯都，鯀極意崇防，頗有遺跡可循。」陳氏櫟謂：「修鯀之功曰修。」記曰：「禹能修鯀之功，善繼事也。」禹鑿龍門，先疏下流，河水下泄，修鯀舊績，自可奏功。』後世以成敗論人，謂鯀堙禹疏，功罪斯判；又謂禹之治水，使水由地中行，而無取隄防；皆皮相之論也。（參觀第三圖禹河形勢圖）

龍門既通，河水下泄，由冀而豫而徐而揚，高屋建瓴，其勢湍悍。鯀原欲築堤範水，免其橫溢，而功不成。禹繼父業，相度地勢，知湍悍之流，難以行平地；乃自大伾引河，北載之高地。北過洚水，至於大陸。河之中游，得以奠定。大伾卽臣瓚以爲黎陽縣山臨河者也。在今濬縣東南二里。濬縣地勢，西高於東，南高於北。河水至此，逆轉而北，爲一大折；全河安危之轉捩也。所謂「載之高地，」係言其地高於漯川故道之平地，非謂高於其上流；漢王橫所謂『大河來源高，雖載之高地，仍不失就下之性』者是也。河自大伾逆轉而北，就下以漸，而非陡落平原，則無潰冒沖突之患，其利一。黎陽之境，東西兩山夾峙，大伾爲東山，上陽三山爲西山。河道穩暢，不虞潰敗。又以舊河北隄爲新河南隄，行所無事，據河史述要。其利二。大陸以下，人煙稀少，河水卽有橫溢，不爲大患，其利三。鯀河本行漯川，築堤無功，禹乃擇善地而改道；具卓越之見，成非常之功，禹河歷一千六百餘年之久而後變，非無故也。（參觀第三圖禹河形勢圖）

『大陸以下，播爲九河，同爲逆河入於海。』此經文也。解之者不一其說。或謂九河分爲九道，各自入海。或謂河分爲九，又合爲一以入海。爾雅孔疏，九河之次，從北而南，曰徒駭、太史、馬頰、覆釜、胡蘇、簡、潔、鈎盤、鬲津。據漢志，徒駭最北，在成平，爲大河之經流，合於漳水，東出分爲八枝。鬲津最南，在鬲縣，今山東恩縣德縣境，東北流至大沽入海者，俗稱老黃河，殆其遺迹。自鬲津以北至徒駭，其間二百餘里，皆九河所派衍。惟黃水經行之地，流急則槽深，水緩則沙停，陵谷變遷，朝更夕改，必欲確指九河所在，強爲之說，則鑿矣。武霞峯師謂：『竊意九河始分處，未必有九出口。九河入海處，既非合爲一口，亦未必有九入口。但其中間派衍歧分爲九枝，其南八枝，除徒駭經流外，或亦略有變遷。』禹之疏九河，蓋多其委，使下游得以暢泄也。若更合之爲一河，殊非必要，且其勢不可能。近人朱延平氏謂『黃河每五年淤進海中一中里，大禹至王莽，約二千三百年，應淤進海中四百里。則禹時河出大陸後，去海不過百數十里。今河在利津入海，尚分多股，當時情形，應無大異。故黃河自播爲九河後，卽分途入渤海，無合九爲一之事。今東淀文安一帶，高度三四公尺，經黃河二千餘年之淤積，加之桑乾滹沱兩渾河四千餘年之淤積，淤高三四公尺。尚在意中。至謂渤海爲逆河，說亦有故。一則渤海東寬西狹，當時西部灣進，東西兩淀一帶勢當更狹，確似河道。二則北有潮白桑乾白溝等河入之，西有豬龍滹沱等河入之。黃河與諸河匯而爲一，滔滔東注，更確似河道。三則海淸河渾，當時刳木之舟，不能深入遠海。渤海西受黃水，北受各河之水，直至昌黎縣碣石山左近，水始不渾，故認海爲河，而曰夾右碣石入于

河也。』其言饜心切理，釋疑解惑，足使數千年史蹟，晦而復彰。（參觀第三圖禹河形勢圖）

綜上所述，禹之治河，上游在鑿龍門以通中梗；中游在放河北行，擇地改道；下游在多闢支河，疏洩積水。剖析言之，理亦平易。且禹鑿龍門，鯀亦鑿錯開河；鯀設隄障，禹亦因之。然成敗異勢，功業相反者何也？書稱帝諮詢四岳，求能平治洪水者，羣臣僉以鯀對。帝曰：『方命圮族！』對曰：『試可乃已！』治水之大命，終降於鯀之身，「試可」之期，至於九年之久。而離騷曰：『鮌（即鯀）婞直以亡身兮，終然夭乎羽之野。』可知鯀確有治水之長才，惟其自信太過，不能虛心容物，終致僨事。迨禹八年奏績，帝曰：『汝惟不矜，天下莫與汝爭能，汝惟不伐，天下莫與汝爭功。』兩兩對照，成敗得失之故，可以思過半矣。

禹河前身圖

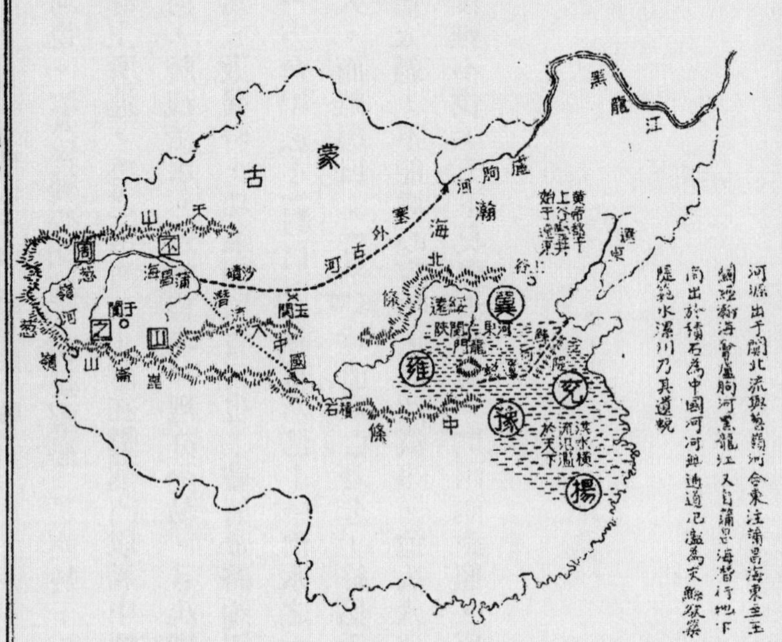

古今治河圖說　第二圖

禹河形勢圖

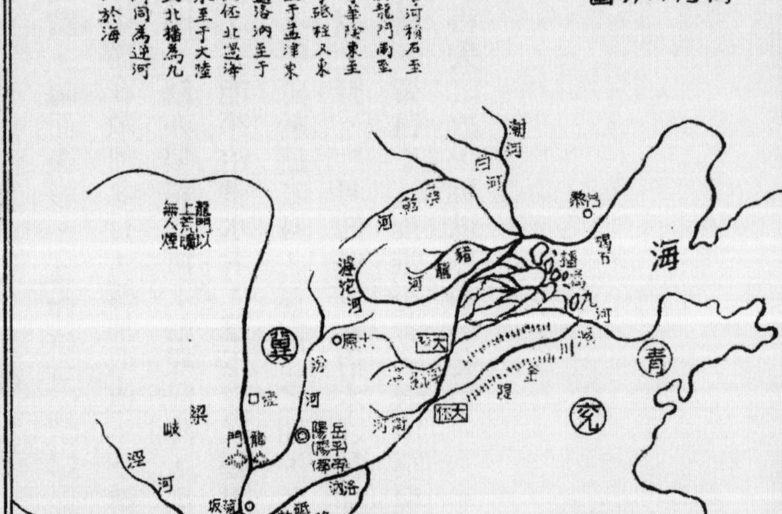

古今治河圖說　第三圖

第三章 河大徙一（周定王河）

第一節 大徙之朕兆

禹功告成，大河北行，安流殆五百年無大患。降及商代，河患漸起。商湯元年始居亳，（今河南商丘縣）從先王居，遷西亳，（今河南偃師縣）避河患也。閱二百二十餘年，爲仲丁六祀，遷都於囂。（今河南滎澤縣西北）又閱二十餘年，爲河亶甲元祀，徙都於相。（今河南安陽縣）又閱九年，爲祖乙元祀，圮於相，徙都於耿；（今山西河津縣）九祀，復徙都於邢。（今河北邢臺縣）又閱一百二十餘年，爲盤庚十四祀，復遷於殷。（即西亳。）商都大抵瀕河，屢圮屢遷，足徵河患之烈。而遷都大率自東南向西北，可知禹雖放河北行，東南地勢低下，積之既久，水性就下，仍有回復舊觀之趨勢。河水枝分而東者，初有漯濮濟。降及東周，王室衰微，水官失職，諸侯各擅其山川以爲己利，於是自滎陽下引河爲鴻溝，以通宋鄭陳蔡曹衞，與濟汝淮泗會。分水既多，流緩沙停，致九河亡其八枝，尾閭漸湮。湮於下者，必潰於上，而河變作矣。（參觀第四圖禹河初徙圖）

第二節 周定王河

周定王五年，河病已極，遂徙自宿胥口。（今河南濬縣之西，大伾山之南。）東行漯川數十里，至長壽津，（今濮陽之北，內黃之南）又與漯別行，東北流至成平（今河北交河縣）合漳木，復歸禹河故道入海。是爲黃河大徙之一。（河渠紀聞，大河自長壽津東北行，其東岸爲開州之戚城，西岸爲內黃縣之繁陽故城。又東北行，其東岸爲清豐，西岸爲南樂。又東北行，出元城大名冠縣館陶之東。又東北行，東岸爲堂邑，西岸爲清河淸平博平。清平有貝丘故城。又折而北，東岸爲平原吳橋，西岸爲德州景州。又北行，東岸爲東光南皮滄州，西岸爲阜城交河，復與漳水合歸禹河，東北至天津小直沽口入海。自此以後至西漢，皆行此道，世稱北瀆。閱六百餘歲，至王莽始建國三年始空。可知禹河受病，在宿胥以下，成平以上，勢成中梗。推原其故，又在宿胥以上，分水過多，流緩沙停。觀於宿胥以下，海口通利，歷久不變，則知宿胥以上，儻分水而有節制，禹時漯川上口本有節制隄防之功，不懈於古，禹河雖至今存可也。（參觀第四圖禹河初徙圖）

古今治河圖說　第四圖

禹河初徙圖
（周定王河）

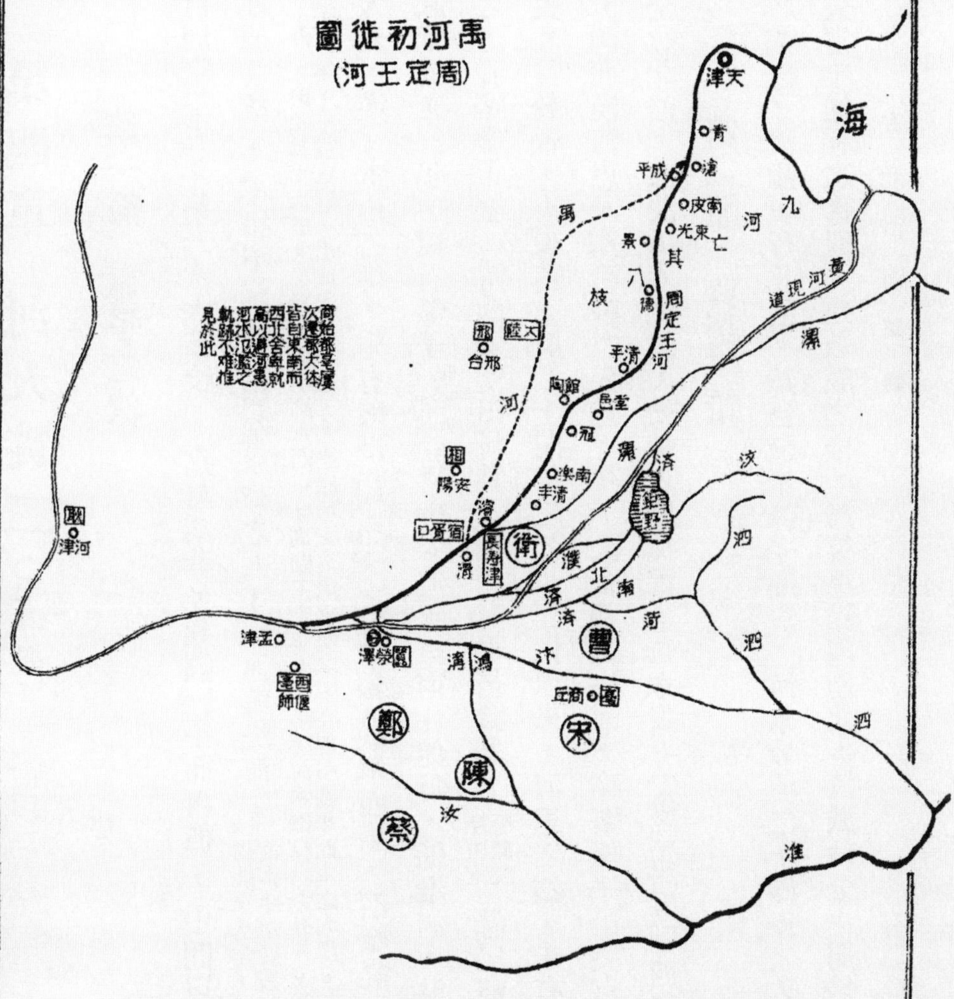

(一)商始都亳因避河患屢次遷都
初遷西亳
再遷囂
三遷相
四遷耿
五遷邢
六遷殷(即西亳)

(二)河水枝分而東者有漯濮濟汴

(三)周衰諸侯引河爲鴻溝以通宋鄭陳蔡曹衛與濟汝淮泗會

(四)周定王五年河徙自宿胥口東行漯川數十里至長壽津與漯別行至成平復歸禹河故道入海是爲黃河大徙之一

第四章 河大徙二（王莽河）

第一節 瓠子之決

河自周定王五年第一次大徙後，迄於新莽始建國三年而再徙，中間以瓠子之決爲一大變局。推原其故，不得不歸咎於周秦以來之人工引河與決河；（周顯王八年，梁惠成王入河水於圃田，（今河南中牟縣西）。爲澤八，爲陂三十六，東西五十里，南北二十六里。又爲大溝引圃水而東。周顯王十年，楚師決河水出長垣之外。秦始皇二十三年，王賁攻魏，引河溝灌大梁，大梁城壞。河溝者鴻溝，亦即引圃水而東之大溝。）河水分流既久，致釀大變。漢文帝十二年，先有酸棗（今河南延津縣北。）之決，奪濮水而東，潰金隄。塞後（濮水遂堙。）四十年，爲武帝元光三年，復有瓠子（今河北濮陽縣西南）之決。河水東南注鉅野，通淮泗，氾郡十六。發卒十萬人救之，隄塞輒復壞。時武安侯田蚡爲丞相，其奉邑食鄃，（今山東平原縣）鄃居河北，利河南決，鄃無水災。言於帝，不復塞，歷二十四年之久。三代以來，河患之烈，未有甚於此時者。（參觀第五圖西漢河患及塞治圖）元封二年，武帝親臨決河，卒塞瓠子，築宮其上，名曰宣房。正流全行北瀆，餘波仍入漯川，梁楚之地復甯，無水災。（參觀第五圖西漢河患及塞治圖）

第二節 賈讓三策

宣房塞後，河雖復行北瀆，然自酸棗瓠子屢決，河水分流二十餘年之久，下游塡淤反壞，必已失當年通利之舊觀。致數歲之後，河復決館陶而北，枝派歧分，局勢冰裂。（北決初爲屯氏河，又分爲屯氏別河，篤馬河張甲河。閱七十餘年，又決爲鳴犢河。成帝建始四年，復決館陶而東，入平原濟南千乘，塞決靡已。哀帝初，待詔賈讓，奏上治河上中下三策。上策徙冀州民之當水衝者，決黎陽遮害亭，今濬縣西南舊爲河所經放河使北入海。中策多穿漕渠於冀州地，使得溉田，分殺水怒。下策繕完故隄，增卑倍薄，勞費無已。後世言治河者，多尊此說；而不知讓乃因時制宜，專爲西漢立論。非可通古今而不變也。

讓之言曰：『近黎陽南，故大金隄，從河西西北行，至西山南頭，迺折東與東山相屬。民居金隄東，爲廬舍，住十餘歲，更起隄，從東山南頭直南與故大隄會。又內黃界中，有澤方數十里，環之有隄。往十餘歲，太守以賦民。』此言禹河故道，民或占墾爲田也。又曰：『河從河內北至黎陽，爲石隄激使東，抵東郡平剛。又爲石隄使西北，抵黎陽觀下。又爲石隄使東北，抵東郡津北。又爲石隄使西北，抵魏郡昭陽。又爲石隄激使東北。百餘里間，河再西三東，迫阸如此，不得安息。』故曰：『今行上策，徙冀州之民當水衝者，決黎陽遮害亭，放河使北入海。河西薄大山，即西山。東薄金堤，勢不能遠泛濫，期月自定。』黎陽白馬東郡之間，既大屈大折，不利行河；而黎陽內黃一帶大河故道，占河爲田之民，當水衝者，不過萬數。據賈讓三策原文。徙少數當衝之民，放河行禹河故道，使北流入海，舍迫阸而就穩暢，省瀕河十郡治隄歲費萬萬，河定民安，千載無患，誠「上策」也。

至其論中策，則曰：『若迺多穿漕渠於冀州地，使民得以溉田，分殺水怒，雖非聖人法，（聖人當係指大禹而言。）然亦救敗術也。』治渠之法，則曰：『遮害亭西十八里至淇水口，迺有金堤，高一丈。今可從淇口以東爲石隄，多張水門；冀州渠首，盡當印（仰同）此水門。治渠非穿地也，但爲東方一堤，北行三百餘里，入漳水中。其西因山足高地。（此爲總幹渠）諸渠（石隄以東各支渠）皆往往股引取之。旱則開東方下水門，溉冀州。水則（但）開西方高門，分河流。』可以使『鹽鹵下隰，填淤加肥；故種禾麥，更爲秔稻；』又有『轉漕舟船之便。隄成而民田亦治，興利除害，支數百歲，』故曰「中策」也。

『若迺繕完故隄，增卑倍薄，勞費無已，數逢其害。』真「下策」矣。

賈讓三策，自來解說紛紜，殆如盲人捫象，撲朔迷離。雖以潘靳治河名賢，其所評隲，亦多隔靴搔癢之詞。惟靳文襄謂：『繕完故隄，增卑倍薄爲下策者，係指濬滑二邑，曲防遏水，使百里之間，河再西而三東之隄；非謂一切隄防爲下策也。』云云。尙稱允當。玆就讓之原文，細爲紬繹，繪製想像圖，敢云盡符事實，聊資稽古之一助耳。（參觀第六圖賈讓三策形勢想像圖）

第三節　王莽河

賈讓三策之後，言河事者，有長水校尉關竝，主張平原東郡左右，空其地以容水。大司馬史張戎主張毋引河渭溉田，則水道自利。御史韓牧主張於禹貢九河處，穿河分流。大司空掾王橫主張使河緣西山足，乘高地而東北入海。與賈讓之上策，爲銅山洛鐘之應。時王莽執政，但崇虛語，無施行者。禹河旣不可復，北瀆亦聽其敗壞，於是河變叉作。王莽始建國三年，河決魏郡，泛淸河以東，及平原濟南千乘，今山東濱縣而北瀆遂空。是爲黃河大徙之二。先是莽恐河決爲元城今河北大名。冢墓害，及決東去，元城不憂水，故遂不堤塞。此與田蚡事先後如出一轍。漢代大河，自瓠子決後，北瀆受病已深。治河者但知補苴一時，就水立隄，因險設防；致隄身紆曲，河流迫阨，已成不治之證。雖有賈讓王橫，高瞻遠矚，欲謀根治；當事者不察，卒聽河自尋出路，河乃愈趨而南，豈非人謀之不臧哉。（參觀第七圖王莽河形勢圖）

第四節　王景治績

王莽始建國三年，魏郡決後，河無定局者，殆六十餘年。光武時擬修隄防，浚儀令樂俊言：『昔元光之間，人庶熾盛，而瓠子河決，尚二十餘年不即塞；今居家稀少，田地饒廣，雖未修理，其患猶可。新被兵革，民不堪命，宜須平靜，更議其事。』光武遂止。且漯濟汴分河東流，地皆卑下，宜爲河流所趨。濟汴同受河於滎陽。河渠紀聞：『汴渠起滎澤，周時導滎爲川，與陶丘復出之濟相接，會於菏澤，分爲二：南爲菏水，由魚台入泗達淮，平帝時轉東南之瀆；北爲濟水，東流出巨澤，絕鉅野而北，合濮會汶入濼注琅槐（今山東廣饒縣東北百十里）東北入海。轉東北之瀆。』漢平帝時，河汴決壞，滎陽塞爲平地。光武建武時，汴渠東侵，日月彌廣；水門故處，皆在河中。明帝永平十二年，議治汴渠，發卒數十萬，詔王景與將作謁者王吳修渠築隄。自滎陽東至千乘海口千餘里。景乃商度地勢，鑿山阜破砥磧，直截溝澗，防遏衝要，疏決壅積，十里立一水門，令更相洄注，無復潰漏之患。景雖省役減費，然猶以百億計。明年夏渠成。禹貢錐指曰：『王景修渠築堤，其所治者，即東漢以後大河之經流也。而史稱修汴渠，始終不言河，蓋建都洛陽，東方之漕，全資汴渠，故惟此爲急。河汴分流，則運道無患，治河所以治汴也。』十二年詔曰：『河汴分流，復其舊跡；陶丘之北，漸就壞墳。』十五年景從駕東巡至無鹽，帝美其功。陶丘今定陶，無鹽今東平，皆濟水所經，可見景治汴渠，係統濟水而言。河渠紀聞謂：『築堤自滎陽至千乘，河不南侵，而汴始可治。河汴相隨，中築長隄間隔，就大勢言之如此，其實兩河距離尚遠。其汴行北濟故道，其別出者通於淮泗。大河自長壽津東入漯川，由開州，今河北濮陽境觀城、至朝城，始與漯分，北行入濟南境。又折而東，出樂陵武定今山東惠民境之南，德平陵邑商河青城之北，又東北行，至千乘入海。』汪武曹謂：『禹河自大伾北行時，在彰德之東，大名之西；及周徙至漢，而出大名之東，東昌之西；及至王景治河，則出東昌之東，濟南之西。』自景治後，沿晉及唐，歷千餘年，安流順軌；下逮宋仁宗慶歷八年，河決商胡，景河始堙，功亦偉矣。（參觀第八圖東漢王景治績圖）

按李儀祉先生王景理水之探討一文，解說「十里立一水門，令更相洄注，無復潰漏之患」極新穎，略云：『王景之十里立一水門，使介河汴之間，則不可通。蓋汴低於河，無洄注於河之理。若令河水與汴水更相洄注，則無復潰漏之患，又何說也。竊謂河汴分道而趨，必各自有堤。其始也汴與河相去不遠，故易受河之侵襲。試以第一圖明之：設汴之左隄，鄰於黃河隄上每十里立一水門，則河水漲時，其含泥濁水，注於汴渠，由各水門挨次注入兩隄間，泥沙淤澱，水落，澱清之水，復挨次入汴。因之汴水不致過高，以危隄岸，兩河之間淤高，清水入汴，刷深河槽，故無復潰漏之患。（附王景治汴十里立一水門更相洄注圖甲）至漲水由水門注入隄後，何以能淤澱，可以第二圖明其理：自甲水門注入隄後，其流速V'，必較緩於正河之流速V。即$V' < V$。故甲門之水，流至乙門時，正河之水亦同時自乙門注入，隄後之水，爲其所托，其勢更緩，且更向後漫旋。所挾之泥沙，勢必無力盡數攜帶，因而沉澱，愈積愈

高，此後世放淤之理所從出也。』（附王景治汴十里立一水門更相洄注圖乙）

又武霞峯師言：『王景治河，其主旨在治汴通漕。當時汴口水門衝壞，爲致患癥結。修汴口門，自爲第一要着。史言修渠築隄，自滎陽東至千乘海口千餘里；又言十里立一水門，令更相洄注無復潰漏之患。此數語詞旨聯綴，遂有以水門屬黃河之誤解，終不可通。今細繹之：蓋有上下兩汴口，各設水門，相距十里；又各於河灘上開挖倒鈎引渠，通於汴口之兩處水門，遞互啓閉，以防意外。汴口既治，全溜歸入正河，水量激增。但築正河兩隄，訖於海口，其事已畢。汴既厥淤，故須修渠。厥後汴口水門寖壞，陽嘉建甯，復有修治。滎口石門在東，浚儀口石門在西，相距五十餘里，水皆入汴。明萬歷清康熙屢開江南新舊兩運口，以備啓閉挑修，即是王景治汴，以防黃河潰漏之遺意。若謂治河必立水門，反置汴口水門略而不言，殊難切合事情。』云云。此等語發前人所未發，當爲王景治汴治河之真詮。

第五圖

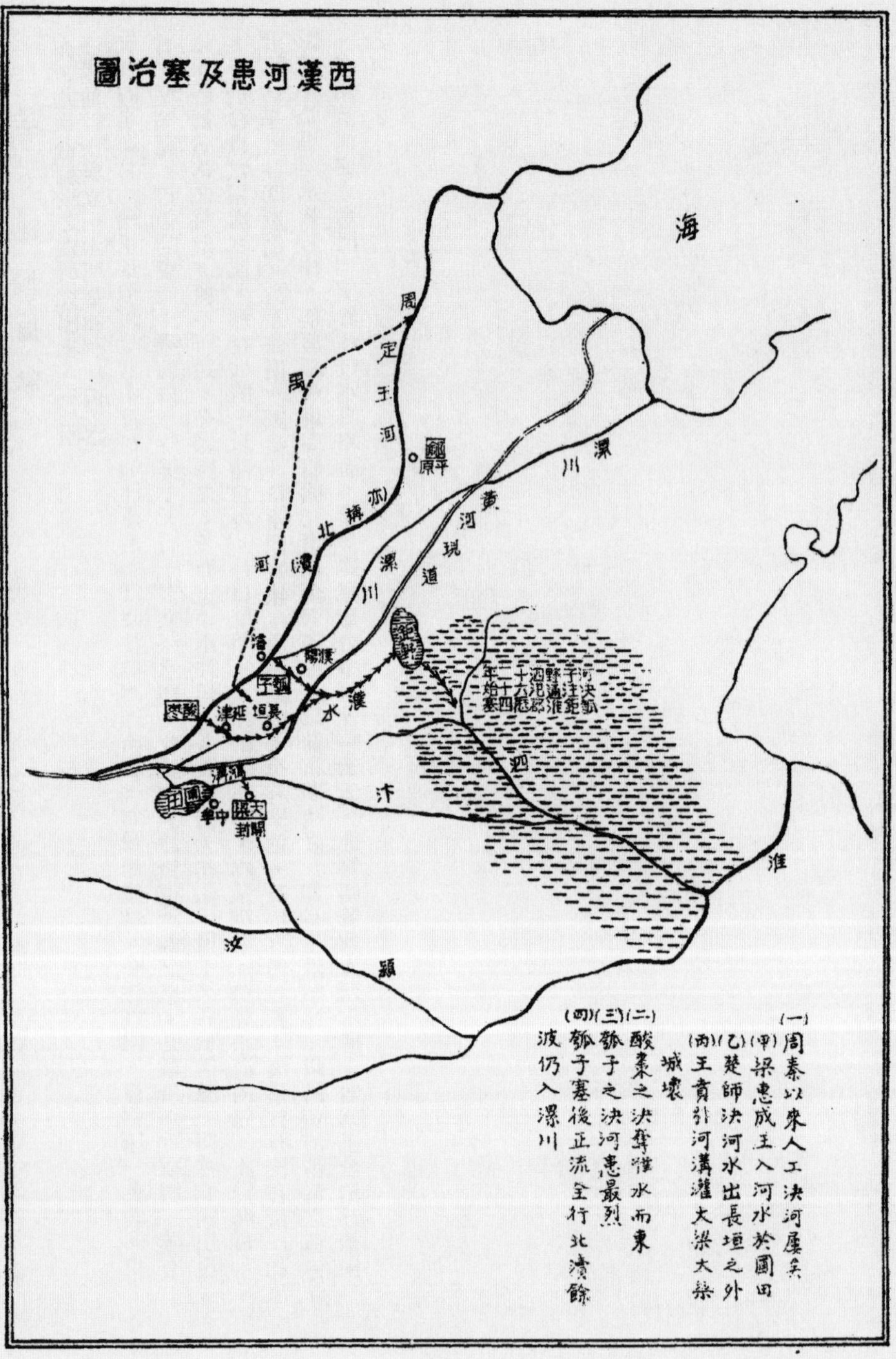
西漢河患及塞治圖
海
黃河
漯川
汴
泗
淮
汝
潁
(一)周秦以來人工決河屢矣
(甲)梁惠成王入河水於圃田
(乙)楚師決河水出長垣之外
(丙)王賁引河溝灌大梁大梁城壞
(二)酸棗之決奪淮水而東
(三)瓠子之決河患最烈
(四)瓠子塞後正流全行北瀆餘波仍入漯川

古今治河圖說 第六圖

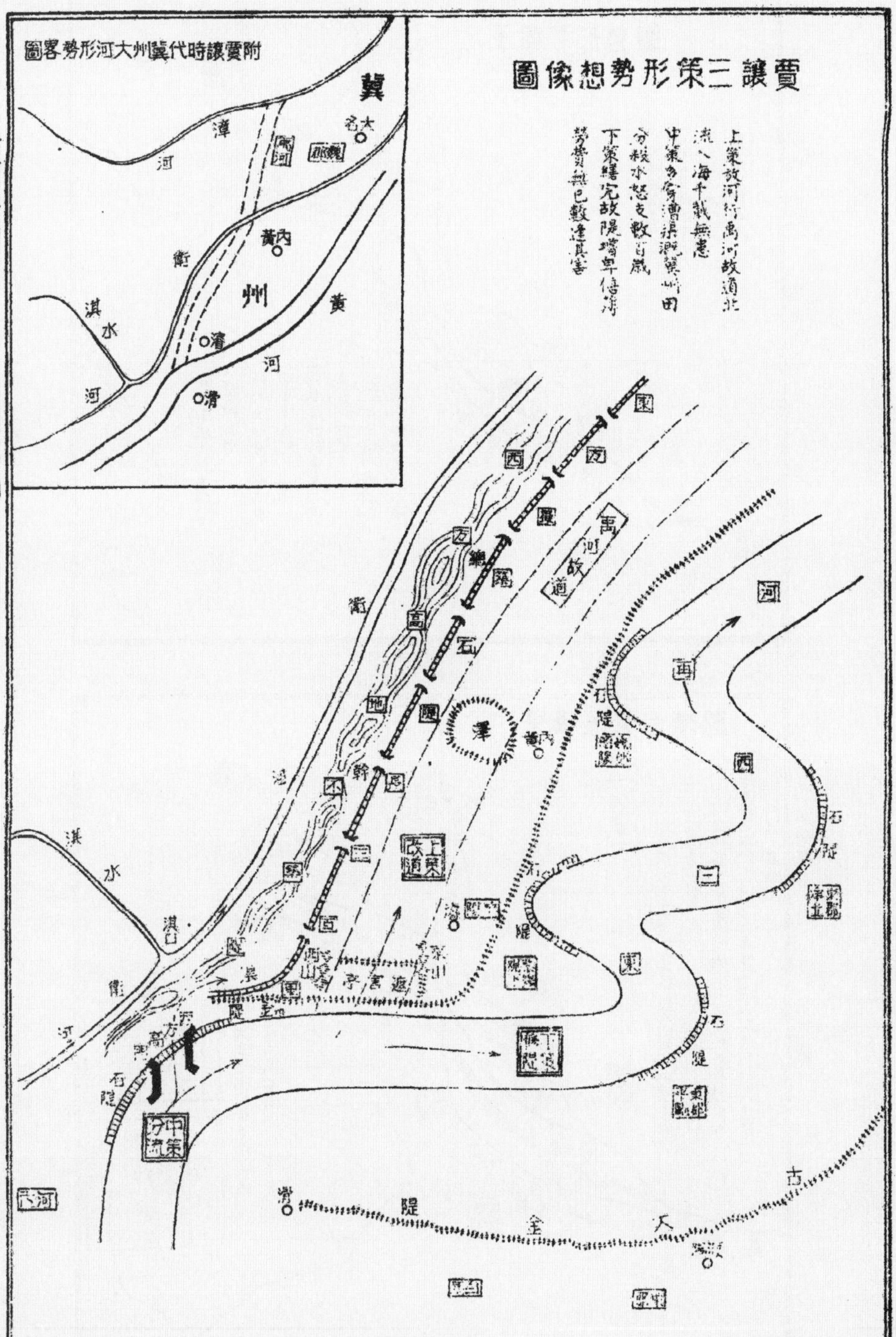
賈讓三策形勢想像圖
上策放河行禹河故道北流入海千載無患
中策多穿漕渠溉冀州田分殺水怒支數百歲
下策繕完故隄增卑倍薄勞費無已數逢其害
附賈讓時代冀州大河形勢略圖
冀
州
禹河故道
澤
上策故道
中策分流
下策繕隄
古大金隄

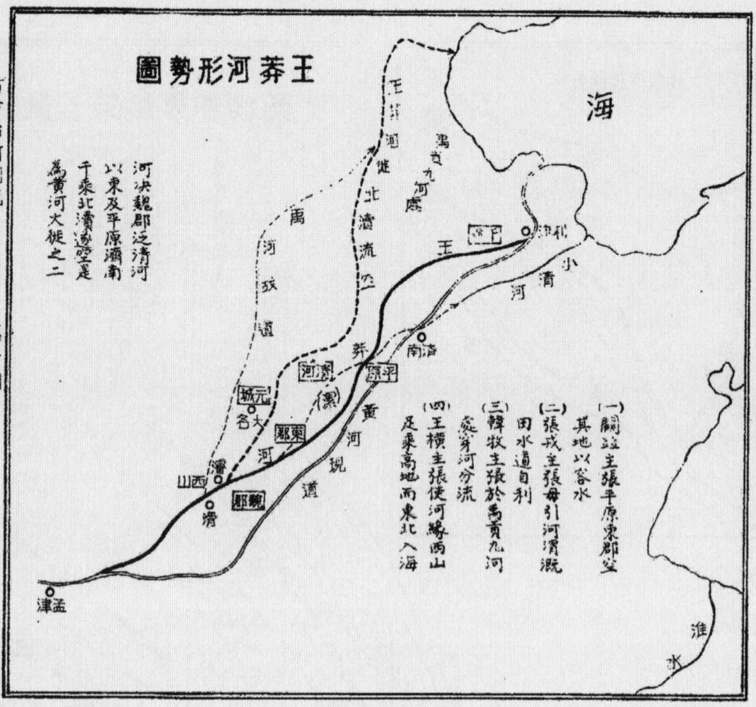

古今治河圖說　第七圖

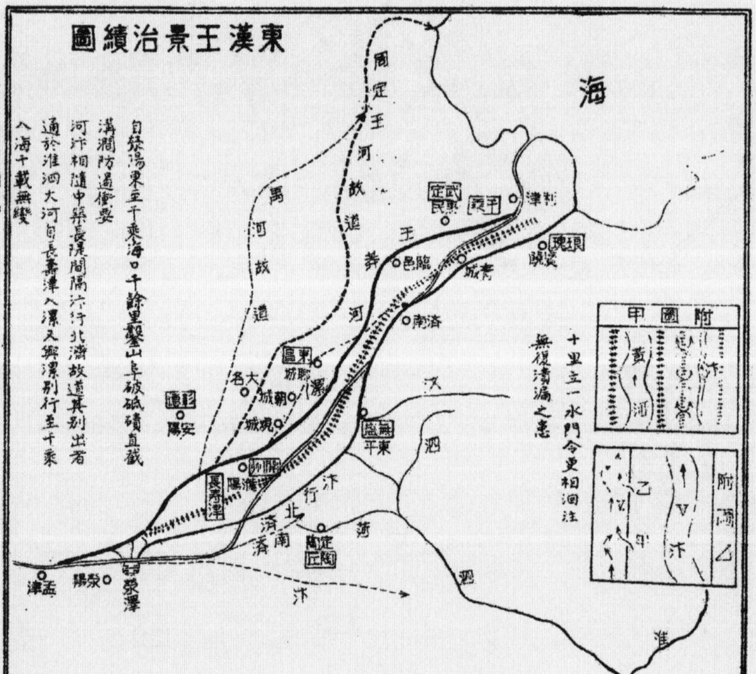

古今治河圖說　第八圖

第五章 河大徙三（宋代商胡大河）

第一節 漢宋間分流之害

王景治河後，河汴分流，歷魏晉南北朝及隋，大河安流，溢雖屢見，而決尚少。汴口分河，以石門爲鎖鑰，石門廣十餘丈其地屢有遷移，大抵自滎澤而河陰而汜水，有逐漸上移之勢，凡巨川引渠，往往而然，如涇惠渠口屢次上移，即其著者。而修治不輟。實種後此大河南犯之禍因。隋開通濟渠，自西苑引穀洛水達於河，自板渚引河水達於淮。又開永濟渠，引沁水南達於河，北通涿郡。北平

唐玄宗開元十年，博棣等州屢決，大河自清豐縣分爲馬頰河，至無棣縣入海。兩河並行，河變將作。嗣後，藩臣分疆而守，河患致鮮紀載。昭宗景福二年，河徙從渤海今山東濱縣東北。北至無棣入海，尾閭小變，此爲千乘改流之始。

降於五季，後梁末帝貞明四年，梁將謝彥章攻揚劉今山東東阿縣北六十里決河水以限晉兵，爲曹濮患。末帝龍德三年，李存勗大舉伐梁，梁將段凝復自酸棗今河南延津縣決河東注於鄆，今山東東平縣以限唐兵，謂之「護駕水」。瀰漫數百里，決口日大，屢爲曹濮患。唐滑州節度使張敬詢塞之。此後三十年間，宿胥上下，河無甯歲。後周世宗顯德元年，雖遣李穀堤塞，然未能疏濬故道，以淸去路，致下流壅塞，離爲赤河。河不循軌，勢將崩裂。分流貽禍，加以人工決河，速其潰敗，

足爲後世殷鑒！（參觀第九圖漢宋間大河形勢圖）

第二節　宋代商胡大河

宋代緣河置埽，載於宋史河渠志者，至爲詳盡，爲前此所未有。孟州有河南北凡二埽。開封府有陽武埽。滑州有韓房二村憑管石堰州西魚池迎陽凡七埽。通利軍（今河南濬縣。）有齊賈蘇村凡二埽。澶州有濮陽大韓大吳商胡王楚橫隴曹村依仁北岡孫陳大固明公王八凡十三埽。大名府有孫村侯村二埽。濮州有任村東西北凡四埽。鄆州有博陵張秋關山子路王陵竹口凡六埽。齊州有采金山史家渦二埽。濱州有平和安定二埽。棣州有聶家梭隄鋸牙陽成四埽。共計四十五埽　非惟河防設施，藉資考證；卽河綫所經，亦得以確指。宋初大河屢決，塞築之工迭舉。太宗太平興國八年，決滑州韓村，東南流入彭城，塞之。太宗淳化四年，決澶州，陷北城，壞官民廬舍七十餘區。決水西北流，入御河卽衞河漫大名府城，詔發卒代民治之。是時儻因勢利導，禹蹟可復。巡河供奉官梁睿上言，滑州土脈疏，岸善潰，每歲河決南岸，害民田，請於迎陽鑿渠引水，凡四十里，至黎陽合大河，以防暴漲。從之。五年正月，新河成，又命杜彥鈞率兵夫開渠，自韓村埽至州西鐵狗廟凡十五里，復合於河，以分水勢。宋初治河，惟知築隄分水，未能遠謀，於此可見。

真宗以降，治河無善策。景德元年，決澶州橫隴埽，循赤河下注，是爲橫隴河。李垂上導河形勝書，請復禹河古道，派之爲六，北注於海。郭諮言：『澶滑隄狹，無以殺大河之怒，故漢以來河決多在此地。請引河穿金隄與橫隴合，以達於海。』一主引河而北，一主引河而南，皆不果行。天禧元年，河決滑州城西北天臺山旁；俄復潰於城西南。歷澶濮曹鄆，注梁山泊，即梁山濼又合淸水即泗水古汴渠東入於淮，州邑罹患者三十一。四年，已塞復決天臺。閱七年，至仁宗天聖五年始塞，名曰天臺埽。滑州至是共有八埽。天臺既塞，滑州患弭，而澶州之禍未已。六年，河決澶州之王楚埽，景祐元年，又決澶州橫隴埽，由新道注潟赤河，復氾爲游金二河，久不塞治。自是河從橫隴出舊河南，其下流仍入舊河，河愈分而愈淤，不適行水。河徙橫隴，東北流，行於舊河之南，至今長淸縣境，會於舊河。其橫隴以下之舊河，謂之京東故道。閱十五歲，爲慶曆八年、河決澶州商胡埽，決口廣五百五十七步，直走大名入衞河，至淸池合口，與漳匯流，注乾甯軍今河北省淸縣入海，是爲黃河大徙之三。河渠紀聞：『其東岸爲今冠縣館陶臨淸夏津武城棗強德州吳橋東光南皮滄州，西岸爲今廣宗威縣淸河故城景州，其東光南皮滄州之道即西漢大河故道也。自是會流逕獨流口，又東逕劈地口三叉口入於海。其西岸爲今靑縣，東岸爲今靜海，南岸爲天津。獨流口在靜海北二十里，劈地口在縣東北，三叉口即天津東北三叉河，是爲宋黃河北流之道。』河道北流，幾復王景以前之舊觀，本可乘勢以謀長治久安；宋史河渠志曰『自滑臺大伾兩經氾溢，當係指太宗淳化四年及仁宗景祐元年事。復禹蹟矣，一時姦臣建議，必欲回之，俾復故流，竭天下之力以塞之，屢塞屢決。』僅歷百餘年，而河又大徙，爾後陵轢汴泗，侵奪江淮，貽禍無窮，其詳當於下章述之。（參觀第十圖宋代商胡大河形勢圖）

古今治河圖說　二一

古今治河圖說

三二

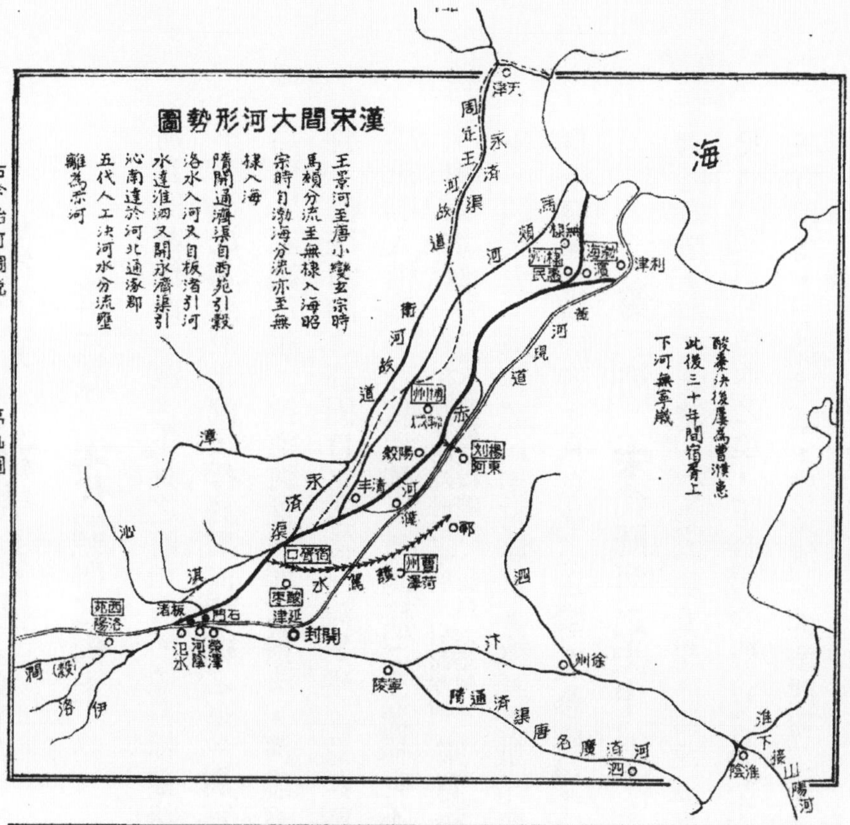

古今治河圖說　第九圖

古今治河圖說　第十圖

第六章　河大徙四（金明昌大河）

第一節　宋代回河之失上

河自商胡決而北流，王景之河始廢。蓋自橫隴決後，橫流四出，所在墳淤，河梗噎不能下，不得不決入衞河北流，行於禹河故道之東，周定王河故道之西，安流順軌，其勢甚便。不幸「回河」之議旋起，拂逆河性，屢有橫決，河患愈演愈烈，此非河之罪也。宋仁宗皇祐二年七月，河決館陶之郭固口，塞後河流猶壅。賈昌朝欲復橫隴故道，李仲昌請自澶州商胡河穿六塔河導入橫隴，費省功倍。歐陽修三上疏極言不可。宰相富弼獨主李仲昌議，遂以至和二年，開六塔河（河在清豐縣西南三十里，引商胡河過六塔集通橫隴河，故曰六塔河。）塞商胡北流，放水入六塔河。河小不能容，當夕復決，溺兵夫，漂芻藁，不可勝計，水死者數千萬人，河北被患者數千里。仲昌等謫戍有差。自後無復言橫隴者，京東故道遂廢。（參觀第十一圖宋代回河圖）

第二節　宋代回河之失中

六塔敗潰，河仍北流。仁宗嘉祐五年，河流派別於魏（今河北大名縣）之第六埽，曰二股河。廣僅二百尺，行於魏恩德博之境，下合篤馬河，又東北至樂陵無棣入海。時韓琦頗慮二股不利。而王安石方用事，力排衆議，贊東流。神宗熙甯二年，卒塞北流。北流既塞，河自其南四十里之許家港東決，汜濫大名、恩、德、滄、永靜（今河北東光縣）五州軍境。詔輟濬御河夫卒三萬三千，專治東流。熙甯四年，北京（即大名。）新隄決第四第五埽，下屬恩冀，貫御河，奔衝爲一。塞後復溢夏津，（今山東夏津縣）前功俱廢。熙甯六年王令圖獻議於北京第四五埽等處，開修直河，使大河還二股故道。熙甯十年，復有澶州曹村之大決。北流斷絕，河遂南徙，東匯於梁山張澤濼，分爲二派：一合南清河（即泗水。）入於淮；一合北清河（即濟水。）入於海。（北清河歷東阿平陰長清齊河歷城濟陽齊東武定青城濱縣蒲臺至利津入海。南清河歷汶上嘉祥濟甯合泗水至徐邳達淮陰入淮。）灌郡縣四十五，壞官亭民舍數萬，田逾三十萬頃，六塔二股皆廢。（河自漢武帝時，決瓠子通淮，至宋眞宗天禧時，又決入淮，至是又決入淮。入淮之道，屢經渲蕩，已成大壑，河之南徙，實由於此。）神宗元豐元年，創横埽之法，塞曹村決，河復歸北。詔改曹村埽曰靈平。元豐三年，河決澶州孫村、陳埽、及大小吳埽，四年復大決小吳埽入御河。神宗謂輔臣曰：『河決不過占一河之地，或東或西，若利害無所較，聽其所趨如何？』又曰：『河之爲患久矣，水性趨下，如能順水所向，復有何患？』『蓋深悔「回河」之誤矣。是時安石已去，用事者皆以罪免，故有『東流塡淤難復，更不修閉小吳決口』之詔。從李立之議，於北流大河分立東西兩堤，五十九埽，河道無改者凡十六年。（參觀第十一圖宋代回河圖）

第三節　宋代回河之失下

河雖北流，仍有潰決，無以杜「回河」者之口；於是減水入二股東流之議復起。哲宗元祐初，張問王令圖請於南樂大名埽開直河，至孫村口導還二股河。王孝先安燾文彥博呂大防王巖叟皆是其說。范純仁蘇轍皆非之。卒興役，功不就。文彥博呂大防安燾等謂『河不東則失中國險。』范純仁以四不可之說進。王存胡宗愈蘇轍等以虛費勞民爲慮，各上書止其役。范百祿趙君錫奉命按行獨流口，覆稱河流深快，乃罷「回河」之議。未幾李偉吳安持，又力主東流，開北京沙河堤，放水入孫村故道；並於北流施輭堰。蘇轍言；『大河正流（流，即北）數倍東流，河水流行不絕，輭堰何由能立？蓋欲以輭堰爲名，實作硬堰，陰爲「回河」之計！』又有『李偉不除，河終不治！』之憤語。元祐八年，水官卒進梁村（今河北省清豐縣東南。）上下約，束狹河門。漲水壅潰，南犯德淸，（清豐）西決內黃，東淤梁村，北出闞村，橫流四溢。王宗望繼安持領都水，仍主東流，閉斷北流。然東流地勢高仰，水行不快，瀕河仍多水災。哲宗元符二年，河決內黃口，併勢北行，東流斷絕。李偉吳安持等三十六人，分別竄謫有差。嗣後不復開二股河，「回河」之議乃寢。（參觀第十一圖宋代回河圖）

哲宗元符三年，河決蘇村，（在濬縣境）復有獻東流之議者，以任伯雨之言而止。徽宗崇甯三年，於深瀛諸州，增二埽場，厚其儲蓄，以備漲水，大河安流。河自商胡北徙後，初則「回河」於六塔，繼則「回河」於二股。六塔之回，中於意氣之爭，一敗之後，遂不復議。二股之回，旨在設險防敵，捍衛京師，故和之者衆。屢敗屢回，（初回於熙甯二年，再回於熙甯六年，三回於元祐八年。）再接再厲。然每次東回，不旋踵間，仍復潰決，且多北入御河，（一見於熙甯四年，再見於元豐四年，三見於元符二年。）河意如此，安可强以人力？

范百祿等，力駁設險之說曰：『商胡之決，四十二年，迄無邊警，中國據上游，契丹豈不慮乘流擾之乎？』壯哉斯言！迨金人克宋，竟利河南行，開奪淮之新局，北宋之不振，可於河事覘之矣！

第四節　金明昌大河

宋室南遷，大河屬金，河勢南徙，而不詳其決徙之時與地。宋孝宗隆興之初，即金世宗大定四年，范成大使金，見濬州城西南，僅有大河勝水；是河離濬滑，已在高宗之世。金世宗大定六年，河決陽武，由鄆城迤東匯流入梁山泊，鄆城淪陷。自來河變，皆在濬滑以下，今則上移於陽武，此黃河四徙，汲胙流窄之嚆矢也。大定八年，河決曹州城西李固渡，水潰曹城，分流單境。李固渡非故河所經，其時大河或即來自陽武，水入曹單，必下徐邳，合泗入淮，蓋可知也。大定十二年，金人以河水東南行，其勢甚大。詔自河陰廣武山循河而東，至原武陽武東明等縣，孟衞等州，增築隄岸。嗣後續有增築，下達歸德。大定二十七年，金廷令南京（即今開封）歸德等四府十六州之長貳，皆提舉河防事；四十四縣之令佐，皆管勾河防事。（南京府及所屬延津封邱祥符開封陳留胙城杞縣長垣；歸德府及所屬宋城甯陵虞城；河南府及孟津；河中府及河東；懷州河內武陟；同州朝邑；衞州汲新鄉獲嘉；徐州彭城蕭豐；孟州河陽溫；鄭州河陰滎澤原武汜水；濬州衞；陝州閿鄉湖城靈寶；曹州濟陰；滑州白馬；睢州襄邑；滕州沛；單州單父；解州平陸；開州濮陽；濟州嘉祥金鄉鄆城。）大河之所經流，可概見於此。金章宗明昌五年，河大決陽武，灌封丘而東，歷延津長垣蘭陽東明曹州濮州鄆城范縣諸州縣界中，至壽張注梁山濼，分爲二派：北派由北清河入海；南派由南清河入淮；如宋熙甯決河故事。河道大變，汲胙流空，是爲黃河第四次大徙。（參觀第十二圖金明昌大河圖）

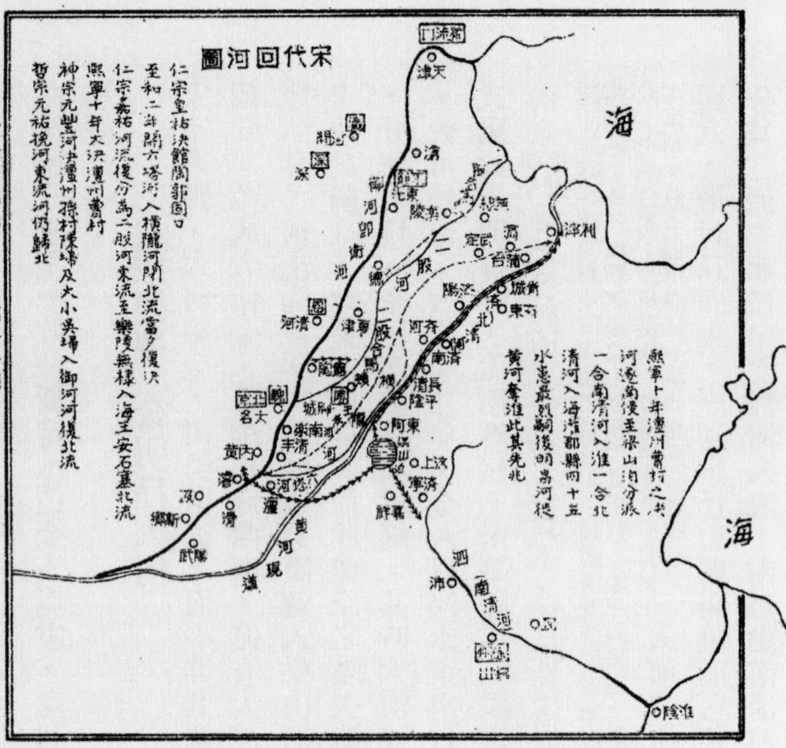
宋代回河圖
仁宗皇祐決館陶郭固口
至和二年開六塔河入橫隴河開北流富乃復決
仁宗嘉祐河流復分爲二股河東流至樂陵無棣入海王安石塞北流
熙寧十年大決澶州曹村
神宗元豐河決澶州孫村陳埽及大小吳埽入御河河復北流
哲宗元祐挽河東流河仍歸北
熙寧十年澶州曹村之決河遂南徙至梁山泊分派一合南清河入淮一合北清河入海郡縣四十五水患最烈嗣後明昌河徙黄河奪淮此其先兆
海
古今治河圖說　第十一圖

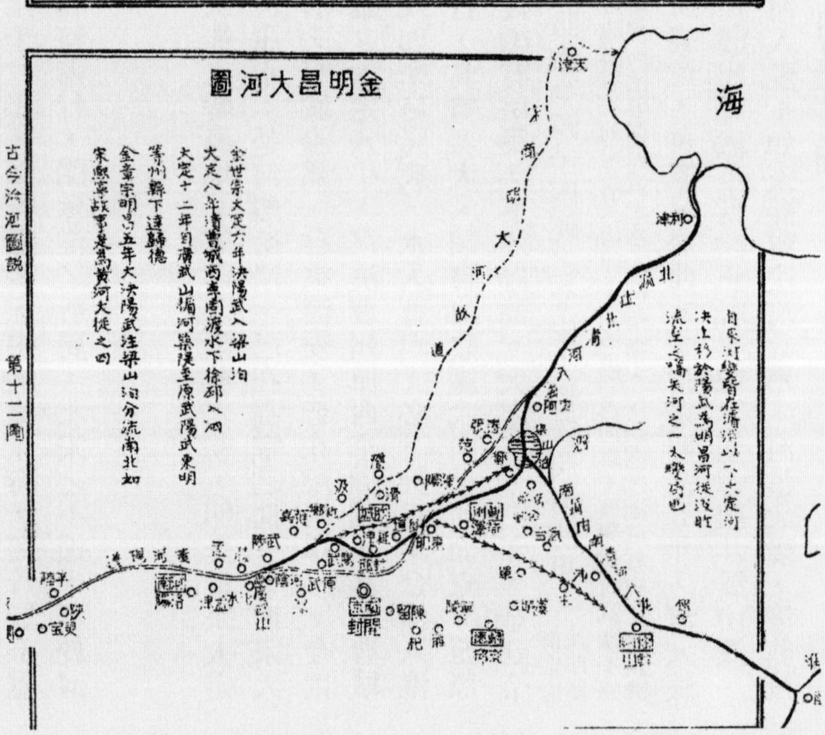
金明昌大河圖
金世宗大定六年決陽武入梁山泊
大定八年決……渡水下徐邳入泗
大定十二年自滑武山編河築隄至原武陽武東明等州縣下達歸德
金章宗明昌五年大決陽武注梁山泊分流南北如宋熙寧故事是爲黄河大徙之四
海
古今治河圖說　第十二圖

第七章　河大徙五（明弘治大河）

第一節　黃河奪淮之初步

明昌河徙，分流南北，河不兩行，此胡能久？金宣宗貞祐二年，單州刺史顏盞天澤言：『守禦之道，當決大河使北流德博觀滄之境，其故隄宛然猶在，工役不勞。』延州刺史溫撒可喜亦議復大河故道。惜均不能用，致河變紛紜，百餘年後，演成經歸徐獨流奪淮之局。元世祖至元二十三年，河決汴梁，汴南皆成巨壑，由渦入淮。又旁決橫出，未有定向，中州之患無已。二十五年，又決，更分道出歸徐陳潁，全河奪淮。成宗大德元年，河決杞縣蒲口，東走舊瀆，屢塞屢決。大德九年，又決陽武，灌開封，溢歸德陳州，漫衍四出。仁宗延祐元年，開封小黃村口，分洩太甚，陳留通許太康等處被災。至元以來，大河漸趨歸徐，而上下屢決。決上流南岸，則汴梁被害；決下流北岸，則山東可憂。委官相視，謂遺小就大，小黃村口宜仍舊通流，恤下游受患州縣，爲一時權宜之計。延祐六年，卒塞小黃村口，全河出歸德下徐州，陳潁流斷，禍移歸徐。泰定帝泰定元年，大河改從古汴渠至徐州東北，合泗入淮。金源利河南行，遞演遞變，至是奪淮之趨勢成矣。禹貢錐指云：『大河所行之道，自武陟縣南，東逕滎澤縣北，其北岸則獲嘉縣。東逕原武陽武延津縣南，又東逕祥符縣北，其北岸則封邱縣。又東逕陳留蘭陽儀封縣北，又東南逕睢州考城商邱縣北，其北岸則曹縣。又東逕虞城夏邑縣北，其北岸則單縣。又東逕碭山縣北，又東逕豐縣沛縣南，其南岸則蕭縣。又東逕徐州北，與泗水合。又東南逕靈璧睢甯縣北，其北岸則邳州。又東逕宿遷縣南，又東逕桃源縣北，又東逕清河縣南，與淮水合。又東逕山陽縣北，又東逕安東縣南，東北入海。』（參觀第十三圖黃河奪淮初步圖）

第二節　賈魯治績

河行歸徐，奪泗入淮，泗漕狹隘，徐睢阨塞，豈惟中原蒙害，抑亦河之不幸也。蓋徐城兩岸，羣山夾峙，中間河道，僅寬六十餘丈，呂梁洪尤爲著險。列子稱『孔子觀於呂梁，懸水三十仞，流沫四十里，魚鱉不能游』者是，此爲第一要害。明潘季馴河防一覽云：『昔年徐呂二洪，怪石嶙峋，上浮水面。湍激之聲，如雷如霆，舟觸之必敗。徐州洪於嘉慶二十年，爲主事陳穆所鑿，呂梁洪於嘉慶二十三年，爲主事陳洪範所鑿。巉巖突屹，一切削平。』下至睢甯亦經兩山夾峙，又有鯉魚山梗峙中流，爲第二要害。河流一束再束，下行不暢，抑鬱憤怒，致屢決於上，幾無甯日。順帝至正四年五月，大雨，黃河暴溢，平地水深二丈許，北決白茅隄，在今曹縣西南又決金隄，並河郡邑，濟甯單州虞城碭山金鄉魚臺豐沛定陶武城曹州東明鉅野鄆城嘉祥汶上任城等處皆罹水患。水勢北侵安山入會通河，延袤濟南，五年不塞，爲近古以來罕有之阨運。然是時會通行漕，河不容北，舍塞決挽歸故道，殆無他策。至正九年，丞相脫脫，慨然有志於事功。集議盈廷，言人人殊。惟都漕運使賈魯，昌言必當治。乃薦魯於帝，大稱旨。十一年，下詔中外，命賈魯爲總治河防使。發軍民十七萬人供役。時正炎夏，水力方盛，而魯一意奏功，急不待時。以四月二十二日鳩工，濬正引河自儀封黃陵岡，南達曹縣之白茅，放於單縣之黃堌，虞城之哈只等口，通長二百八十里許；又自黃陵西四里村濬減水河，至曹縣楊青村，通長九十八里許；而皆會於黃河故道，深廣不等。並以刺水石船諸隄，刺水即石船隄旁之草埽障水入故河。七月疏鑿成，八月決水故河，十一月白茅合龍，水土畢工，河復故道，南匯於淮，又東入於海。賈魯治河，詳載歐陽玄至正河防記。河防書之有治法，自此始也。其要在疏濬塞三法：釃河之流，因而導之，謂之疏，去河之淤，因而深之，謂之濬；抑河之暴，因而扼之，謂之塞。而至奇極險，費重難成，卒得其用者，尤在障水入故河之石船隄。方魯之導流入故河也，時方八月，正值秋汛，水入新河止二分，決河多至八分，水深流急，難於下埽。所修刺水三隄尙短，力未足恃。魯乃精思障水之法，載石沈舟，為挑水壩以遏之。所謂石船隄者是也。其制逆流排大船二十七艘，前後連以大桅長樁，用大麻索竹絙絞縛，綴為方舟，令牢不可破。乃以鐵錨于上流硾之水中，又以竹絙繫兩岸大橛上，使不得移動。船腹鋪散草，滿貯小石，用板釘合。板上布埽二重或三重，以大麻索縛之急，沈舟入水。船後加築草埽三道，（即前刺水三隄加長）迫河南泛，水勢峻湧，若自天降，歸入引河。決口水緩不着重，得以一舉堵合。此後十餘年間，雖北流未斷，決溢時聞，而歸徐之道無變，黃河奪淮之趨勢，乃益堅定不移。（參觀第十四圖，元至正河決白茅圖及附圖二幅）

第三節　明代河患

明初賈魯大河下流受淤，屢決而南，曹北之患，又移於汴南，洪武時，南決之水，恆挾潁渦入淮。洪武八年決開封，由潁入淮；十四五年決原武陽武由渦入淮；十六年二十年均決開封，二十二年決儀封，二十四年決原武黑洋山，由潁入淮。賈魯河初尙通流，由汴北五里分流入陳州至鳳陽入淮者為大黃河；東出至徐州者，為小黃河；分行幾二十年。至洪武二十四年，決原武黑陽山，下潁入淮。二十五年，又決陽武，河勢南趨，賈魯河故道遂淤。永樂九年，命尚書宋禮侍郎金純濬祥符縣賈魯故道，引河自開封入徐州小浮橋。又由封邱金龍口分流下魚臺塌場口濟運，會汶水南入泗淮。當時借黃行運，治黃實以治運也。永樂十二三年，又連決開封由渦入淮與歸徐之道並行，凡三十八年。（參觀第十五圖明初河患圖）

英宗正統時，開封屢決，分由潁渦入淮，歷四十年。又決封邱金龍口，新鄉八柳樹，潰壽張沙灣，壞運道，合大清河入海，會通河淤。河壞至此，智者束手。代宗景泰四年，命徐有貞爲僉都御史，專治決河。有貞上置水門，開支河，濬運河三策。有撓其議者曰：『不能塞河，顧開之耶？』有貞出二壺，穿其一爲五竅，注水其中，與一竅者同瀉之，五竅者先涸。議乃定。自沙灣開支渠（即廣濟渠）上接沁河，引沁濟運。更濬漕渠，北至臨清，南抵濟甯。又作洩水牐八於東昌龍灣魏灣，洩漲水由古河入海。復於金龍口銅瓦廂開支渠二十，引水濟運。遂塞沙灣，漕道復通。（有貞但知通漕，而忽於治河，專塞沙灣，不塞八柳樹，可謂舍本逐末，適黃河南趨渦潁，得以奏績，實邀天倖耳。）（參觀第十六圖明景泰徐有貞治績圖）

徐有貞治沙灣後，中州河患未已。更二十餘年，而有白昂之治績。英宗天順五年，河自武陟徙入原武，獲嘉之流又絕，河益南下，是爲禹河最後之變局。（故大河經原武北，自此徙原武南，略似今河。）憲宗成化十四年後，開封歲有河患。孝宗弘治二年，河大決開封。南決者分由潁渦入淮；北決者衝張秋下徐州。命白昂治之。築陽武長隄，自原武至曹縣，以障北流。引中牟決河，自滎澤楊橋經朱仙鎮下陳州，由渦潁達淮。修汴隄，濬古汴河，下徐州入泗。又濬睢河，自歸德至宿遷小河口，以會漕河。自是河由汴睢入泗淮，以達於海。水患稍息。（參觀第十七圖明弘治白昂治績圖）

第四節　明弘治大河

歸徐行河，其勢不利，不決於南，則決於北，癥結所在，昭然若揭。顧當時爲運道所窘，終不能舍大河屢棄之道，另謀永安之策。碭徐以上，惟崇北岸，所以防衞山東運道也。淮安大河，惟築南隄，永樂十三年，陳瑄築淮安大河南隄，起淸江浦沿鉢池山柳浦灣迤東，凡四十餘里。所以衞淮南運河也。大河本身之理亂，不遑顧及。迨弘治六年，劉大夏出，更變本加厲，築斷黃陵岡，遏黃南流，造成完全奪淮之局。中州河患，延及江淮，乃愈演愈烈。先是弘治五年，河復大決黃陵岡荆隆口，即金龍口北犯張秋，掣漕河與汶水合。其滎澤及歸德入淮之口盡淤，舊白昂之所規畫，一時盡廢。遣侍郎陳政督夫十五萬治之，弗績。弘治六年以劉大夏爲副都御史，治張秋決河。大夏先於張秋決口開越河，引舟濟運。及冬令水落，乃爲塞決計，親行相視潰決之源。濬黃陵岡南賈魯舊河四十餘里，由曹出徐，以殺水勢。濬滎澤孫家渡口，別鑿新河七十餘里，導水南行，由中牟下陳潁。濬祥符四府營淤河二十餘里，由陳留至歸德分爲二派。一由符離出宿遷小河口；一出亳州渦河；各道俱入於淮。然後沿張秋兩岸，築臺立表，貫索網，聯巨艦，穴而窒之，實以土，至決口，去窒沈艦，壓以大埽，仿賈魯石船隄法變通之且合且決，隨決隨築，連晝夜不息。至弘治七年十二月，張秋決塞，運道復通。改張秋爲安平鎭。大夏爲運道久安計，又續於弘治八年，築塞黃陵岡荆隆口等決口七處。黃陵岡居安平鎭上流，廣九十餘丈，荆隆等口又居黃陵岡之上流，共廣四百三十餘丈。於是上流河勢，復歸蘭陽考城，分流逕歸德徐州宿遷，南入運河，會淮入海。又於北岸築太行隄（起胙城歷滑縣長垣東明曹單諸縣，亘三百六十里。）及荆隆等口新隄（起于家店，歷銅瓦廂陳橋集抵小宋集，凡百六十里。）以爲屏蔽。仍於張秋南北，各造滾水石壩，中砌石隄。河若東決，壩以洩漲，隄以禦衝，以策萬全。所以爲運道謀者，無微不至。曩者黃河入淮屢矣，然尚時或北決，水不專注。自黃陵岡築塞，隄障重重，大河不得復決而北，乃奪汴入泗合淮，遂以一淮受莽莽全河之水，爲河之一大變局，是爲黃河大徙之五。（參觀第十八圖明弘治劉大夏治績圖）

古今治河圖說　第十三圖

古今治河圖說　第十四圖

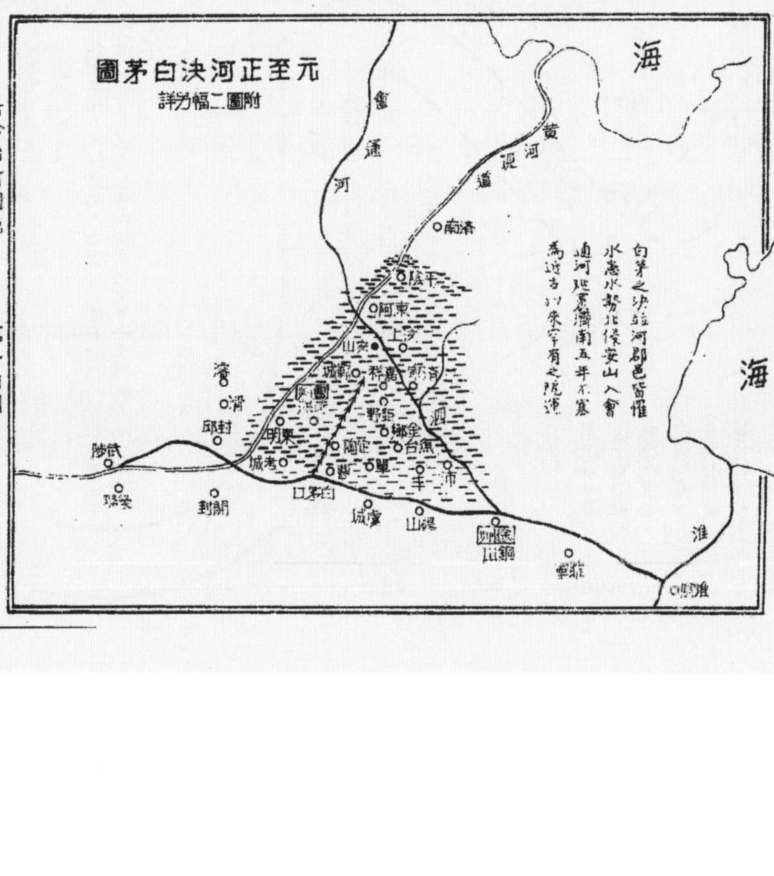

古今治河圖説　第十四圖附圖一

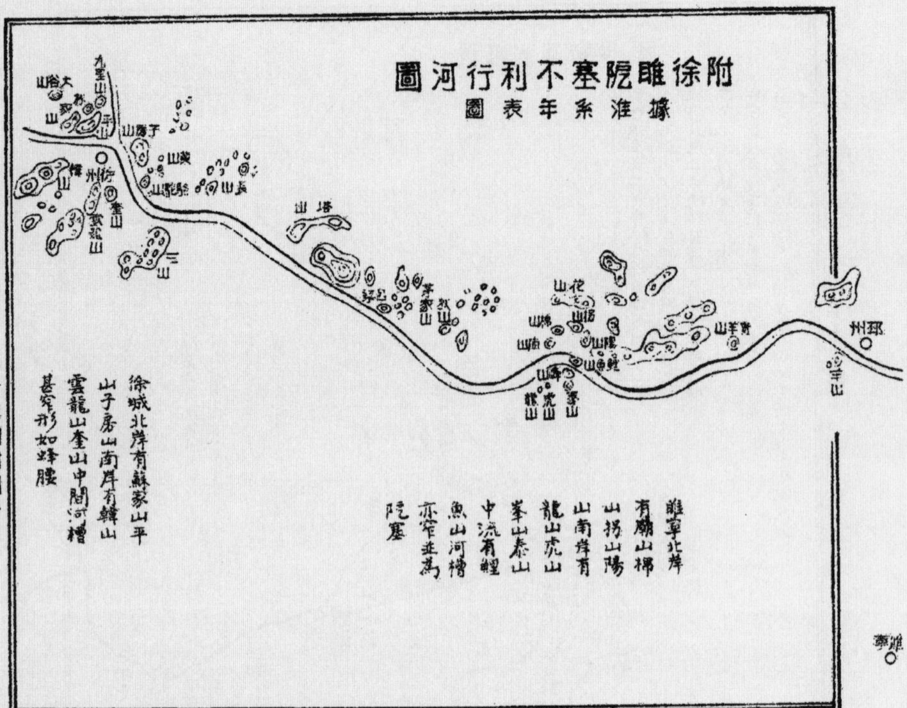

古今治河圖説　第十四圖附圖二

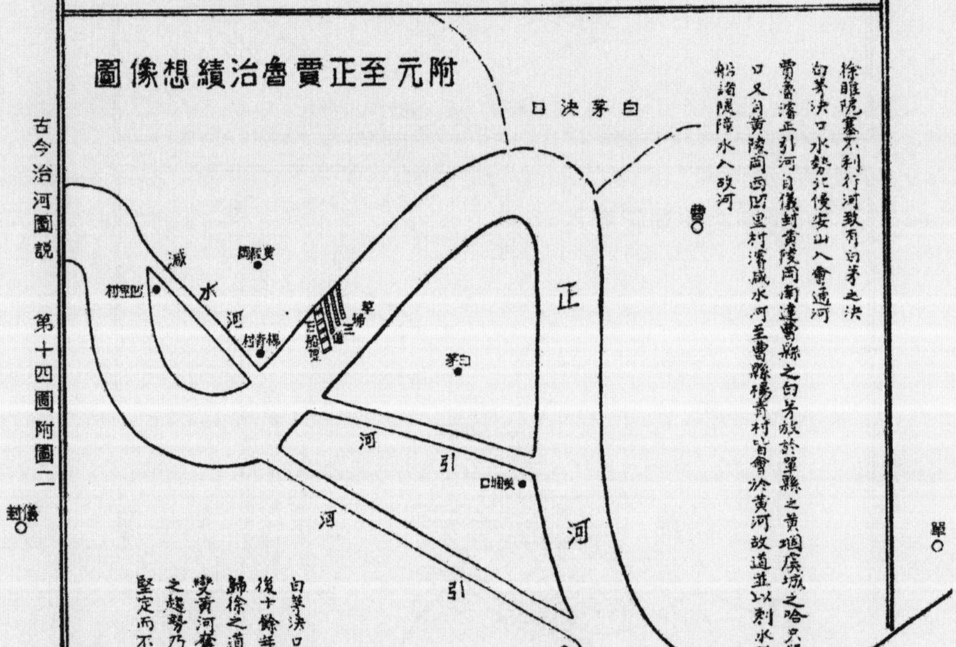

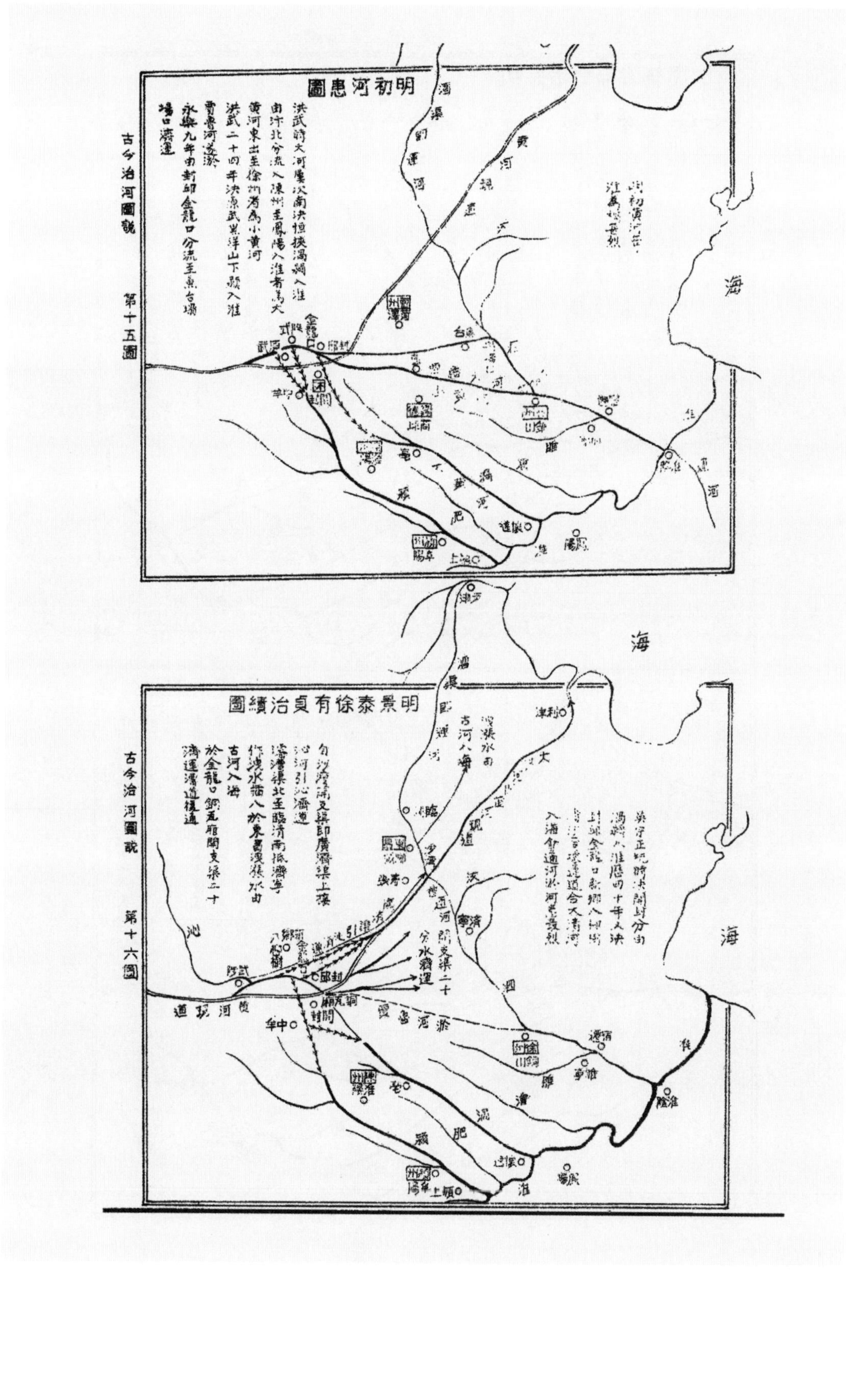
明初河患圖
古今治河圖說　第十五圖
明景泰徐有貞治河續圖
古今治河圖說　第十六圖

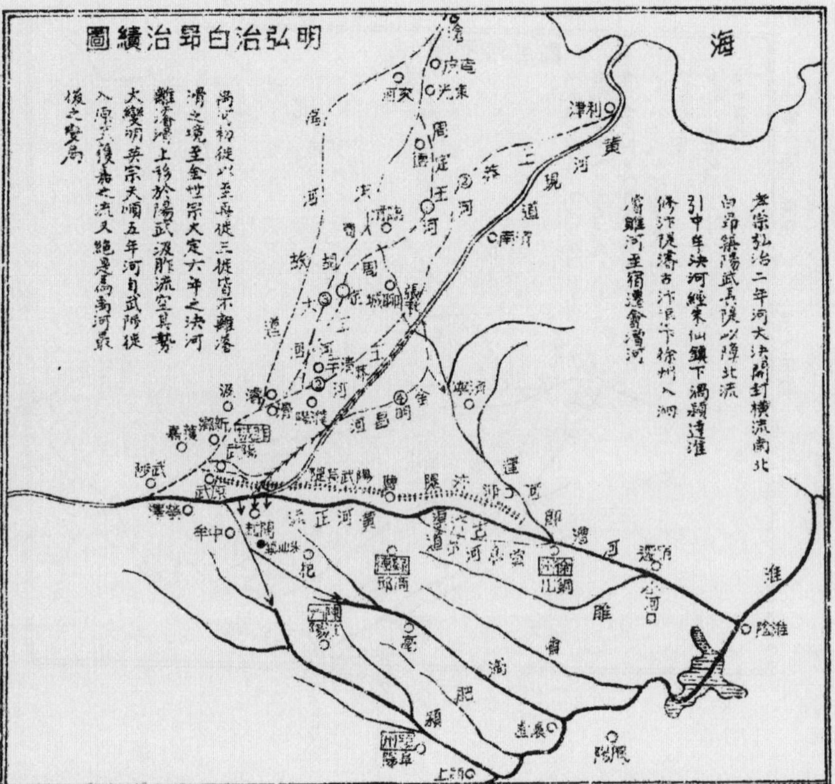

古今治河圖說　第十七圖

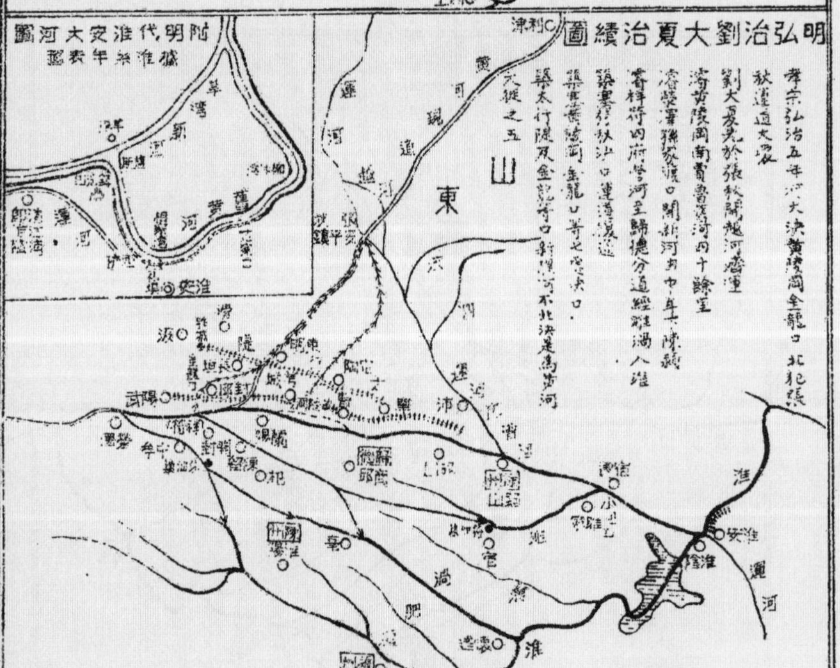

古今治河圖說　第十八圖

第八章 河大徙六

第一節 潘季馴治績

大河自明昌五年四徙，迄於弘治七年五徙，前後三百年間，決溢三百餘次，爲前此所未有。其間大治者亦屢矣，賈魯治之，十餘年而敗；宋禮金純白昂劉大夏治之，均數年而敗。歸徐不利行河，則務爲分流殺勢。河愈分而愈壞，時人不之覺也。自潘季馴出，懲前毖後，治河方略，乃別開生面。

弘治河徙，不數年後，南決歸德小壩子，睢州野鷄岡，均由小河口入漕。北決丁家道口，曹單被害。正德以後，又屢決黃陵岡。築隄障水，俾入正河，正河已淤成平陸。世宗嘉靖五年，又決而南，分由開封歸德中牟至徐州宿遷懷遠入泗淮。由山陽灌裏河。即運河六年以後，又北決徐州曹單，屢淤運道。南決趙皮寨野鷄岡，均入淮。盛應期潘希曾戴時宗劉天和等先後治之，惟事分水築隄，爲運道謀。大河忽南忽北，徐州上下，縱橫數百里間，皆爲奔突糜爛之區。淤而決，決而徙，冰碎瓦裂，幾於不可究詰。（參觀第十九圖正德嘉靖河患圖）

嘉靖三十二年，河決淮安草灣，正河遂淤，嗣後淤復不常。三十七年，河決曹縣，東北趨段家口。析而爲六，俱由運河至徐洪。又分一支，由碭山堅城集下郭貫樓，析而爲五，由小浮橋會徐洪。嘉靖四十四年，河分愈多，河變已極。沛縣上下二百餘里，運道俱淤。工部尚書，朱衡兼理河漕，潘季馴總理河道。用衡議開昭陽湖東新運河，凡百四十餘里避河衝。（自魚臺南陽閘下引水，經夏鎮抵沛縣留城，達於舊河。按此河嘉靖初黃決入沛縣，運道梗阻，盛應期創開，工半中輟。至是黃又決入沛縣，漕運大阻，乃循盛應期舊蹟，開運河於舊河東三十里，隆慶元年功成。）兼採季馴言，不全棄舊河，築馬家橋隄三萬五千二百八十丈，有隄三十里，遏河之出飛雲橋者，專趨秦溝會漕下徐洪。於是沛流悉斷，河不東侵，漕道以通，遂成暫安之局。（參觀第二十圖明潘季馴初任治績圖）

穆宗隆慶初，秦溝大河決華山西南，衝成濁河一道，總河翁大立擬開泇河引漕避秦溝之險，未果。隆慶四年，河決邳睢，淮決高堰，河躡其後，清口遂淤，漕艘阻滯。起潘季馴再任總河。季馴大治邳州決河，已塞復決入小河口，匙頭灣以下正河淤八十里。季馴先開匙頭灣以下淤河，盡塞諸口，築縷隄三萬餘丈，河流受束，滌刷淤沙，深廣如舊，漕道大通。忌之者劾其騰章報功，遂罷歸。（參觀第二十一圖明潘季馴再任治績圖）

萬歷五年，河決碭山崔家口，徙入蕭縣，經雁門集，下流仍歸濁河。又決桃源崔鎮，下金城，會草灣河入海，清口淤墊。淮自高堰南徙，瀰漫山陽高寶間。萬歷六年，復起潘季馴三任總河。季馴力主固隄以導河，導河以滌海，於是大築黃河兩岸遙隄，（北岸自徐州至清河縣城，間段共長一萬八千四百餘丈。南岸自徐州至宿遷縣，計長二萬八千五百餘丈。）及歸仁集遙隄，（在泗宿桃界內，凡七千六百餘丈。）以攔約黃水，並截睢水入黃。築馬廠坡遙隄，在桃清接界處，約七百餘丈以阻黃淮出入之路。大築高家堰，六十里。以蓄清刷黃。修清江浦至柳浦灣舊隄，九千八百餘丈。又接築新隄至高嶺，六千六百餘丈。約在今漣水城對岸。乃塞崔鎮等大小決口五十四處，建桃源北岸減水石壩四座，崔鎮季泰鎮徐昇鎮三義鎮。洩漲水入海。又於上流豐碭界建邵家口大壩，遏斷秦溝舊路。上下千里，束水攻沙，河流大暢，海口大闢。萬曆八年，全工告竣。季馴之再起也，以受知於張居正。及居正敗，言者交劾，遂以黨庇居正落職，河事復棼。（參觀第二十二圖明潘季馴三任治績圖）

河自塞崔鎮築高堰後，六七年無患。清桃以上，徐邳以下，河道已成，流急而河深。下流既安，惟在愼守上流。歷久工懈，萬曆十五年，又有銅瓦廂荆隆口之大決。決水挾淘北河，在長東隄外，黃河故道也。衝決長垣大社集，直薄東明。十六年，起用潘季馴四任總河。季馴大築三省黃河兩岸遙縷月各隄工，共長三十四萬七千八百餘丈，磯嘴二十有四，石土月護壩五十一，濬淺塞決三十萬丈有奇。條理粲然，河運安流，號稱極盛。（參觀第二十三圖明潘季馴四任治績圖）

季馴治河，以求故道，築隄束水，借水攻沙，蓄清刷黃，愼守隄防爲要義。其論故道曰：『夫議者欲舍其舊，而新是圖，何哉？蓋見舊河之易淤，而冀新河不淤也。馴則以爲無論新河之深且廣，鑿之未必如舊；卽使捐內府之財，竭四海之力而成之，數年之後，新者不舊乎？假令新復如舊，將復新之何所乎？水行則沙行，舊亦新也；水潰則沙塞，新亦舊也。河無擇於新舊，借水攻沙，以水治水，但當防水之潰，無慮沙之塞也。』其論隄防曰：『禹貢九澤既陂，四海會同。傳曰：「九州之澤，已有陂障，而無潰決。四海之水，無不會同，而各有所歸。」則禹之導水，何嘗不以隄哉？』其論築隄束水，借水攻沙曰：『或有問於馴曰，淮不敵黃，故決高堰避而東，今復合之，無乃非策乎？馴應之曰，高堰決而後淮水東，崔鎮決，而後黃水北，隄決而水分，非水合而隄決也。水分則勢緩，勢緩則沙停，沙停則河飽，尺寸之水，皆由沙面，止見其高。水合則勢猛，勢猛則沙刷，沙刷則河深，尋丈之水，皆由河底，止見其卑。築隄束水，以水攻沙，水不奔溢於兩旁，則必直刷乎河底。此合之所以愈於分也。』其論各種隄制曰：『遙隄以防其潰，縷隄以束其流。遙隄之內，復築格隄，蓋慮決水順遙而下，亦可成河，欲其遇格而止也。縷隄之內，復築月隄，蓋恐縷逼河流，難免衝決，欲其遇月而止也。』包世臣中衢一勺云：『潘氏之法，遙隄相去千丈。中有縷隄，相去三百丈。河槽在縷隄之中，急流束下，日刷日深。其初每年有大汛一二次，溢出縷隄，漫灘直逼遙隄。三年之後，河槽刷深至五丈以外，不復漫過縷隄矣。』（參觀前第二十一圖附邳州決河圖）其論減水壩曰：『防之不可不周，慮之不可不深，異常暴漲之水，任其宣洩，少殺河伯之怒，則隄可保也。壩面有石，水不能汕，故止能減盈溢之水，水落則河身如故也。減壩俱建於北岸者，欲其從灌口入海也。』其論塞決曰：『河既隄矣，可保不復決乎？馴應之曰，河之奪也，非一決所能奪。決而不治，正河之流日緩，則沙日高，決日多，河始奪耳。今之治者，偶見一決，鑿者便欲棄故覓新，懦者輒自委之天數，議論紛起，年復一年，幾何而不致奪哉？』其論慎守隄防曰：『防禦之法，頗稱周備，倘能歲守不失，則河流自無衝決之患，故道晏然，運艘無阻。但畚土成隄，原非鐵石，稍不修葺，使至傾頹。歲歲修之，歲歲此河也；世世守之，世世此河也。每歲務將各隄頂加高五寸，兩旁汕刷及卑薄處所，一體幫厚五寸。河防永固，國計民生，俱有賴矣。』又曰：『使禹之成業，世世守之，盤庚不必遷也。周定王以後，河必不南徙也。人亡歲久，王迹熄而文獻無徵，故業毀而意見雜出，又何怪乎河之無常也。』（參觀前第四第五各圖）

自賈讓三策出，治河者諱言築隄，惟事分水。季馴明辨河性，上推禹蹟，發前人所未發，樹治河之良規，真知灼見，度越前古，其理至今不易。前後四領河事，論者謂非但公習河，河亦習公，諒哉！

第二節　靳輔治績

自潘季馴歿後，迄於明亡，五十年間，大河決溢時聞。其始決於曹單，水壅徐邳；繼則徐睢屢決，橫流南北；終則荆隆口決而北，山東爲湖沼；范家口（在山陽縣境。）決而南，高堰運隄決而東，裏下河成澤國。上中下三游均決，河道大潰。此其故有二：一則徐睢本非行河之地，強以人力，終難久安；一則繼起者未能遵季馴慎守隄防之誡，轉而破壞成法，分黃導淮，（分黃導淮始於楊一魁，一魁於萬曆二十三年，分黃自桃源縣東南黃家嘴，經周伏莊至漁溝浪石，至安東五港灌口，長三百餘里，分洩黃水入海。導淮分兩路：一闢清口沙七里，導淮會黃入海；二建高堰三閘導淮入江。）盡失季馴築隄束水，借水攻沙，蓄清刷黃之精意。延及清初，歸仁隄屢決，洪澤蕩爲大壑，河淮俱病，不可收拾。黃河兩岸決口，共二十一處，南北運河及高堰等處決口，共七十一處。宿遷北岸楊家莊亦大決，決口二百餘丈。迨康熙十六年，靳輔出而河復大治。功烈之美，足與季馴先後相輝映。（參觀第二十四圖明季河患圖及第二十五圖清初河患圖）

康熙十六年三月，靳輔調任河道總督，言『治河必審全局，合河淮運爲一體，徹首尾而並治之。黃河之水，裹沙而行，全賴清水併力助刷，始能挾沙邀海。今河身所以日淺，皆由歸仁隄決後，諸水悉由決口侵淮，不即堵塞所致。查清江浦至海口，長約三百里，向日河面在清江浦石工之下，今則石工與地平矣。向日河身深二三四丈不等，今則深不過八九尺，淺者僅二三尺矣。河淤則運亦淤，今淮安城堞卑於河底矣。運淤則清口與爛泥淺盡淤，今洪澤湖底亦漸加墊矣。河身既墊高若此，而黃流裹沙之水，自西北來，晝夜不息；一至徐邳桃宿即緩弱散漫，沙日加增，河身日高；若不大加修治，不特洪澤湖漸成陸地，將南而運河東而清江浦以下，淤沙日甚，行見三面壅遏，河無去路，勢必衝突內潰，河南山東俱有淪胥之憂。彼時雖費千萬金錢，亦難刻期補救。』蓋輔意以爲隄決則水分，水分則沙淤，沙淤河墊，故力主濬淺築隄塞決，與潘季馴所見略同。（參觀第二十五圖清初治前河患圖）

至其施治，先從下游着手。自清江浦歷雲梯關至海口。河身兩旁，離水三丈之處，各挑引水河一道，掘面闊八丈，底闊二丈，深一丈二尺，藉水力沖刷，新舊合一，即成大河，世所稱『川字河』者是也。濬河之土，即以大築兩岸縷隄。南岸自白洋河至雲梯關二百三十里，北岸自清河縣至雲梯關二百里。又自雲梯關以下，接築至海口百餘里。又清口至高堰二十里，汪洋巨浸，亦已淤平，止存寬十餘丈之小河一道，乃於小河兩旁，離水二十丈，各挑引河二道，（其後引河增爲五道）面寬六丈，底寬三丈，深五尺。塞于家岡武家墩高家堰等大決口十六處，工竣，引淮水直出雲梯關入海。暫留楊家莊不塞，以分黃勢。（楊家莊決口，越四歲始塞。）

康熙十八年後，數年之間，大築黃河兩岸隄工。南岸自白洋河上抵徐州，北岸自清河縣上抵徐州，束水攻沙。又修築高家堰大隄，接築周橋以南至翟壩隄工二十五里，蓄清敵黃。盡塞黃淮諸決口，河事粗定。

然以萬里黃流，收納於偪仄之泗漕，（黃河自滎澤以下，河道寬十餘里至二三十里不等，下達徐州，兩岸羣山夾峙，僅寬六十餘丈。）其勢斷難容納；於是師潘季馴設減壩分洩暴漲之遺意，於南岸碭山縣毛城舖建減水壩閘各一座，銅山縣王家山建天然減水閘一座，十八里屯建減水閘二座，睢寧峯山附近，建減水閘四座，俱減水入睢河。又於北岸銅山縣西境石林黃村二口，建減水壩各一座，減水入微湖。築大谷山至蘇家山隄工，建大谷山減水壩一座，蘇家山減水閘一座，均減水由荊山河入運河。又於駱馬湖尾建減水壩橋六座，謂之六壩，減湖黃之水入碩項湖。（減水東出之道，即今六塘河。）大修歸仁隄工，於五堡建減水壩，減水入洪澤湖。清口上下，兩水相鬬，慮有壅閼，除原有崔鎮等四壩外，又於宿遷縣北岸建朱家堂溫州廟古城建減水壩三座，並於清河舊縣迤西之北岸，建張莊減水壩一座，清河舊縣迤東之北岸，建王家營減水壩二座。後復另開中河行運，上接泇運避河險，即今之中運河。仲莊以上，朱家堂以下，各減壩均廢。仲莊口內，建雙金門大閘，減水入鹽河。運口後由仲莊移至楊莊，雙金大閘拆廢，改建鹽閘。黃淮睢湖駱馬湖。均有分減，雖有異漲，可保無虞。仍於高堰創建減壩六座，以資分洩。輔之治河，前後十餘年，承季馴遺意，而法益加密，河定民安。後之治者，莫之能易，一代奇才也！（參觀第二十六圖靳輔治績圖）

第三節　康乾之治

靳輔以後，迄於乾隆中，六十年間，司河者類能規隨成法，縱有決溢，併力塞治，不稍延緩，無大變患，稱爲極盛。其時決溢多在下游。康熙三十五年，江海河湖並漲，河決山陽童家營，入射陽湖，總河董安國於馬港分黃，爲人訴病。董安國於雲梯關海口築攔黃大壩，又於關外馬家港挑引河一千二百餘丈，導黃由南潮河入海。康熙三十六年，決時家碼頭在安東縣治西。久不塞治，宿桃清沭海被災。康熙三十九年，張鵬翮總理河道，盡拆雲梯關外攔黃壩，賜名大通口，堵閉馬港，築塞時家碼頭，堵高堰六壩，六壩原係三合土底，後改建石滾壩三座。蓄清敵黃，河流復故。又創築徐州北岸隄工，修築睢宿隄工及歸仁隄石工三千七百餘丈，開陶莊引河。陶莊引河康熙三十八年開浚仍淤。張鵬翮治河，前後十年，先疏海口，使水有去路；繼闢清口，使淮得暢出；又加修高堰，堵塞六壩，蓄清敵黃；開陶莊引河防黃水倒灌；築挑壩以平險工。綜其治績，條理井然，亦靳輔以後之佼佼者也。（參觀第二十七圖張鵬翮治績圖）

徐睢以下，防範周密，無隙可乘，河復決於上流。康熙四十八年，決蘭陽雷家集儀封洪邵灣。康熙六十年，決武陟馬營口詹家店魏家口，大溜直衝沙灣，有由大清河入海回復千乘大河之趨勢。六十一年，已塞復決馬營口，灌張秋，奔注大清河。（參觀前第十六圖及第十七圖）又決秦家廠釘船幫。總河陳鵬年於廣武山下王家溝，挑引河一道，使水由東南經滎澤舊縣前入正河，水勢始平。堵塞各口，河復故道。蓋當時注全力於下游，上游武陟之決，遂爲意料所不及，亦疏防之過也。於是雍正三年，大修豫省南北岸大隄，及陽武中牟鄭州祥符各處險工。五年，大修江南黃運兩河土石埽壩工程，加築月格等隄。七年，訂黃河隄工每歲加高五寸之例。八年，大修黃河隄工，上起虞城，下迄海口，安枕無患者數十年，此皆修隄防險之明效大驗也。

乾隆承康雍之後，修防之工愈重。乾隆十二年，總河高斌奏江南河隄，不如豫東高厚，請於歲加五寸之外，隨宜修築。十七年，修三省太行隄工，挑濬頂隄河。二十三年，補築徐州黃河北岸大隄，自黃村壩至大谷山七十里，屏障微湖。自是黃河兩岸，通體均有大隄矣。二十九年，江南總河高晉，奏將雲梯關外黃河縷隄棄守。（北岸至六套，南岸至龍王尾。）四十一年，江督高晉，河督薩載，開陶莊引河，改河北行，堵築舊河，明年工成，清水暢出。斯二者，爲南河最大失策。河史述要云：『陶莊引河，自康熙三十八年以後，屢開未成，一旦改河，沿北岸行，清口外清黃界隄，遂越過惠濟祠以北，延伸數里，（河勢去清口較舊時已遠五里。）永杜清口倒灌之患。然而河身緊縮，減寬度泰半，（寬僅八十餘丈）水勢拘攣，壅而易淤，黃淮會處，亦頗蒙不利。或更影響及於全局，河工書無專論之者，亦可怪矣。』至於雲梯關外，縷隄棄守，更失潘靳以來以水治水，深闢海口之精意。日中則昃，盛極必衰，南河之弊，種因於此；越四十八年，遂有咸豐之北徙。（參觀第二十七圖附陶莊引河圖）

第四節　乾嘉河決及塞治

大河自歸徐奪泗淮，徐睢迫阨，不利行河，此地勢爲之。迨陶莊引河成，又以人工扼其咽喉，益成不治之證。乾隆四十三年，河決祥符儀封考城，決水由渦入淮。屢塞屢決，歷時二載，費帑五百餘萬，堵塞五次始合。乃未幾（乾隆四十六年）復有儀封青龍岡之大決。決水入南陽昭陽微山等湖，餘波入大清河，屢塞無功。不得已停築壩工，議疏黃水去路以保運。駐工督辦阿桂等請於舊南隄外築新隄，自蘭陽三堡起，至商邱七堡止，長一百四十九里，挑引河導入商邱故道，並挑商邱至徐州正河淤墊。乾隆四十八年，改河工成。陶莊引河，本苦迫狹，今其上游，又增一蘭陽引河。當時司河者專爲運謀，河淮之成敗，皆所弗計。嗣後數年之間，漫溢安東清河桃源，決睢州，決睢寧，決碭山，幾無寧歲矣。（參觀第二十八圖清乾嘉大河塞治圖）

嘉慶中，大河屢有決溢，清口不利，河淮運俱病，莫可挽救。嘉慶初年，豐碭曹縣決而北，睢州復決而南，靳輔所築諸減壩，漸至運用不靈，日就圮廢。嘉慶八年，封邱汛衡家樓（在荊隆口）

東之隄工，墊陷過水三十餘丈，大溜注東北，由范縣達張秋穿運河趨大清河至利津入海。明年堵塞。而清口倒灌，沙淤屯積，河事益岌岌。（參觀第二十六圖）嘉慶十一年，啓放王營減壩，掣動大溜，直注鮑營河張家河入六塘河歸海，議改道不果。十二年決阜寧陳家浦，由五辛港入射陽河注海，議改道不果。十三年，溢馬港六套等處，分流由灌河口歸海，議改道亦不果。十四年，黃强淮弱，堵閉禦黃壩以防倒灌。（開陶莊引河，原以防黃水倒灌，至是黃壓倒灌，陶莊引河之作用全失。）自是淮不刷黃，僅可入運，非遇清高於黃，則堅閉禦黃壩，重運起駁，回空啓放，黃淮隔絕，此清口之大變，而黃愈病矣。嘉慶十五十六兩年，先後築海口新隄，（十五年築隄北岸，自馬港口至葉家社，長一萬五千七百六十四丈；南岸自竈工尾至宋家尖，長六千八百五十九丈。十六年，北隄接築至龍王廟，長六千丈；南隄接築至大淤尖，長四千八百三十九丈。）恢復昔年靳輔遺規，一時海口復行暢利。十八年河決睢州，由渦入淮，全歸洪澤湖，越二歲始塞。是時全黃澄清入淮，洪澤湖飽滿，暢出清口。清口以下，黃河刷深。十九年，乘睢工尚未興堵，以工代振，先行培築豫江兩省大隄，並挑江境清口以上正河，二十年，睢工合龍，暢流下注，清口上下，首尾通利，爲南河一大轉機。嗣後豫江兩省，隄工不懈，河防無事者垂二十年。（參觀第二十八圖清乾嘉大河塞治圖）

第五節　清咸豐大河

嘉慶以後，至於道光，清口不利如故，南北溢決，屢議改河，（道光四五年，琦善嚴烺議導河由灌口入海。道光六年，張井議改河自安東東門工遜下，以北隄爲南隄，另築新北隄，導河至絲網濱下，仍歸舊河海口。又議以安東縣西之李工爲河頭。更議改河自桃源高家灣，借用中河鹽河至李工，或安東東門工仍歸舊河，將清口下移。謂改河止用挑深一丈，已低於舊河五丈。道光十一年，嚴烺又議，自桃源縣北岸顧工起，改河斜穿遙隄，跨過中河鹽河，行經遙隄之北，掫立新隄，至安東縣蕭工，仍歸正河。皆不果行。道光六年，試行灌塘濟運，清口愈病，黃愈不利。（參觀第二十八圖附咸豐清口及運口圖）上游桃源豐縣中牟祥符，屢有決溢。至咸豐五年，遂有蘭陽銅瓦廂之大決。溜分三股：一股由曹州趙王河東注，後漸淤。兩股由東明縣南北分注，至張秋穿運河復合，奪大清河入海。北一股漸淤，南一股卽成幹流。時洪楊變起，餉糈不繼，因勢利導，不塞遂徙。是爲黃河大徙之六。銅瓦廂以下新河，卽明昌分流入濟之故道，亦卽明清以來，屢決荊隆口入大清河之故道；河意歸北，徒以運道故，強之使南，杌隉不安者六百餘年之久。其間雖有賈魯潘季馴靳輔諸名賢，接踵而起，各挾雷霆萬鈞之力，使河就範，終焉人治之力，不勝天行。以視宋代回河之禍，殆又過之，讀史至此，有餘痛焉（參觀第二十九圖清咸豐河徙圖）

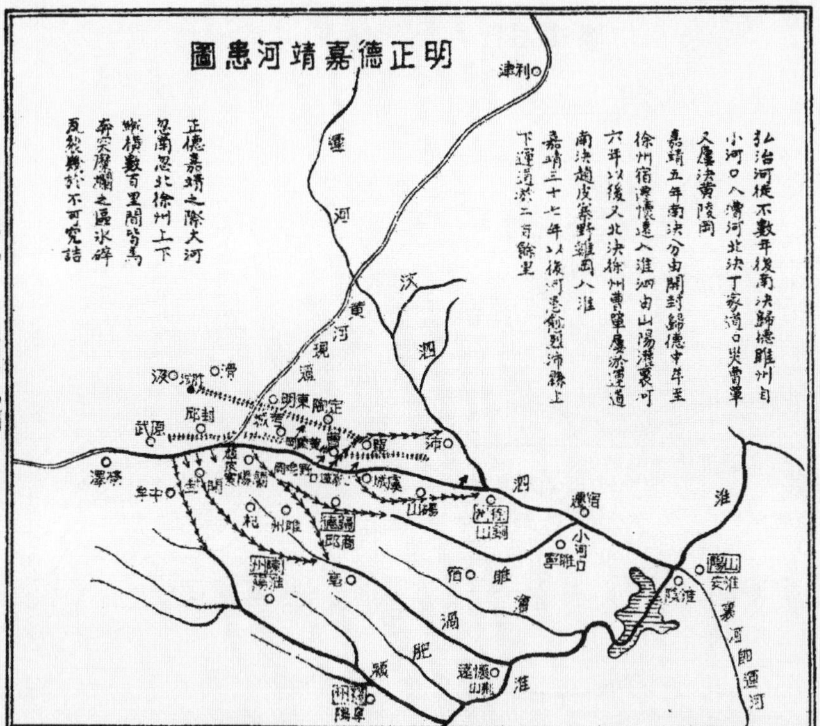

古今治河圖說　第十九圖

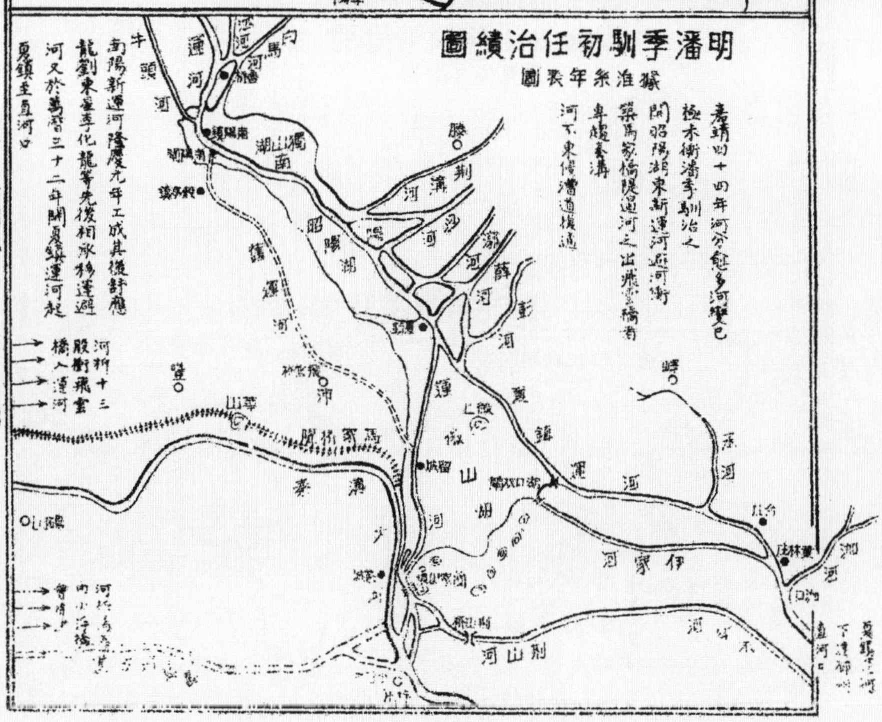

古今治河圖說　第二十圖

古今治河圖說　第二十一圖

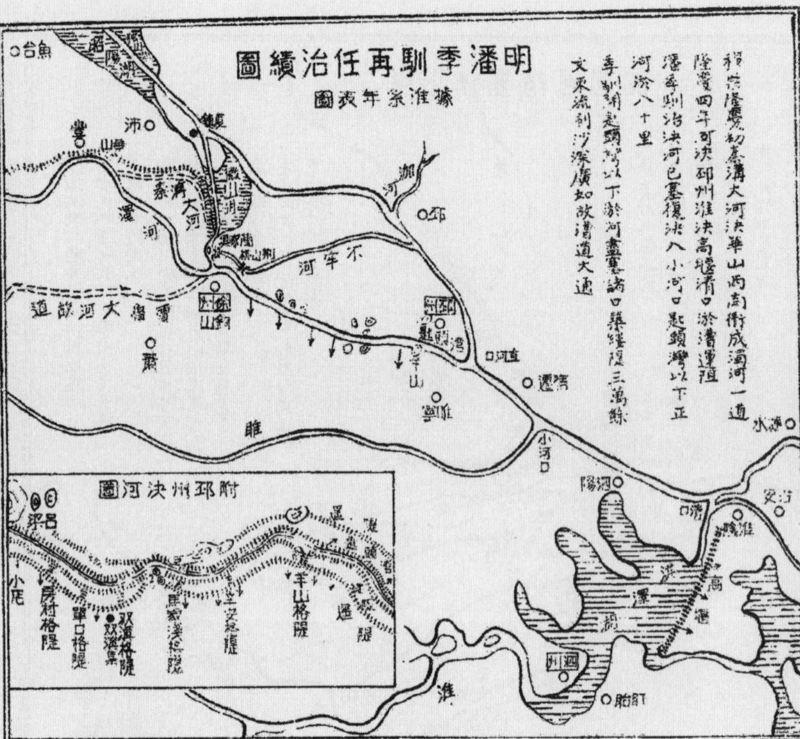

古今治河圖說　第二十二圖

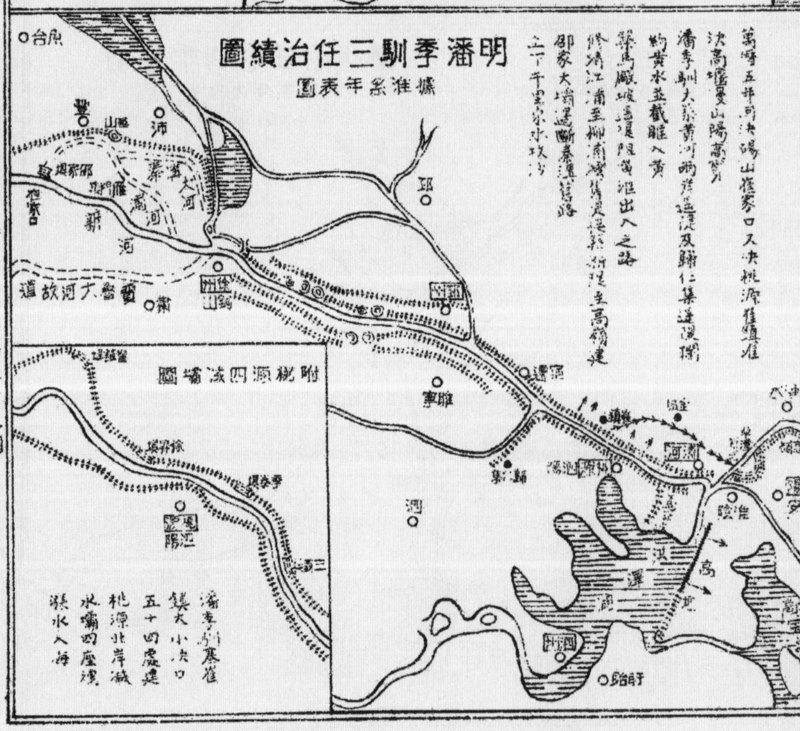

古今治河圖說　第二十三圖

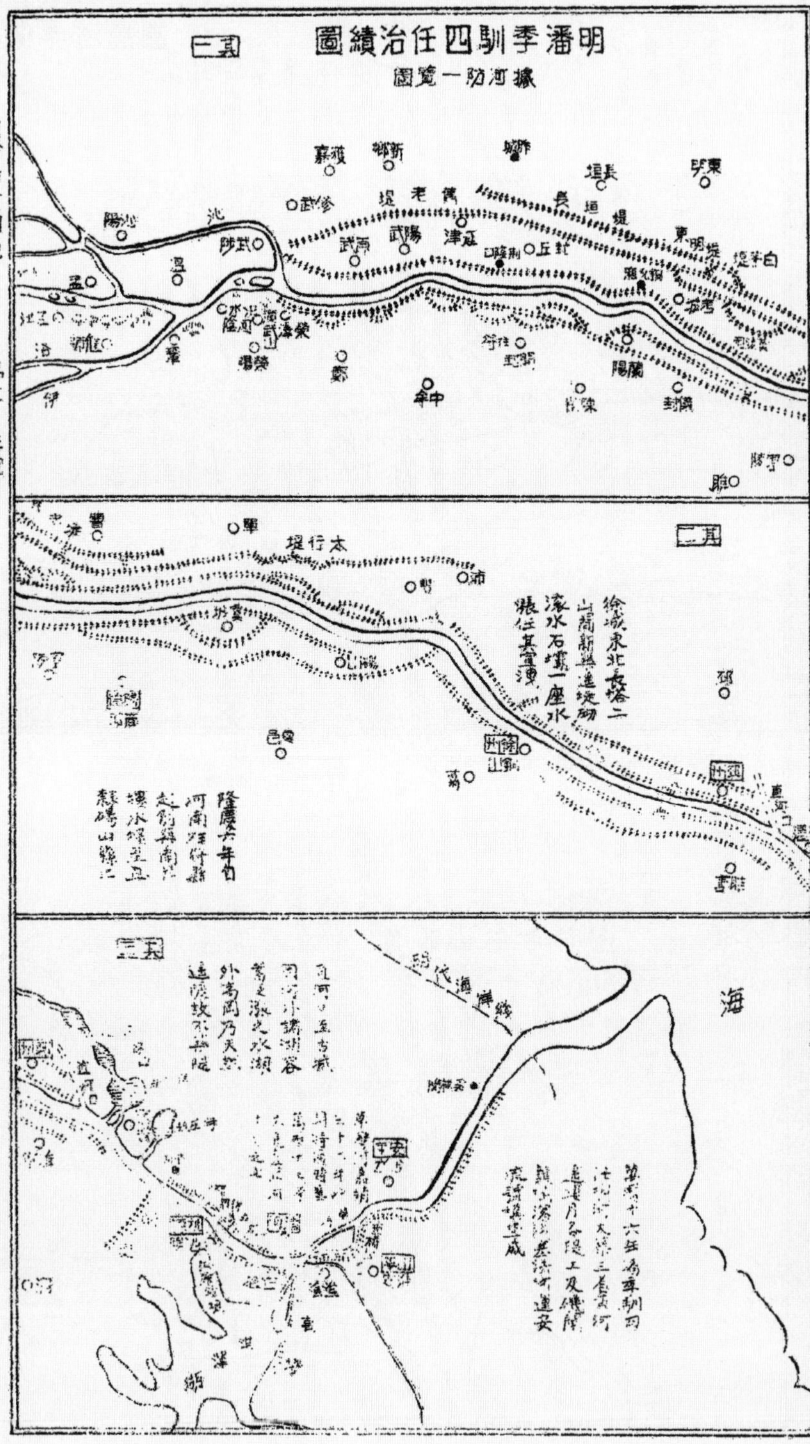

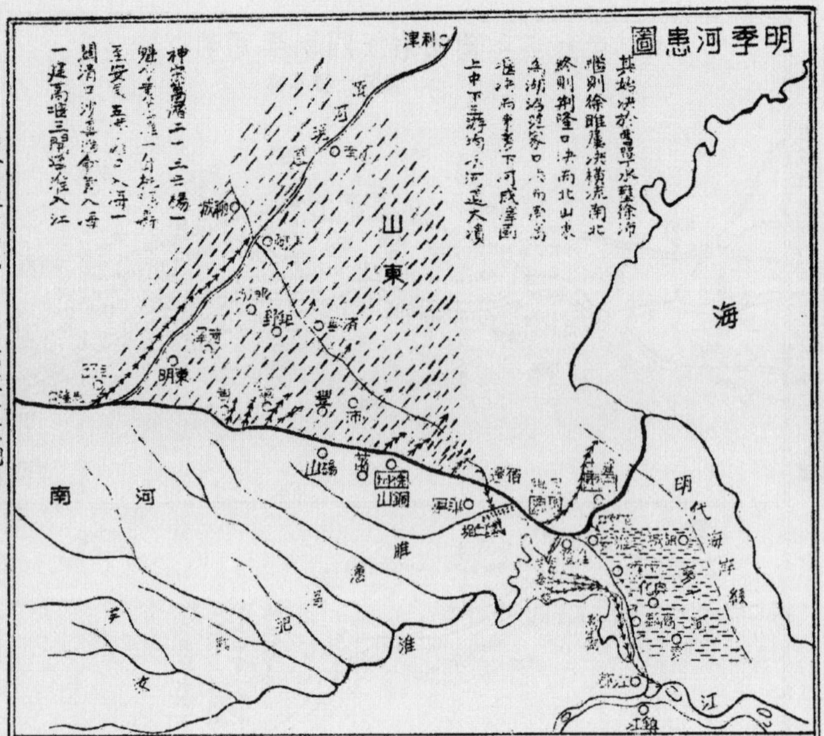

古今治河圖說　第二十四圖

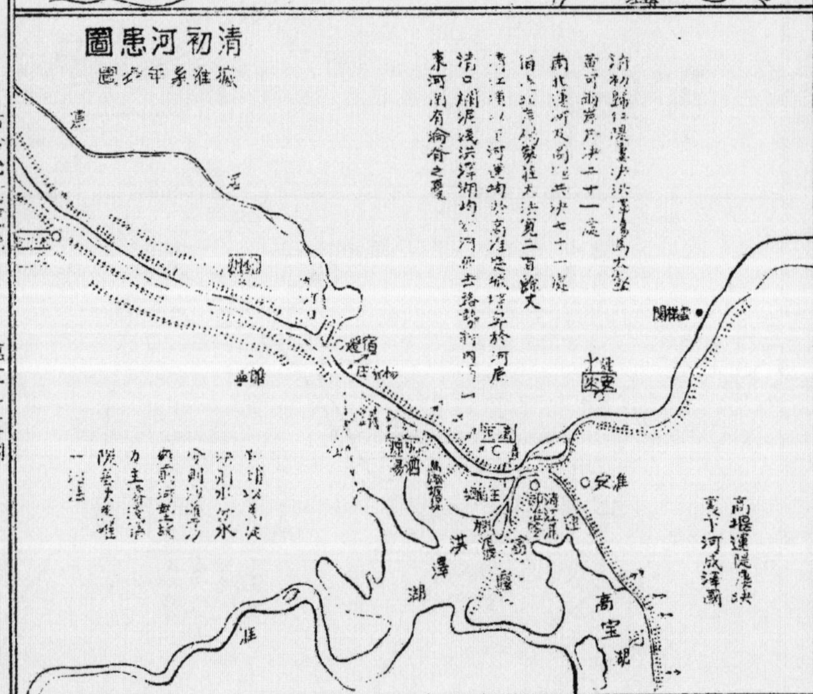

古今治河圖說　第二十五圖

古今治河圖説　第二十六圖

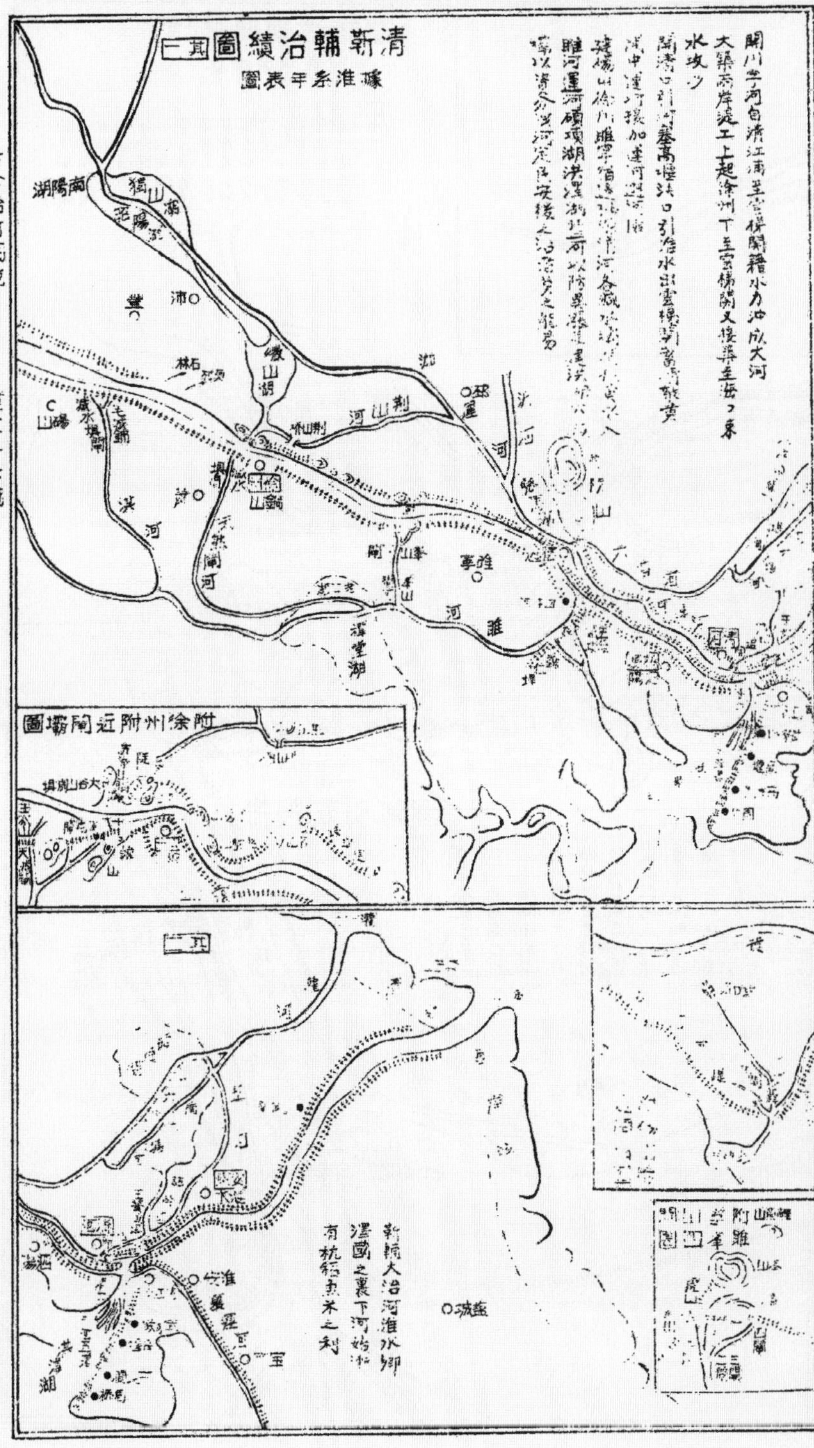

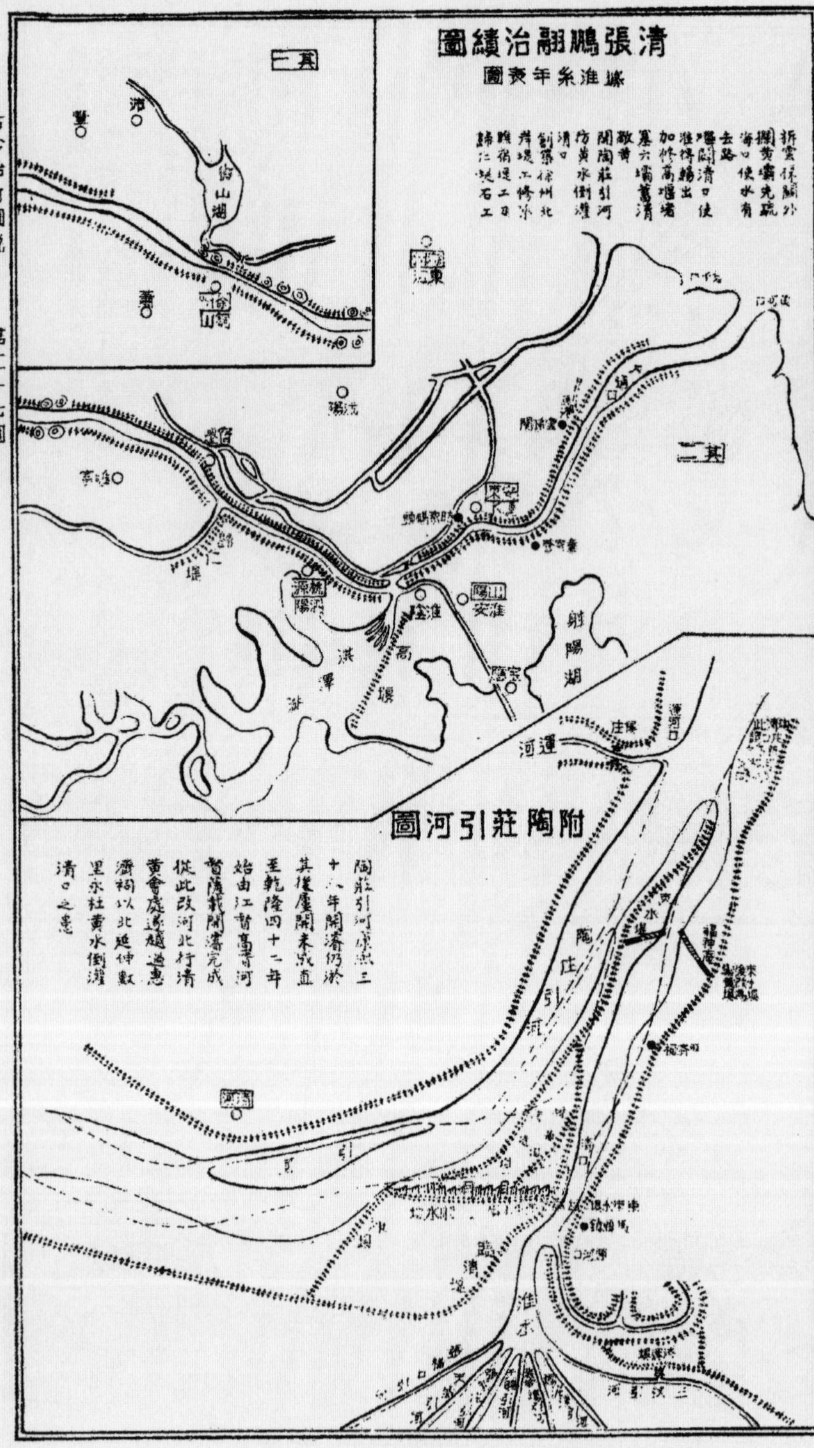
清張鵬翮治績圖
據淮系年表圖
折雲梯關外
攔黃壩先疏
海口使水有
去路
展闢清口使
淮得暢出
加修高堰堵
塞六壩蓄清
敵黃
開陶莊引河
防黃水倒灌
清口
創築徐州北
岸堤工修砌
睢宿堤工及
歸仁堤石工
其一
其二
洪澤湖
高堰
射陽湖
運河
附陶莊引河圖
陶莊引河康熙三
十八年開濬仍淤
其後屢開未成直
至乾隆四十二年
始由江督高晉河
督薩載開濬完成
從此改河北行清
黃會處遂越過惠
濟祠以北延伸數
里永杜黃水倒灌
清口之患

古今治河圖說　第二十八圖

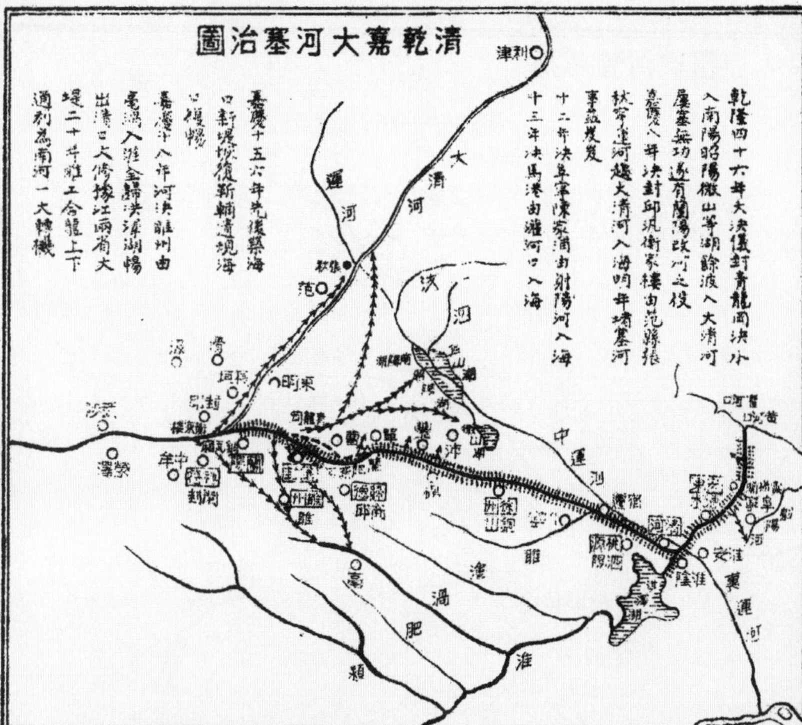

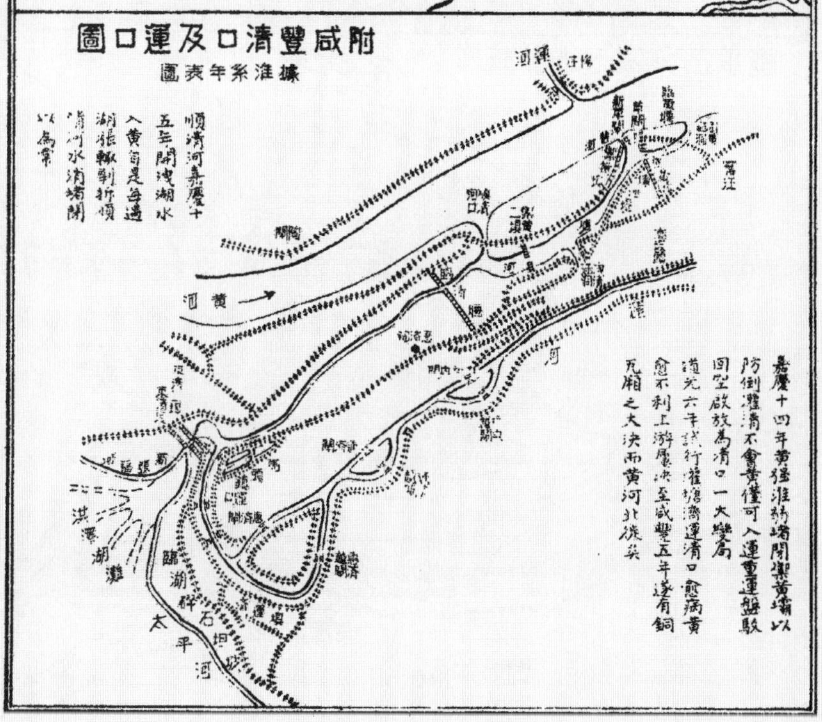

古今治河圖説　第二十九圖

第九章　近代大河

第一節　近代大河之形成

咸豐大河初徙，河督李鈞奏陳三事：一順河築堰；二遇灣切灘；三堵截支流；皆借民力爲之。諭令直隸山東河南各督撫，妥爲勸辦。自是張秋以東，自魚山（東阿縣北岸）以至利津海口，漸築民堰。惟張秋西南，蘭封東北，黃水氾濫，施工較難。（此一帶爲古鉅野澤，即宋時八百里梁山泊，乃河身弱處。）同治三年大水，由蘭陽分股下注：一股直灌開州；一股旁趨定陶曹單。豫省以有隄堨，幸獲保全；直東無隄，致氾濫爲災。河督譚廷襄奏請：『下游大淸河身太狹，不能容納，宜將附近徒駭馬頰二河，設法疏濬，庶有分洩。並堵塞齊東濟陽等縣民埝缺口三四十處。上游應先修金隄及毗連菏澤之史家隄，並加培舊堰，擇要接修。』從之。自是東流勢順，北道無憂。而菏鄆以南，尙無屏障，漲水南溢，殆爲勢所必至。同治七年，河決滎澤，溢入鄭州中牟等縣，侍郎胡家玉主分河南北。直督曾國藩等謂：『滎工分流無多，惟有趕堵以保豫皖淮揚下游。』八年卒塞之。同治十年，決鄆城侯家林，東注南旺湖。又由汶上嘉祥濟寧之趙王牛頭等河，直趨東南，入南陽湖。東撫丁寶楨力疾築塞之。十二年，又決東明石莊戶，衝漫趙王牛頭等河。昭陽微山等湖，連成一片。下注六塘河，徐海大災。寶楨議復淮徐故道。直督李鴻章力阻之。李鴻章言：『銅瓦廂決口，寬約十里，跌塘過深。舊河身高決口以下水面二三丈，如欲挽河復故，必挑深引河三丈餘，方能吸溜東趨，人力斷無可施。十里口門，進占合龍，亦屬創見。大清河原寬不過十餘丈，今已刷寬半里餘，冬春水涸，尙深二三丈，岸高水面又二三丈，是大汛時能容五六丈，奔騰迅疾，水行地中，此人力莫可挽回之事，亦祀禱以求而不可得之事。』又謂：『目下北岸自齊河至利津，南岸自齊東至蒲台皆已接築民埝，尙可抵禦。岱陰繡江諸河，亦經築隄，受災不重。至張秋以上，北岸有古大金隄，可恃以爲固。南岸俟家林上下民埝，應倣照官隄辦法，一律加培高厚。』議乃定。光緒元年，石莊戶雖堵，改於決河下流菏澤縣賈莊合龍。東撫丁寶楨創築東直兩境南岸長隄二百五十餘里。北岸隄工，趕辦不及，先修金隄以爲屏蔽。光緒三年東撫李元華以上游南岸毗連直豫，自東明謝寨，至考城圈隄，七十餘里，尙無隄岸。若不修築，前功盡棄。調軍民接築。又修北隄，自濮范以下抵東阿，計一百七十餘里。自是銅瓦廂新河，上起蘭儀，下迄東阿，皆有官隄。隄距六七十里，臨河更有民埝。（北岸自長垣太行隄起，至東阿縣金隄尾止。南岸自濮縣李升屯南起，至壽張縣黃花寺止。）光緒九年東撫陳士杰，以山東屢遭河患，創築張秋以下兩岸縷水大隄，迄於海口，去水各四五百丈。（時游百川又建議於惠民白龍灣開減壩，分減黃流入徒駭河，再疏通沙河寬河屯氏等河，引入馬頰鬲津，分流入海，未果。）光緒十年，兩岸大隄，全部告成，（其中南岸壽張十里鋪，至長清北店子，長一百五十公里，因係山麓，迄今未設隄防。銅瓦廂舊口門，至民國二十一年始築隄堵閉。）計自咸豐初決，至此已閱三十年矣。大隄雖成，而東民仍守臨河民埝，有司亦諭令先守民堰，如堰決再守大隄。而隄內村廬，未議遷徙。大漲出槽，田廬悉淹，居民往往決隄洩水，官不能禁。嗣是，只守堰而不守隄，堰決而隄亦隨之。此爲魯河歷來失事之癥結。至冀省民堰，民國始改歸官守。然有名無實，河患更烈。累七成隄，廂埽防險，勢難久恃。光緒十六年以後，險要工段，採用石料，大者曰埽，小者曰垜，又用磚工，沿河鐵軌電報，並先後採用，未始非河防一大進步也。（參觀前第二十六圖靳輔治績圖前第二十七圖咸豐河徙圖及附圖第三十圖近代大河形成圖）

第二節 近代河患及塞治一

黃河自銅瓦廂北徙後，二十年始有隄防，三十年而隄防始大體完成。在未有隄防之時，決溢之災，殆難依尋常紀錄。自有隄防以後，迄今六十餘年，決溢已七十餘次。其間大決者凡四次：隄成後一年，（光緒三十年。）而南決鄭州；又二十六年，（民國二年。）而北決濮陽；又二十年，（民國二十二年。）而有豫冀南北五十餘口之大決；又二年，（民國二十四年。）而南決鄄城。至最近民國二十七年之南決中牟，鄭州，牽涉軍事，更當別論矣。茲先詳其大決，其餘附列於後：

光緒十三年八月，河南鄭州下汛十堡漫口，大溜全掣，口門由三百丈刷寬至五百四十七丈。中牟祥符尉氏扶溝淮陽等十數縣，皆被淹浸，大溜由賈魯河潁河入淮，正河斷流。九月，籌辦引河挑壩，及盤築東西大壩壩基。十四年正月，總河李鶴年巡撫倪文蔚奏：『東西壩次第興工，（並修東明南隄六十餘里，開州金隄九十餘里，以爲堵口後河防之預備。）至五月二十日，東埽計成四十六占，共長二百四十五丈，西埽連挑水埽計成六十占，共長三百九十丈；尙餘口門三十餘丈，再進六占，即可蕆工。不意二十一日，西埽趕工急切，未能穩愼，捆廂船失事，兩埽埽占，走失蟄陷，搶廂無已，以致不能進占。合龍之稭料，半爲搶廂耗去，無法進行。李鶴年等，革降有差。簡派吳大澂署總河。大澂奏稱：『查驗兩埽工程，均尙結實。東埽逆流進占，其勢較難；西埽順流進占，其勢較易。西埽開辦之初，先築挑水埽，後就挑水埽改作正埽；此後應於西埽添築挑水埽，最爲緊要。』依議辦理。十二月十日，開放引河，十四日合龍。（引河例於合龍前三日開放。）吳大澂繼李鶴年等之後，除添築挑水埽外，其引河及東西兩大埽，皆就原工基礎進行。然成敗異勢，其關鍵實在稭料之濟與不濟耳。鄭工合龍後，吳大澂言：『築隄無善策，廂埽非久計，要在建埽以挑溜，逼溜以攻沙。溜入中泓，河不着隄，則隄身自固，河患自輕。』又立石於滎澤汛，曰『守隄不如守灘。』世以爲名言。（參觀第二十九圖清咸豐河徙圖第三十一圖鄭工決口形勢圖）

民國二年七月，河決冀省濮陽縣習城集迤西之雙合嶺，決水阻於古大金隄，由隄南之夾河（清水河。）東北流，過張秋鎮，至陶城埠復歸正河。漫淹山東濮范數縣，即咸豐銅瓦廂新河北股之故道也。時南北交兵，久不塞。次年，伏秋汛漲，口門刷寬八百餘丈，橫流昏墊，人民蕩析離居。是冬，命徐世光督治之。四年一月興役，修築隄埝。三月，東西正壩及下邊壩進占。時大溜趨向正河，挑壩及引河之工，估而未辦。五月下旬，西壩走占，無可措手，遂於兩壩上口，圈越堵築。六月底合龍斷流。旋以汛水暴發，習城集隄工漫溢，留東壩總辦姚聯奎駐工堵築竣事，先後支銀四百萬元有奇。向來堵口，大都先築挑壩，闢引河，吸溜使歸故道，而後決口始易堵合。濮陽大工則否，意在節省人力物力；然旋堵旋決，未嘗非過事撙節之咎也。（參觀第三十圖近代大河形成圖第三十二圖濮陽決口形勢圖）

民國二十二年八月大水，水位之高，流量之巨，超過歷來測量紀錄。豫冀兩省，黃河漫決五十餘處。被災面積六千三百五十九平方公里，被淹村莊四千處，冲毀房屋五十萬所，災民三百二十萬人，災害慘重，爲七八十年來所未有。國民政府特設黃河水災救濟委員會，附設工振組，派員堵築各口。其中以冀省長垣石頭莊口門爲最險，全河幾有改道之勢。總工程師宋希尙察看形勢，決定暫緩堵築大堤決口；而先於上游馮樓窰溝口四處，施工斷絕來源；然後着手於大隄之修復。（堵築大堤，譬如兵家之背城借一，堵築窰溝，則如出疆擊敵，實據先着也。）堵塞窰溝，係用緩溜落淤之法。（其法用長約二公尺之木椿，插入溝中，隔一二公尺一根。或單排，或雙排，繞以鉛絲，以防水冲。椿與椿間插柳枝，梢向下，幹向上，柳枝間亦以鉛絲層層扎緊，使十分結實，連成一片。溝中流水，由上游挾多量泥沙而來，一遇柳枝，雖可透水，但其流不暢，泥沙因之沉澱，溝身自然淤高。溝身淤高，流水更形不暢，如是循環進展，溝身上下，逐漸淤塞，溝口一帶，漸漸斷流。）先是第一第二兩口，擬用沉排及片石築挑水壩各一道，共長一千三百公尺，估需石料約三萬方，需款七八十萬元；三萬方石料運齊，歷時須及經年；工款時間，均不經濟。迨改用落淤緩溜之法，第二溝口，僅二日即自動斷流；一四兩溝口，亦祇二十餘日，即淤成平陸；神速出乎意外。第三構口，因流量集中，不免刷寬淘深。十一月十一日測量報告，寬一百六十公尺，深十四公尺，流速四公尺七。仍用柳枝緩溜落淤。其法用大船五隻，平均列置溝口，以鐵錨鉛絲固定其位置，並生根於岸上。另以長纜橫貫船尾，上結網片，以錨纜穿結網上，推置河中。終用柳枝漂流至網，其下柳枝八十餘株。進行頗爲順利。距上游民船一隻，誤入溝口，翻沈河中，致橫纜鬆動，岸上用以生根之巨大柳樹，傾墜入河，成效大減。並挑引河，築柳石挑水壩各工。遂建截流大壩，簽樁兩排，用三面捆廂法，層柳層石，分東西兩翼，向中流進展。十月底，全工開始，至次年三月十八日合龍。八月黃河暴漲，冲破上游大車集舊口，直犯長垣縣城，已堵之四口，復告潰決，又成不可收拾之象。河北省河務局派員在大車集上游蘭封縣之貫台溝口堵築，用秸料壓土，捆廂進占。中因停工待料，延至桃汛，口門奪溜，施工困難。黃災救濟會接辦堵口補救工程。仍先於口門迤上，築臨河透水柳壩兩道，使其落淤，挑溜南移。東西壩工，仍用秸廂，並加築下邊壩，中澆櫃土，卒於四月十一日合龍，此兩役工程，均瀕失敗而轉爲成功，論者謂馮樓之役，所取方法，多受歐籍工程師之影響。故失之過創。貫台之役，則多受傳統方法之影響，故失之過執。其詳已見專著，水利月刊黃河堵口專號。茲不贅。（參觀第三十三圖馮樓堵口前後形勢圖第三十四圖馮樓貫臺決口形勢圖）

第三節　近代河患及塞治二

民國二十四年七月，洪水暴漲，山東鄄城縣董莊，坐灣迎溜，不能暢洩，致告潰決。先決民堰，東流阻於民修格隄，大屈而南，遂決官隄六大口。溜分兩股：小股由趙王河穿東平縣運河，合汶水復歸正河。大股則平漫於菏澤鄆城嘉祥鉅野濟寧金鄉魚臺等縣。由運河入江蘇淹銅豐沛邳宿等縣入六塘河，放溢四出。魯西蘇北，受災慘重。中央及黃河水利委員會與山東江蘇各省政府，迭經派員勘查，協商防堵。原定工程計劃，需款四百八十萬餘元。原定計劃，計分十項；一、李升屯磯堰頭裏護工程；二、培修江蘇壩及圈隄工程；三、培修李升屯至蘇司莊堰壩工程；四、加培朱口至董莊大隄工程；五、引河及附屬工程；六、堵塞口門工程；七、修復大隄工程；八、修復民堰工程；九、雜項工程；十、善後工程。經核減爲二百六十七萬餘元。引河工程，另案辦理；加培朱口至董莊大隄，及修復民堰，與善後工程，劃歸魯省辦理。施工經過，可分爲二期：一爲山東省政府主辦時期；一爲黃河水利委員會主辦時期。山東省政府主辦時期，擬具工程計畫，籌備料物，於十一月中旬，先將李升屯裏頭工程開工，其餘各工，陸續舉辦。黃河水利委員會派員隨時協助。至十二月間，改由黃委會接辦，以專責成。時溜勢直衝江蘇壩頭，江蘇十壩在董莊決口稍西，爲民國十五年堵塞李升屯決口時江蘇省協助工款二十萬元所築。遂於該處就壩築壩，延長五丈餘，深入河內，溜勢因而逐漸變順，改向北移。迤下築四挑水壩，亦均生效力。更於李升屯附近正河內灣，作裁灣挑溜引水工程，藉壩頭回溜淘灣之力，挽回潰水之一部。並就李升屯西北，另施引河工作，開引河六道，導流順軌。將江蘇壩東新隄，打凍挖槽進占，作西壩基礎。兼以挑水歸於老河，減小口門潰水流量。然後東西兩壩，分頭進占，卒於次年三月二十七日合龍。開龍門不用大占及捆廂。用棗核枕抛塡合龍。其法以柳裹石。做成若干埽箇。如棗核形。繫於上流固定之船上。連續抛塡出水。即可截流合龍。但埽眼透水。並於其外作圈堰兜攔。俗稱養水盆。堵口修隄，原屬治標工程，如爲久計，應謀治本。黃河水利委員會委員長李儀祉氏，初議留石頭莊一口不堵，（石頭莊決口詳前。）建築新式壩閘，開一減河，接入金隄以南之清水河，分黃河水至陶城埠，復歸正河，使長濮范壽等縣人民，徙居今道，以紓冀豫間水勢壅屯之患。又議於劉莊開口，建新式壩閘，分水通宋江河清水河，入東平湖，由姜溝歸入本河。即以官隄爲北隄，添築南隄一道，不但董莊以下之危險可免，劉莊朱口之險工，亦可消除於無形，以紓冀魯間水勢壅屯之患。又議於歷城縣以下北岸適宜之處，建新式壩閘，開一減河，分黃河水入徒駭河，以紓魯省中下游水勢壅屯之患。黃河分水，雖非正辦；然魯河大隄之內，既有臨河民堰，又有格隄斜隄（即退堰。）助其束狹河流，比較豫河，上寬下窄，彼此倒置。致河性鬱抑，百病叢生。此爲魯人墾占河灘，與水爭地之惡果。然既積重難返，則因時因地制宜，避重就輕，採用分水方法，輔以新式壩閘之操縱，（減壩分黃爲潘靳成法。）固亦救敗之善策也。（參觀第三十圖近代大河形成圖第三十二圖濮陽決口形勢圖第三十五圖董莊決口災區圖第三十六圖董莊堵口工程圖）

此外銅瓦廂改道以來，豫冀魯境內歷次決溢，擇要附列於後，以便查考。就中最堪注意者，決口多在下游，尤以尾閭爲多。則下游隄卑河窄，殆爲重大之癥結矣。

咸豐五年，（民國紀元前五七年）銅瓦廂決口，自是改道北流，奪大清河入海。（詳前）

同治二年，（前四八年）漫溢曹州等處。（詳前）

同治五年，（前四六年）溢河南胡家屯，決濮州。

同治七年，（前四四年）決山東趙王河之紅川口，鄆城縣境被淹，大溜循銅瓦廂決河南股，由安山入大清河。七月，決滎澤，溢入鄭州中牟祥符陳留杞縣，口門寬二百餘丈，水入淮未奪溜。

同治十年，（前四一年）決鄆城侯家林。（詳前）

同治十二年，（前三九年）秋，決東明石莊戶。（詳前）

光緒四年，（前三四年）漫溢東明高村口。

光緒五年，（前三三年）決歷城南岸溞溝。

光緒六年，（前三二年）復決溞溝。

光緒八年，（前三〇年）大決歷城北岸之桃園，決口寬一百四五十丈，水由濟陽入徒駭河，經商河惠民濱州霑化入海，東撫任道鎔於十一月堵合。

光緒九年，（前二九年）齊河歷城齊東等處，先後於伏秋漫決。濟陽蒲台，皆於霜降後漫決。

光緒十年，（前二八年）決齊河北岸李家岸，次年堵合。

光緒十一年，（前二七年）決齊河北岸邱家岸，五月塞。是年秋，決歷城南岸之溞溝。次年正月塞。

光緒十二年，（前二六年）凌汛，決章邱南岸之河王莊，三月塞。是年秋，決濟陽北岸王家圈，歷城南岸河套圈，惠民北岸姚家口，壽張北岸徐家沙窩，冬塞。王家圈決口，寬二百餘丈，緩辦。次年鄭工決口，始堵旱口。

光緒十三年，（前二五年）大決鄭州。（詳前）。

光緒十四年，（前二三年）決濟陽南岸大寨及四王莊，次年塞。

光緒十五年，（二三年）決利津南北嶺下游韓家垣，尾閭自鐵門關改入韓家垣。兩岸築隄各三十里，東水向毛絲坨入海。（尾閭一變）

光緒十七年，（前二〇年）決歷城師家塢。

光緒十八年，（前一九年）決利津南岸張家屋，章邱南岸胡家岸，濟陽縣南關灰壩，北岸桑家渡，惠民縣白茅墳，均即堵合。

光緒二十一年，（前一六年）漫溢濟陽北岸高家紙坊，水入徒駭河，二月塞。六月，溢壽張南岸高家大廟，齊東北岸趙家，利津北岸趙家菜園，呂家窪，南岸十六戶，均堵合。

光緒二十二年，（前一五年）決利津南岸西韓家陳家。趙家菜園復決。

光緒二十三年，（前一四年）凌汛，決歷城南岸小沙灘，胡家岸，均塞。五月漫溢利津南嶺子民埝，尾閭改入絲網口。明年改舊南隄爲北隄，修新南隄四百二十丈。（尾閭再變）是年冬，又決利津北岸馬家莊扈家灘均塞。

光緒二十四年，（前一三年）決歷城南岸楊史道口民埝，衝大隄入小清河歸海，十二月塞。又決鄆城南岸八孔橋民埝，水向東南流數十里，過東阿仍歸正河。次年春塞。

光緒二十六年，（前一一年）凌汛，決濱州張肖堂家，三月塞。

光緒二十七年，（前一〇年）決惠民北岸五楊家，濟陽南岸陳家窰，均塞。

光緒二十八年，（前九年）決利津南岸馮家莊，惠民北岸唐家，均塞。

光緒二十九年，（前八年）決利津南岸甯海莊二百餘丈，十二月塞。

光緒三十年，（前七年）凌汛，決利津北岸王莊扈家灘姜莊馬莊，隨塞。六月，利津北岸薄莊漫口，尾閭改道入徒駭河老鴰嘴，明年兩岸築隄，河流順軌。（尾閭三變）

光緒三十二年，（前五年）尾閭自虎灘分流至小叉河入海。（尾閭四變）

宣統元年，（前三年）決濮陽孟店牛寨等村，塞。

宣統二年，（前二年）決濮陽孟店李忠長垣二郎廟，塞。

宣統三年，（前一年）決東明縣南隄，在劉莊西數里。

中華民國二年，決濮陽縣楊屯黃橋落台寺．范縣宋大廟陳樓王大莊等處民埝。七月，又大決濮陽習城集。（詳前）

民國六年，決長垣南岸范莊小龐莊　九月塞。老鴰嘴尾閭，南徙於大洋鋪。（尾閭五變）

民國十年。決長垣南岸皇姑廟，十月塞。又決利津北岸宮家。估費太鉅，久未堵築，口門寬至四百五十丈。十一年冬，由美商亞州建築公司包工，用椿石新法堵築，次年六月完工。

民國十一年，濮陽廖橋民埝決口，九月塞。

民國十二年，漫決長垣南岸郭莊，十月塞。

民國十三年，尾閭自大牡礪分支，由混水汪出岔河口。（尾閭六變）

民國十四年，尾閭徙虎徙灘，西北流，穿徒駭河舊道，又穿鉤盤河，下合大沙河，由滔二河漫至無棣縣境入海（尾

閭七變）

又是年六月，決鄄城南岸李升屯民堰五百餘丈，決水游衍官民二隄間，順流而下，至黃花寺，壅遏不舒，又決開南岸大隄，水向東南，居民恐被淹沒，決開運河西隄四處，引入東平窪地，復順勢折而東北，就清河門流入坡河，出龐家口歸黃河正流。次年李升屯黃花寺均塞。

民國十五年，決東明南岸劉莊，水入趙王河，淹金鄉嘉祥二縣。冬塞。尾閭自八里莊東衝一口，分溜七成，由鐵門關故道入海。（尾閭八變）

民國十七年，凌汛決利津棘子劉王家院，旋塞。

民國十八年，凌汛決利津屆家灘，次年塞。七月，漫決濮陽南岸黃莊，八月塞。

又是年秋，紀莊民堰決口，尾閭改從甯海東南，走南道絲網口故道改由太平灣入海。（據民國二十一年，張含英視察黃河雜記及全國經濟委員會民國二十五年出版豫冀魯三省黃河圖。又所謂南道者，勘校淮系年表附圖及民國二十七年出版山東河務特刊，係指絲網口故道而言。其中道殆指韓家垣故道，北道殆指鐵門關故道也。）（尾閭九變）

民國二十二年，大水，決口五十餘處，計甯夏磴口一處，陝西平民縣一處，山西永濟一處，河南温縣十九處，武陟一處，蘭封二處，河北長垣北岸大車口至石頭莊二十九處，南岸龐莊一處。（餘詳前）

又是年海口亂荆子決口，水向東北流，循韓家垣舊道，至陡崖頭附近入海。次年堵塞復決，奪溜百分之九十，餘波仍入故道。（尾閭十變）

民國二十四年大決鄄城縣董莊。（詳前）

民國二十五年，海口亂荆子壽光圩子兩處，裁灣取直，引溜十分之七下注引河。故道佔十分之二，亂荆子舊口僅占十分之一，駸駸有恢復太平灣尾閭之勢。

民國二十六年，決蒲台鄭家寺分流至壽光縣小清河入海。次年鄭州決口，鄭家寺口門，水落見淤。蒲台利津博興廣饒壽光各縣隄工委員會，協議調集民夫堵築。（尾閭十一變）

又是年，魯省濟南東西各縣五百餘里，內外大隄被軍事破壞。內隄挖通者，沿隄皆是，外隄開口三百餘處。次年，大致堵復。

民國二十七年，六月七日，決中牟縣境南岸三劉砦附近之趙口。八日，決鄭縣南岸核桃園之花園口。兩口相距八十里，六月十三日會流於前後殷莊，越隴海路匯賈魯河，注朱仙鎮，入尉氏鄢陵扶溝太康西華商水，至淮陽匯沙河蔡河，旁注沈邱鹿邑項城等縣。氾濫至安徽境內，匯淝河茨河潁河，奪淮而下，沿途氾濫，直趨洪澤湖，灌入裏下河。潰流過處，廬舍蕩然，其後中牟決口，因上游鄭縣決口奪溜，已成旱口，於二十八年塡塞。鄭縣決口，初爲一百二十公尺，二十八年，擴大至四百餘公尺，迤東約三百公尺處，又開一口，寬三百公尺，如遇異漲，兩口極有銜合爲一之勢，則將寬至一千公尺。二十九年，七月，大溜復自尉氏折而東南，入渦奪淮，禍源不塞，已逾三載矣。

（參觀前第二十九圖清咸豐河徙圖第三十圖近代大河形成圖第三十五圖董莊決口災區圖第三十七圖孟津至海口黃河略圖第三十八圖民國二十五年海口亂荊子壽光圩裁灣工程圖第三十九圖民國二十七年鄭州中牟決口災區圖附鄭州中牟決口流向變遷圖）

第四節　河防行政

黃河自大禹施治以來，決徙靡常，已著其梗概；雖歷代名賢輩出，功業炳麟，各極一時之盛，河卒未能長治久安者，固由河性善變，而人謀不臧，仍居泰半；此可於已往史跡尋繹得之者。自古重視「河防」，明清皆設總河，以專責成。咸豐銅瓦廂北徙以後，直東兩省河防，改歸直督東撫兼管。光緒二十八年，裁河東總河缺。改歸豫撫兼管。中華民國因之。民國二十二年，成立黃河水利委員會，而「河防」之責，仍分屬豫冀魯三省河務局，黃委員會僅居指導監督地位。三省「河防」，畫疆分治，不免各自爲謀，殊非善策。豫冀魯三省河務局，其組織系統，及工段劃分，極不一致。河南省河務局，隸屬省政府，民國二十四年以後，改稱河南省水利處，隸建設廳局長簡任。局以下轄四分局，分局轄汛，汛轄堡，爲四級制。河北省黄河河務局，隸屬建設廳，局長薦任。局轄段，段轄堡，爲三級制。山東河務局，隸省政府，局長簡任。局以下轄三總段，總段轄分段，分段轄汛，汛有工汛防汛之別，防汛轄堡，爲五級制。其管轄隄段，分述如下。

河南省南隄，自廣武保和寨迤東經鄭縣中牟開封陳留縣境，至蘭封邊界爲止，工長約一百四十公里。上南分局轄滎澤汛鄭上汛鄭下汛中牟上汛中牟中汛。下南分局轄中牟下汛祥河上汛祥河下汛陳蘭汛及新設之蘭考汛。北隄自孟縣逯村迤東，經温縣孟縣武陟原武陽武封邱開封至陳留之西壩頭，即咸豐五年銅瓦廂決口處爲止，工長約一百七十五公里。上北分局轄孟縣温縣武陟武滎等汛。下北分局轄原陽陽封開封開陳等汛。每汛所轄工段，長短不一，視險工多寡爲定。

河北省南隄，自豫冀交界之婁寨東北行，經長垣東明濮陽縣境，至冀魯交界之劉莊止，工長六十餘公里。婁寨至謝寨爲南一段。謝寨至蔡寨爲南二段。蔡寨至冷寨爲南三段。冷寨至劉莊爲南四段。北隄自長垣大車集接築舊太行隄，經河南滑縣，河北濮陽，山東濮縣，至耿密城爲止，工長九十二公里許。自大車集至長垣滑縣交界之高桑園，爲北一段。自此入滑縣境，河南省築隄一段，名老安隄，長八公里。自老安隄北端之小渠集，至西魏司馬，爲北二段。自西魏司馬至馬屯爲北三段。自馬屯至冀魯交界之耿密城，爲北四段。其中段梨園附近堤工一公里餘，屬濮縣，亦歸河北省修防。山東省南岸，自菏澤朱口迤東，經鄄城范縣鄆城壽張陽穀縣境，暫止於壽張之十里堡，工長一百十五公里。其中雙合嶺至董莊一段十餘公里，屬河北境，劃歸山東修防。十里堡以下河流經行東平東阿肥城平陰各縣，以南岸接近山麓，無隄。再起於長清宋家橋經歷城章邱濟陽齊東青城濱縣蒲臺，至利津寗海莊爲止，（寗海莊以下兩岸尙有民埝約三十里。）工長二百二十公里。北隄自濮縣高隄口迤東，經冠縣范縣壽張陽穀，至東阿陶城埠，是爲金隄。再自陶城埠經平陰肥城長清歷城濟陽惠民濱縣，至利津鹽窩村爲止，工長四百十五公里。山東河務局仍按從前上游中游下游地段，劃分第一第二第三總段。總段轄兩岸分段。分段轄工汛及防汛。第一總段（設十里堡）南岸第一分段（設董莊）自朱口起，至十里堡止，轄工汛二，防汛四。北岸第一分段（設范縣。）自高隄口起，至東阿張秋鎭止，轄防汛二。第二總段（設濟南。）南岸第一分段（設歷城小靑莊）自宋家橋起，至齊東田家拐子止，轄工汛二，防汛三。北岸第二分段（設長清官莊。）自張秋鎭起，至長清韓二莊止，轄工汛一，防汛二。北岸第三分段（設齊河。）自韓二莊起，至歷城鵲山止，轄工汛二，防汛三。北岸第四分段（設濟陽東關。）自鵲山起，至濟陽桑家渡止，轄工汛二，防汛三。第三總段（設惠民清河鎭。）南岸第三分段（設濱縣蝎子灣）自田家拐子起，至蒲台董家止，轄工汛一，防汛三。南岸第四分段（設蒲台王旺莊。）自董家起，至寗海莊止。

轄工汛二，防汛三。北岸第五分段設惠民歸仁鎮。自桑家渡起，至濱縣張肖堂止。轄工汛二，防汛三。北岸第六分段設利津宮家壩。自張肖堂起，至鹽窩村止。

三省每年修防費數目，亦不一致。河南二十七萬元，（民國十九年後，僅發十萬元，兼管沁河。）河北二十一萬元，（民國二十二年，實收實支十六萬元。）山東三十一萬元。河南隄工長四百二十五公里。（內有沁河九十公里。）河北隄工長一百五十六公里。山東隄工長七百五十公里。平均計之，河南每公里二百三十五元。河北每公里一千三百四十餘元，（依民國二十二年實支約合千元。）山東每公里四百餘元。雖險工多寡不同，未可作固定比例，然豫魯兩省經費，固宜酌量增加也。以上據黃河水利委員會黃河概況及治本探討。

冀豫魯之交，犬牙相錯，往往隄在此而決溢之害在彼；此方不關痛癢，彼方坐失事機，以故決溢之災，最為慘烈。今後，「河防」，應不分畛域，通力合作，尤為急不容緩之事矣。（參觀第三十七圖孟津至海口黃河現勢略圖）

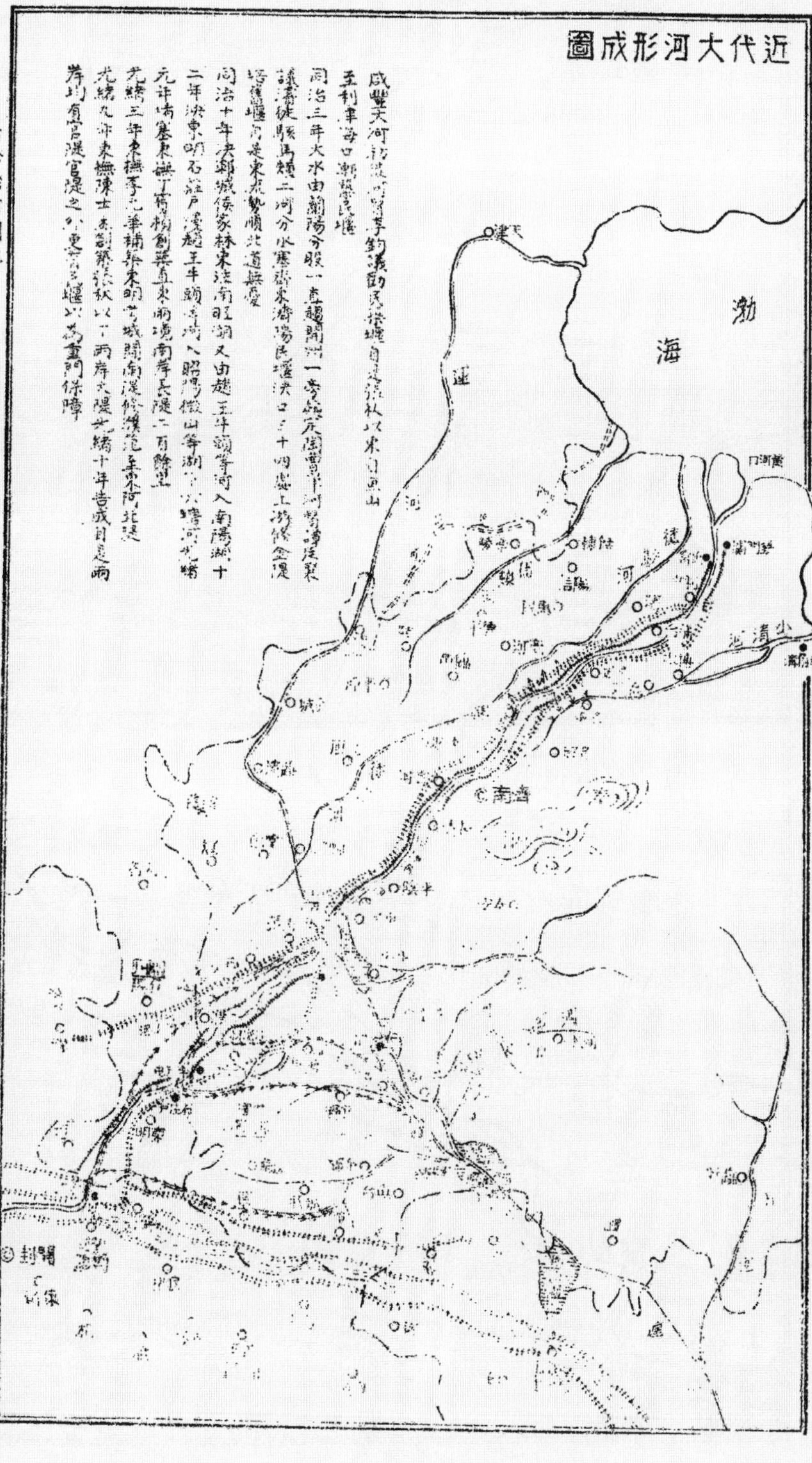

古今治河圖說 第六十圖

古今治河圖說 第三十一圖

古今治河圖說 第三十二圖

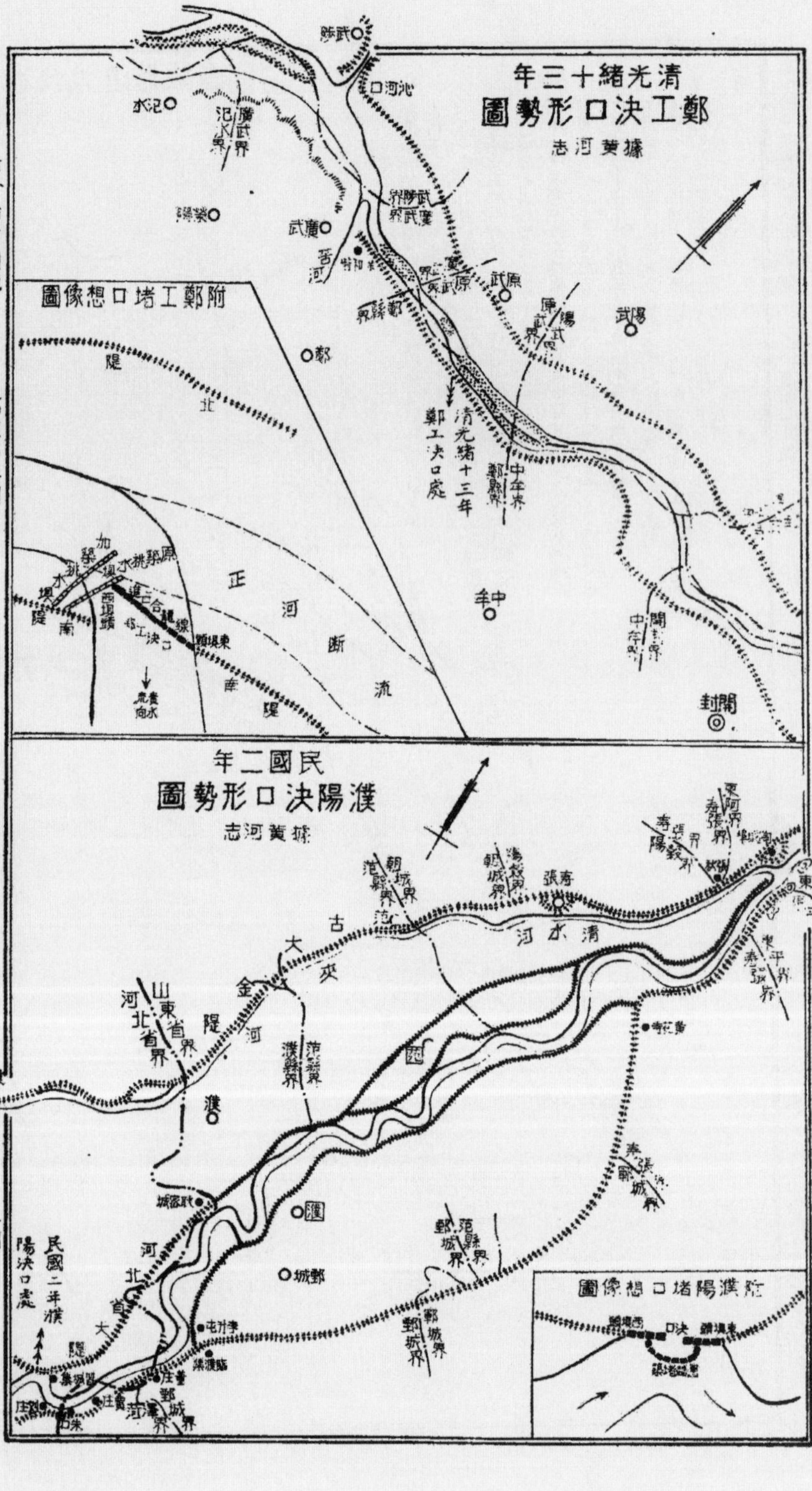

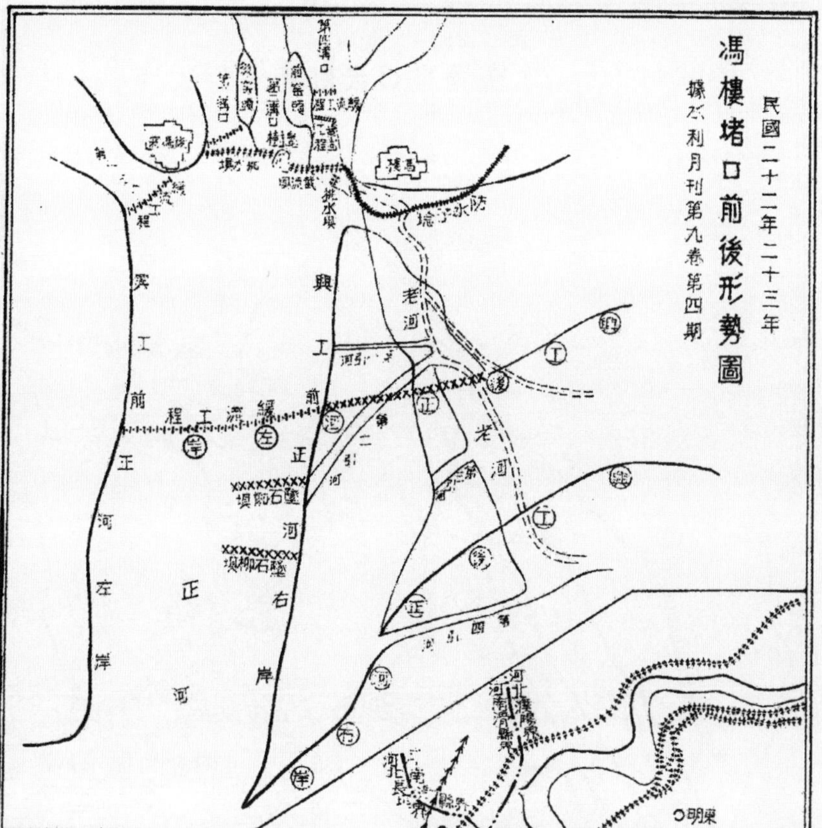

古今治河圖說　第三十三圖

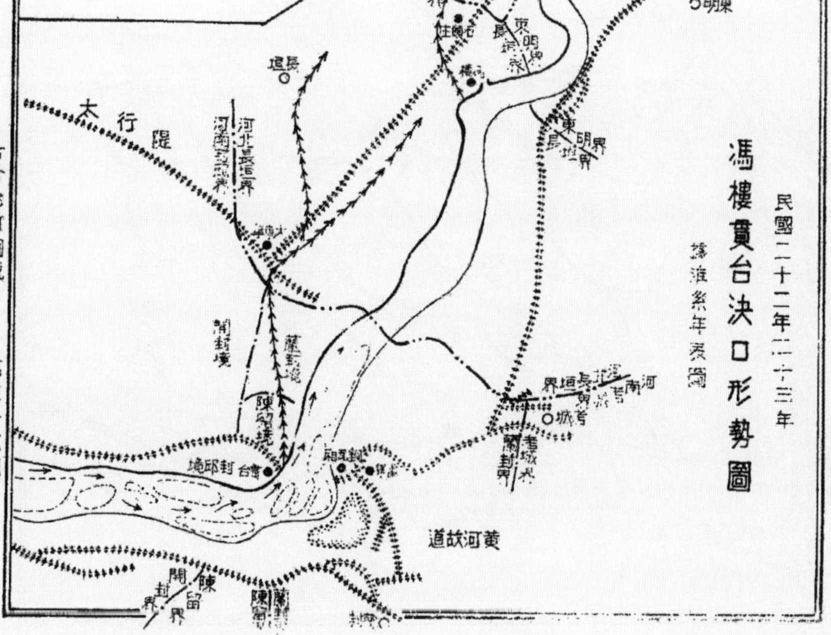

古今治河圖說　第三十四圖

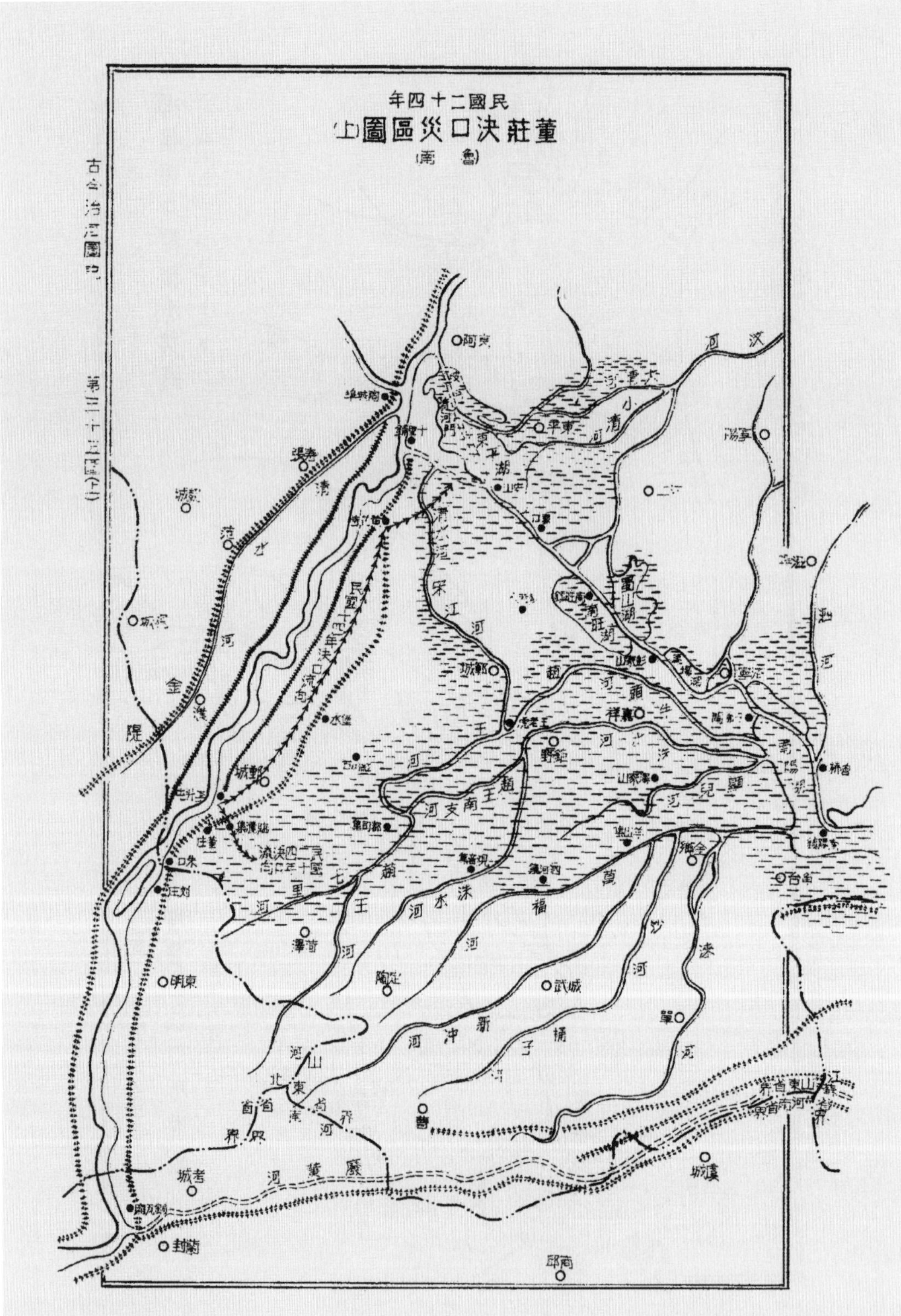
古今治河圖說
第三十三圖(上)
民國二十四年
董莊決口災區圖(上)
(魯南)

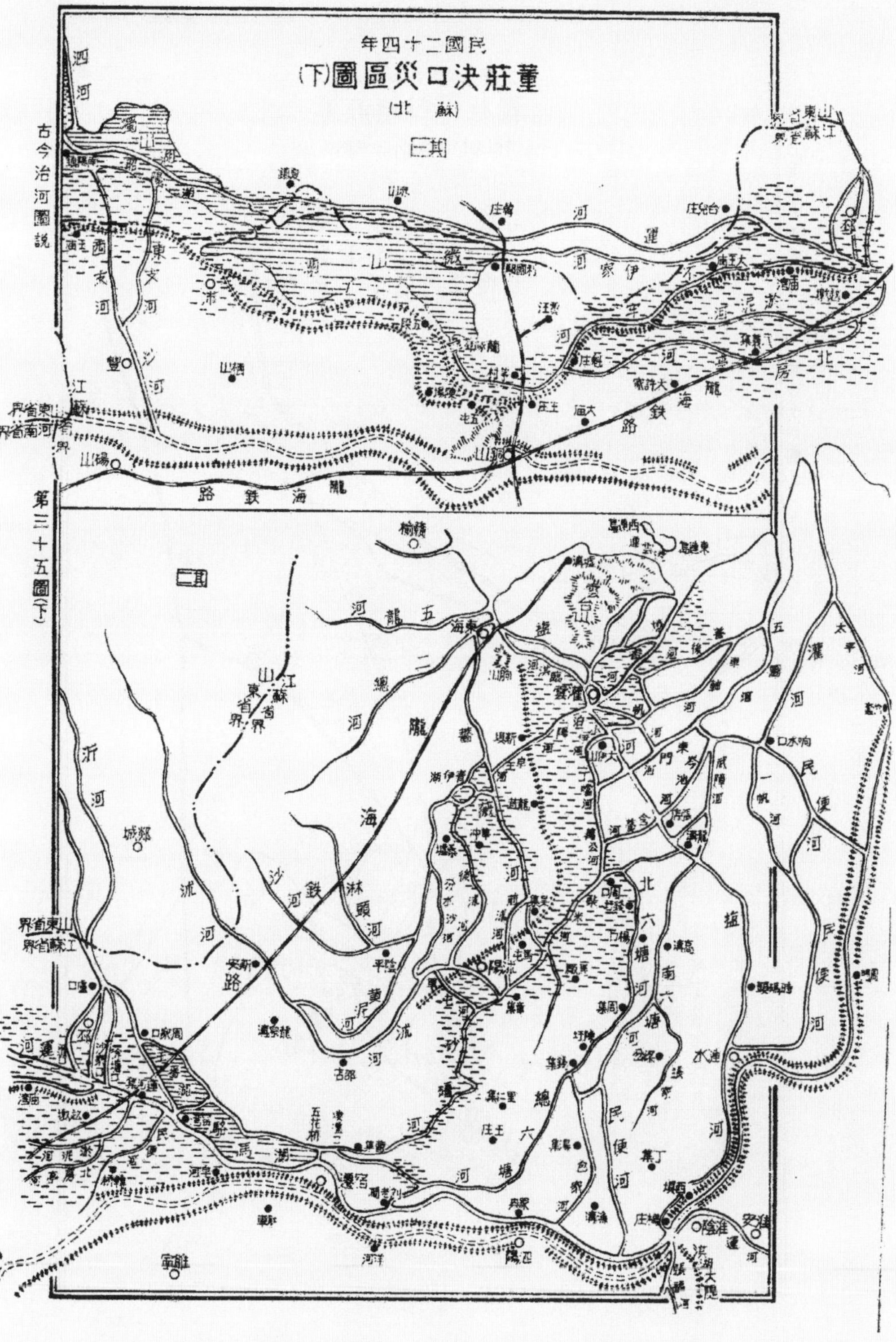
民國二十四年
董莊決口災區圖(下)
(蘇北)
其三
其四
古今治河圖説
第三十五圖(下)

古今治河圖説　第三十六圖

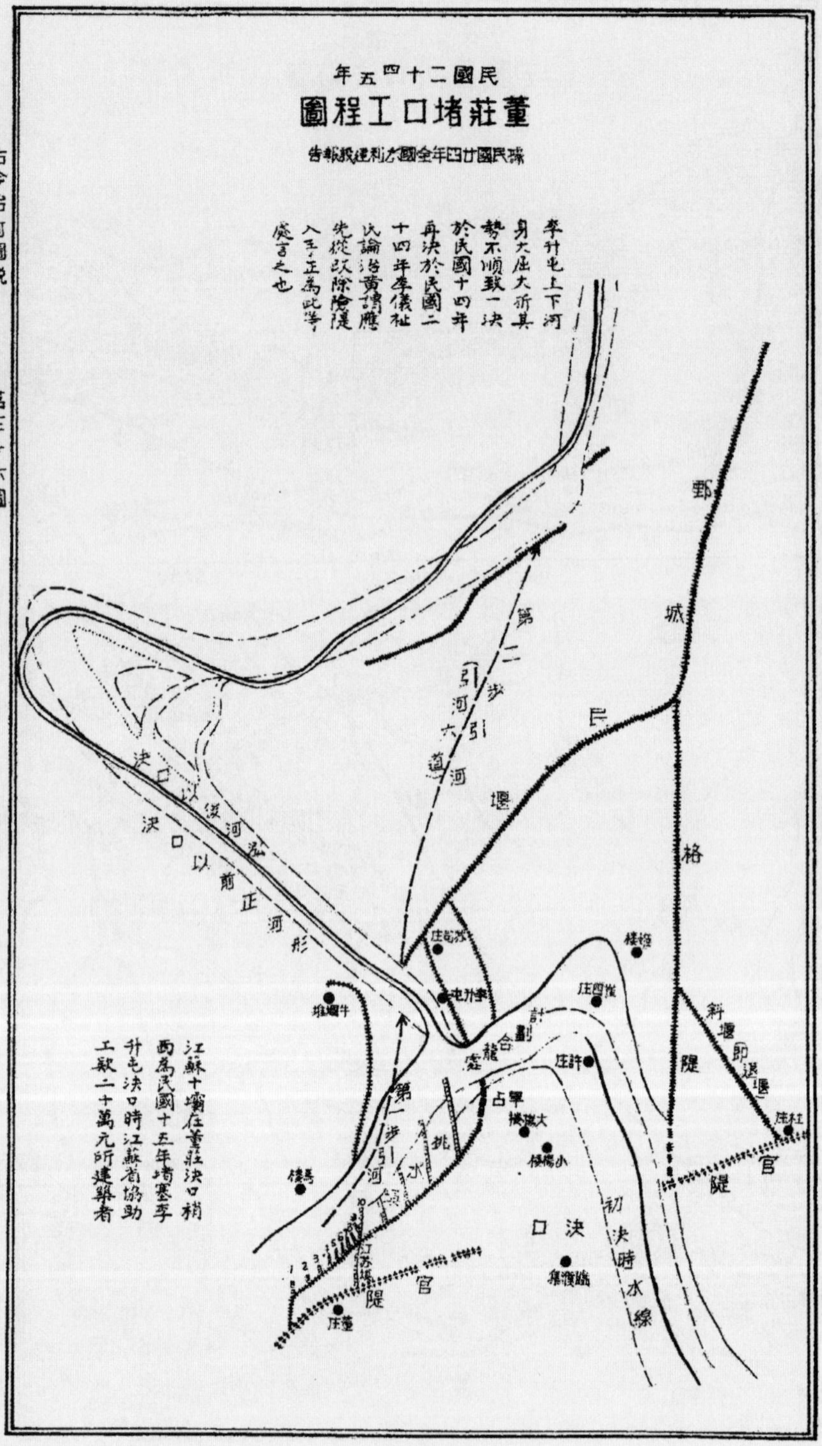

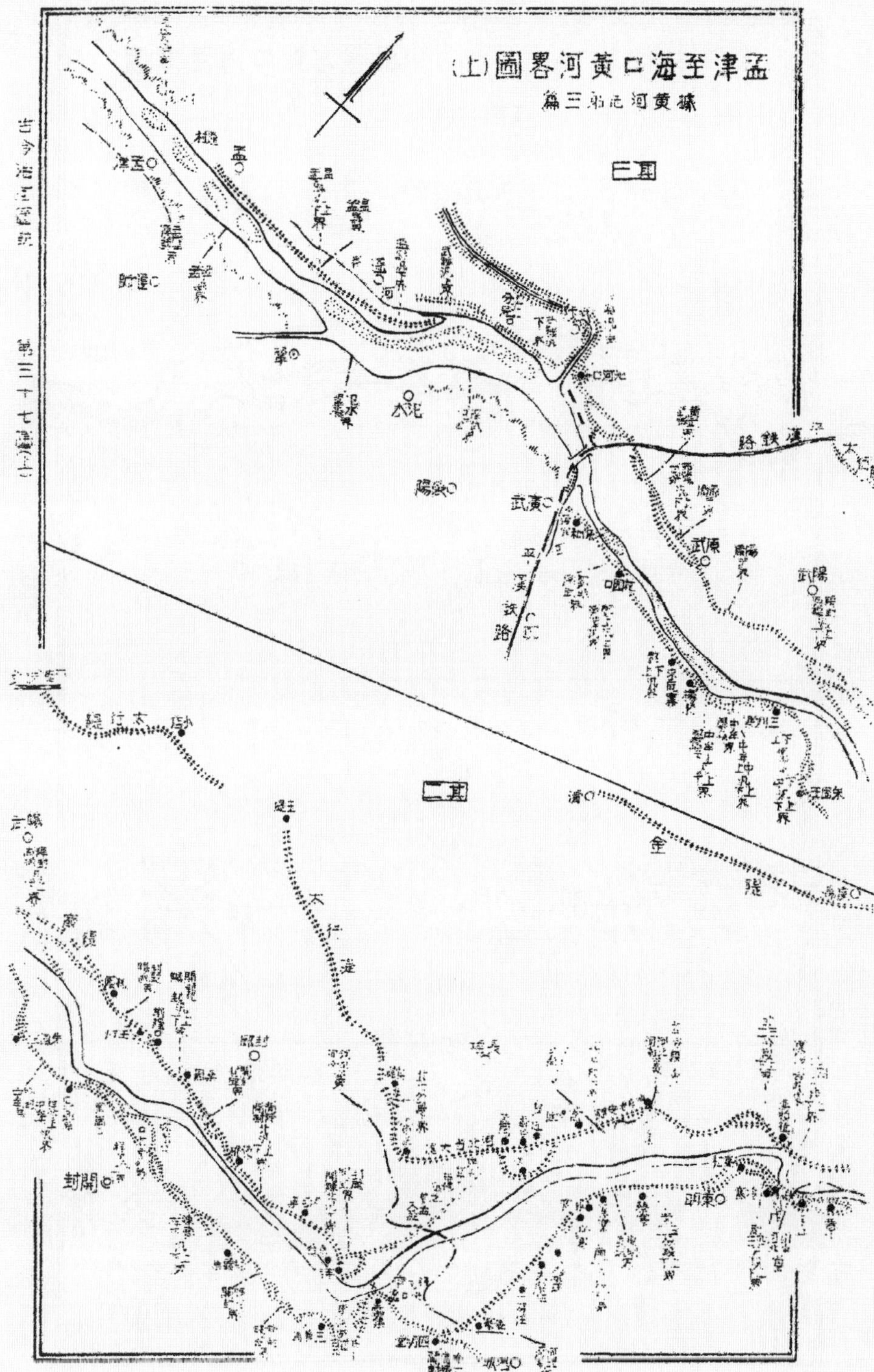
孟津至海口黃河略圖(上)
據黃河志第三篇
古今治河圖說
第三十七圖(上)

古今治河圖說

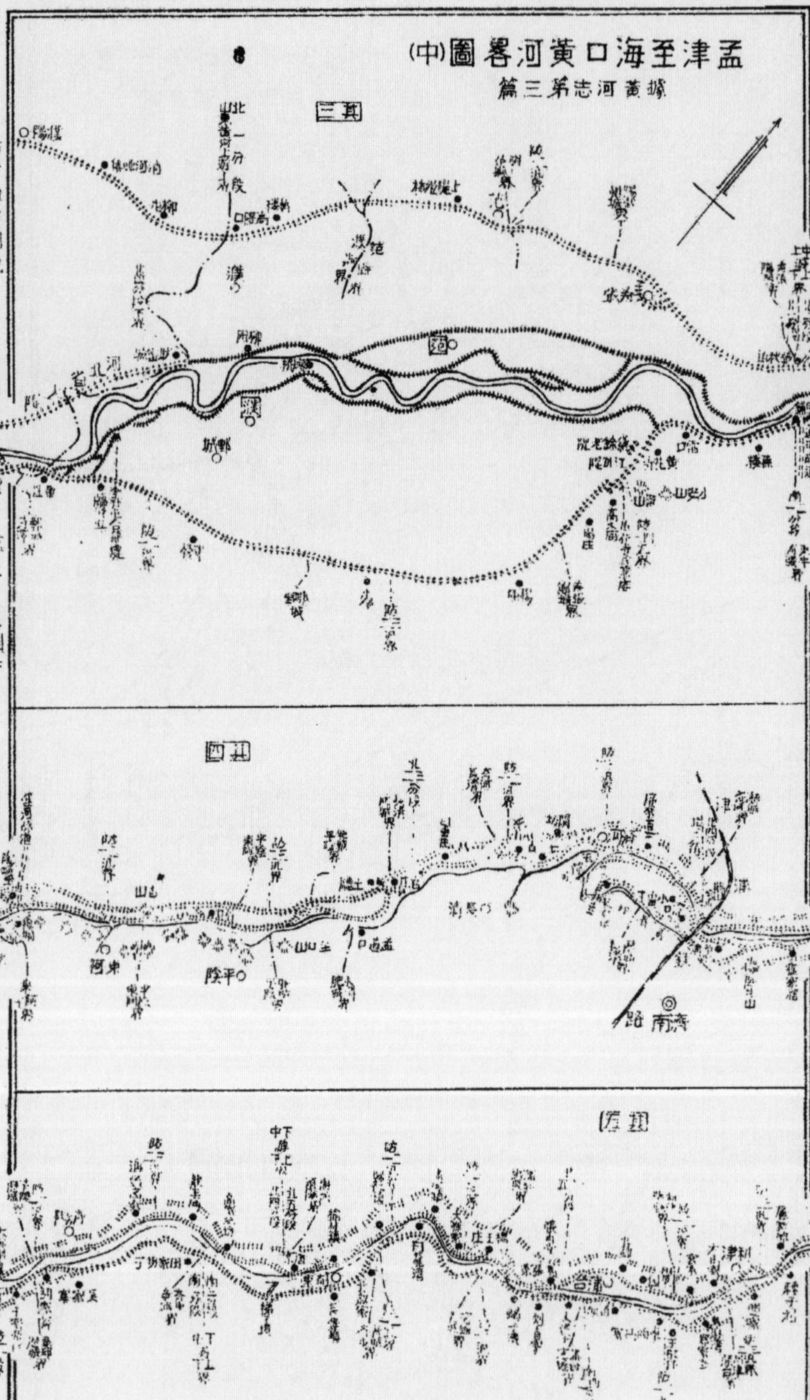

第二十七圖中

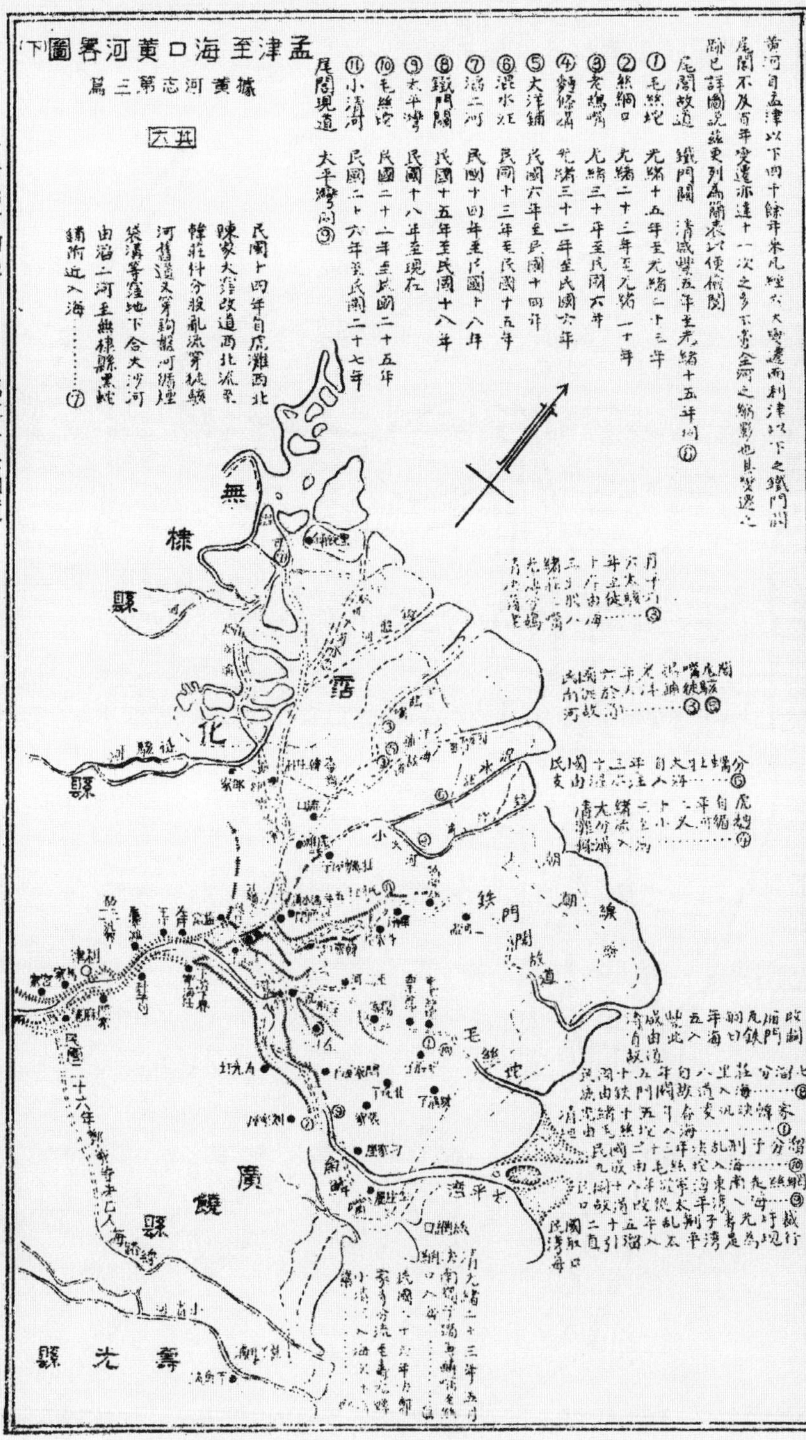

古今治河圖說　第三十七圖(下)

第三十八圖

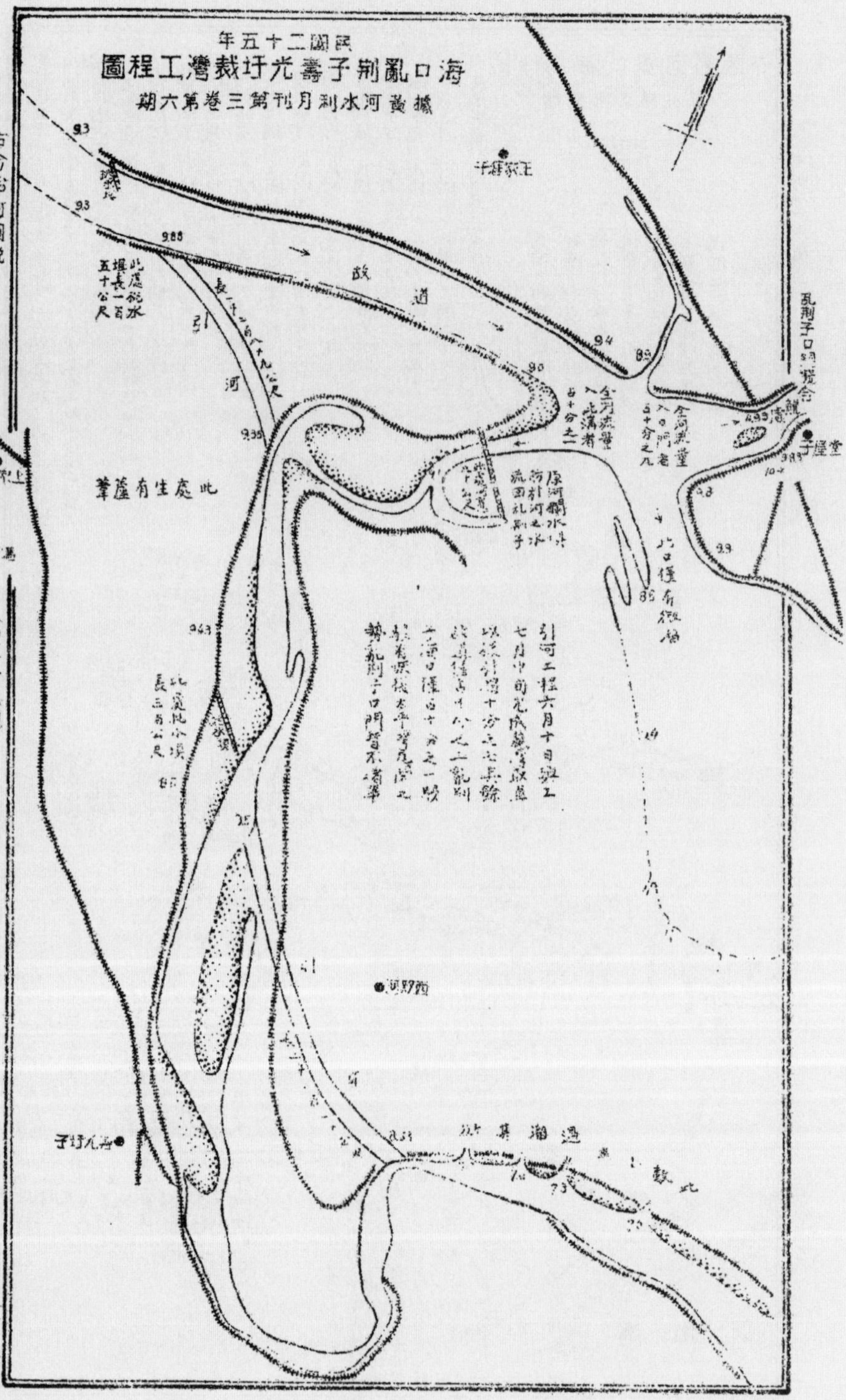

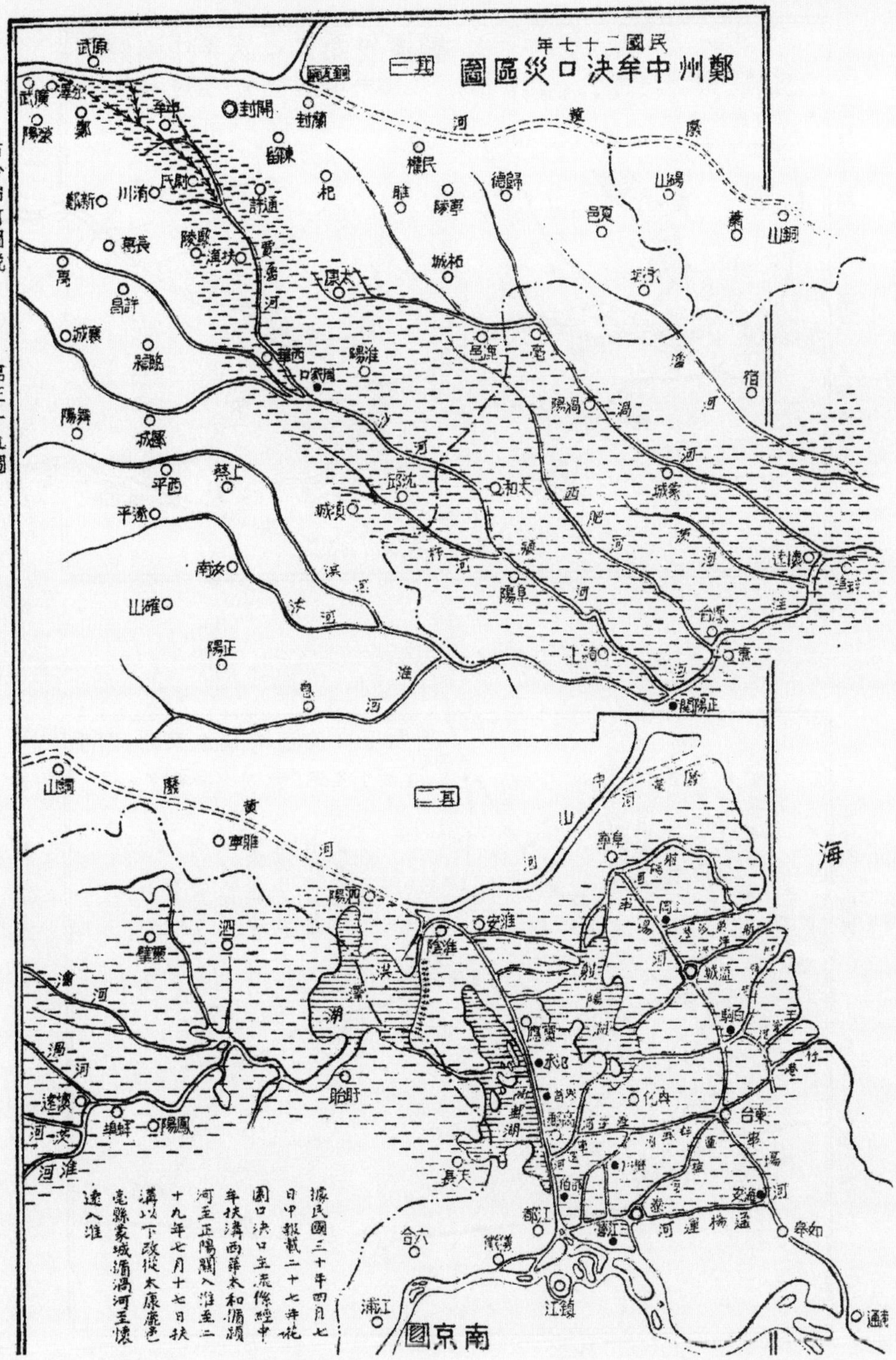

古今治河圖說　第三十九圖

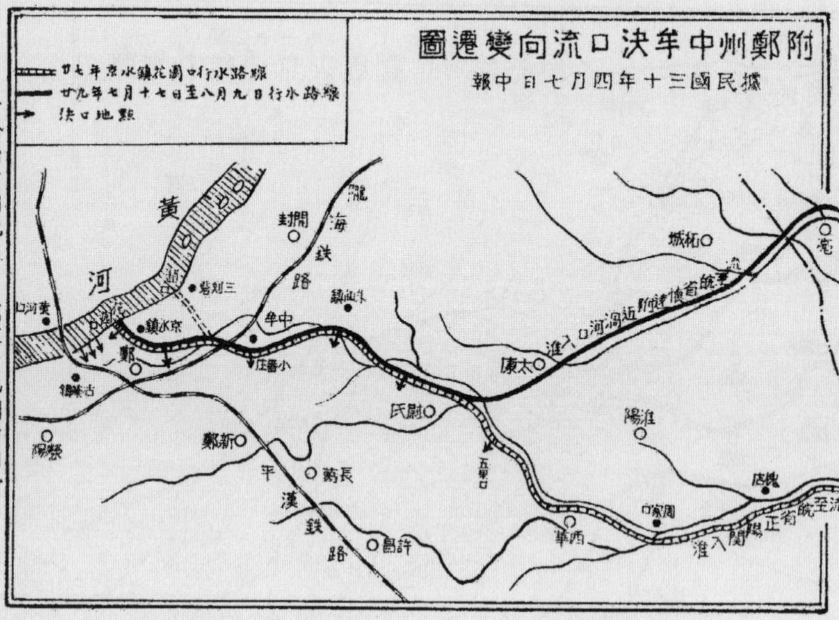

古今治河圖說　第三十九圖附圖一

古今治河圖說　第三十九圖附圖二

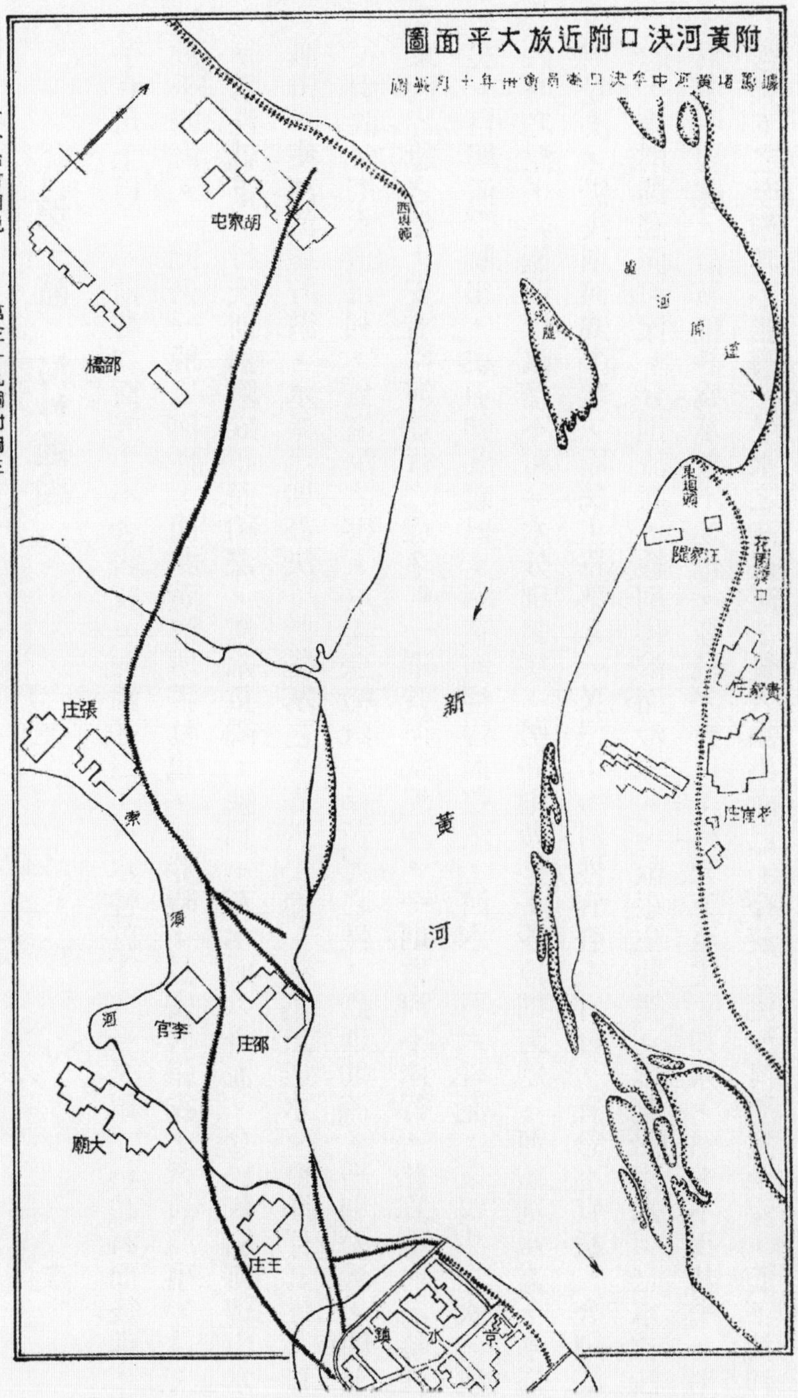

古今治河圖説 第三十九圖附圖三

第十章　黃河利病及治法

第一節　河性通論

子在川上曰：『逝者如斯夫！不舍晝夜。』孟子曰：『水性就下，』又曰：『盈科而後進，放乎四海。』此乃一般之河性，而非黃河所獨具也。新莽時，長安人張戎，習灌溉事，言：『水性就下，行疾則刮除成空而稍深，河水重濁，號爲一石水而六斗泥。今民皆引河渭山水溉田，使河流遲貯淤，水暴至則溢決，數隄塞之，高於平地，猶築垣居水。應順從其性，無復引灌，則水道自利，無溢決之害。』宋蘇轍曰：『黃河之性，急則通流，緩則淤澱，卽無東西皆急之勢，安有兩河並行之理？』一則言河挾泥沙，一則言河不兩行，此眞黃河之特性矣。自明潘季馴出，更引伸其義曰：『黃河性悍而質濁，河水一石六斗泥，以四斗之水，載六斗之泥，非極湍悍汎溜不可。水分則勢緩，勢緩則沙停，沙停則河飽，河飽則水溢，水溢則隄決，隄決則河爲平陸，而民生昏墊。』又曰：『河性宜合不宜分，宜急不宜緩。合則流急，急則蕩滌而河深。分則流緩，緩則停滯而沙塞。』故平生規畫，以築隄束水，借水攻沙爲第一要義，淸靳輔評爲萬世不易也。靳輔之言曰：『天下至柔莫如水，然苟不得其平，則雖天下之至剛者不能禦。平水之法奈河？量入爲出而已。今使上流河身至寬至深，而下流河身不敵其半，或更減而半之，勢必懷山襄陵，而潰決之患生。』又曰：『河決於上，必淤於下；而淤於下者，又必決於上，此一定之理也。』量入爲出一語，尤爲精透，實開近世科學治水之先河。其幕友陳潢之言曰：『河之性約而言則曰就下；分而言則避逆而趨順也，避壅而趨疏也，避遠而趨近也，避險阻而趨坦易也。張則氣聚，聚不能洩，則其性乃怒。分則氣衰，衰不能激，則其性又沈。』其言益爲緻密。又曰：『治河必順水性，必度形勢。如有患在下，而所以致患者在上，則勢在上也，當溯其源而塞之。又有患在上，而所以致患者在下，則勢在下也，當疏其流以洩之。苟不知勢，則用力多而成功少，若審勢以行水，則事半而功倍。』亦通論也。大抵前賢之於河性，憑多年之觀察體驗，類能得其竅要。惟是河源萬里，觀察體驗之範圍，終屬有限。卽如河挾泥沙，久爲人所習知之事；然沙之來源若何？沙之去路若何？不易知也。知其來源與去路矣，來自塞外者若干？來自汾渭洛沁諸支流者若干？則更不易知矣。知其去路矣，沈於中游者若干？輸於下游者若干？達於海口者若干？則更不易知矣。水量之出入，亦猶是也。而水之來源，除上游之支脈流派外，又有天空之雨量，地下之源泉。其去路也，除地面之逕流外，又有天空之蒸發，地下之滲漏，尤不易知也。所謂上游中游下游，昔人所恆言者，其實不出於豫冀魯之境，今則上窮崑崙，下極滄溟，皆與河有息息相通之關係，而未可忽視也。河性雖無辨乎古今，而古今人認識之範圍，有廣狹精粗之不同，則今人治河，當於古人所得之外，百尺竿頭，更進一步矣。

第二節　水流

黃河決徙無常，號稱難治，不外水流迅猛，泥沙太多，前人知之審矣。而尚無長治久安之策者，則其知有未盡也。今人繼續求之，以科學方法，從事於水文氣象觀測。新知日啓，愈精而密。顧閱時未久，所得資料，亦尚未足爲根本圖治之依據。茲先述水流，次及泥沙。

河水之來源，由於雨量。雨量之成災，多在夏季。黃河水利委員會黃河概況及治本探討云：『黃河流域，雨量之來，由於旋風進行時大氣之震盪。如夏季之大陸與太平洋，雙方高低氣壓之交流是也。夏季之時令風，有時亦能降雨。其雨量之多寡，則視此風所受旋風之影響而定。沿東海岸之颱颶，一旦侵入內地，則暴雨洪水，亦隨之而至。自秋徂春，中國西北部之氣候乾燥極矣。西比利亞高壓所生之時令風，不復帶有微雨。有之，必自西北至西南方向，爲大陸性低壓所挾持者。此低壓之產生，或遠胎於大西洋上。否則，由印度洋或東京灣與西藏高原氣候之交換。顧在未抵中國之先，在太平洋上，風速過高，無充分時間，足以吸收水分。而乾燥之西北風，有時且掠奪之。即能降雨，其量亦稀。然在四月以後，有時亦能發生輕洪。四月之末，河源積雪消融，流量增加。然亦不甚爲害。以該處積雪，本不甚多。且在乾燥之氣候中，其蒸發消失之量，固猶多於融化者也。黃河水利委員會，欲於開封或西安，設立一等測候所，直接收受遠東各處氣象消息。期於數載之後，研究有得，能先期預測洪水之發生。俾下游數千數萬生命財產恃爲保障之八百公里長隄，得早爲戒備。」河水成於天空氣象，此爲治河癥結之一。

雨量降於地面，其去路有三。一曰蒸發；二曰滲漏；三曰逕流。而逕流與雨量之關係，據中外水利專家經驗所得，其最大比例，不能超過百分之四十。地面之水，匯流於溪澗，歸宿於江河。故江河流量之大小，與其流域面積之廣狹，成正比例。黃河流域面積，鄭州以上，七十五萬六千平方公里。潼關以上，七十一萬二千平方公里。禹門口以上，五十一萬五千平方公里。蘭州以上，二十一萬六千平方公里。假如黃河鄭州以上，普徧降雨一公寸。除蒸發滲漏者外，逕流入河者，應爲三百萬萬立方公尺。以每秒三萬立方公尺之量下洩，須歷時十一天半，方能洩盡。所幸如此廣大流域面積同時普徧降雨，爲必無之事。以故黃河流量，自有紀錄以來，亦從無高至每秒三萬立方公尺者。若果如此乎，下游災害之慘重，寧堪設想？如以民國二十二年大水爲例。據吳明愿二十二年黃河水災之成因，謂『是年七月中下旬，上游各省暴雨。七月十七日，暴雨陣頭，奔入綏遠，十七八九三日，在河套一帶，下二百零五公釐之雨量。暴雨陣頭，繼轉綏南入陝境。二十日夜，及二十一日，一晝夜間，下三百公釐有餘之雨量。暴雨陣頭，再向東移。二十四日晚，藍田大雨，平地水深數尺。雨綫轉向東北，入山西。二十六日晚，太原大雨，山洪沖毀公路橋樑。在受雨區域之渭涇汾洛四大支流，與幹河同時並漲，致有八月十日晨二時陝州流量每秒二萬三千立方公尺之最高紀錄。』河水來自廣大之雨區，此爲治河癥結之二。

黃河流量，漲落均驟。即如二十二年八月大水。據安立森查勘河南孟津至陝州間攔洪水庫地址報告，謂『八月七日正午，陝州流量，仍爲二千五百秒立方公尺。以後逐漸上升，至九日夜十二時，及十日晨二時，已漲至二萬三千秒立方公尺。然其最高峯，僅保持一刹那。十日二時，二萬三千秒立方公尺。四時，降至一萬九千秒立方公尺。六時，降至一萬七千秒立方公尺。八時，降至一萬五千秒立方公尺。十三日晨，又落至六千秒立方公尺。洪水所經時期，不足六日。而最危險之洪水約一萬秒立方公尺。所佔時間，不足六十小時耳。』又據萬晉防止土壤沖刷爲治理黃河之要圖，謂『二十四年，董莊決口。七月七日以前，中牟縣之流量，未曾超過二千一百秒立方公尺。但至次日上午十二時，忽漲至三千零八十秒立方公尺。此尚不足爲奇。至同日下午三時，又漲至六千六百秒立方公尺。夜間十時，至一萬五千二百秒立方公尺。及夜半十二時。至一萬六千六百秒立方公尺。是一日之增加，相差至一萬三千秒立方公尺。其退落之迅速亦如之。九日上午十二時，即退至一萬一千五百秒立方公尺。夜間十二時，爲六千九百六十秒立方公尺。至七月十一日下午八時，仍繼續退落至四千零六十秒立方公尺。幾如普通流量。前後爲時僅四日耳。』河水漲落均驟，水災成於俄頃，此爲治河癥結之三。

黃河異漲成災，固由水量過多。而此過多水量之來源，不在黃河幹流之本身，而在其支流。黃河水利委員會估計黃河洪量。來自河套綏遠者，占百分之十五。來自汾河者，占百分之二十。來自涇渭者，占百分之六十。來自伊洛沁等河者，占百分之五。如以二十二年爲例。據張光廷汾洛渭涇與黃患之關係，謂『八月七日，太原汾河，爲六千秒立方公尺。八月八日，大荔洛河，爲二千三百秒立方公尺。同日，張家山涇河，爲一萬一千二百秒立方公尺。渭河雖未實測，依八月七日咸陽水位及斷面估計，爲六千秒立方公尺。合之已達二萬五千餘秒立方公尺。』而據張含英黃河答客問，謂『來自包頭以上者，僅爲二千二百秒立方公尺。來自山陝谷中者，僅爲二千三百秒立方公尺。合之僅四千五百秒立方公尺耳。』是正河水量，遠遜支流。河水異漲成災，由於支流水量過多，此爲治河癥結之四。

黃河之水，出山陝，過孟津，行於豫冀魯之境，全恃兩岸大隄爲之防。大漲出槽，溢決隄岸，即成大災。故水位之高低，與河防之安危，有密切關係。據張含英黃河志第三篇水文工程，及吳明愿黃河之汛期及其六級水位，謂『向來黃水最低爲十二月。一月凌汛至。二月桃汛起。汛過水落。五月暴降。六月漲發。至八月而達最高峯。至十一月半退盡。歷年最高水位，陝縣爲二百九十八公尺二三。（民國二十二年八月十日）濼口爲三十公尺三五。（二十二年八月。按是年濼口上游石頭莊決口水勢大減。否則水位當更高於此。最低水位，陝縣爲二百八十八公尺八九。民國十七年十二月十二日。濼口爲二十三公尺五。民國八年五月三日高低之差，自二丈一尺至二丈八尺。然爲時均暫。其長期留於河中之水位，陝縣爲二百九十公尺。平均約達六個月之久。濼口爲二五公尺，平均約達六個半月之久。謂之常水位。』河水漲落，有一定之規律，此爲治河癥結之五。

黃河發源巴顏喀拉山，拔海萬四千尺。會洮湟二水，出桑園峽，降爲五千八百尺。迄於寧夏，降爲三千三百尺。行近河曲，折而東南，降爲二千尺。至潼關降爲一千三百尺。至孟津，驟降爲三百餘尺。過此以東，始有決溢之患。黃河洪流傳播率，據吳明愿二十二年黃河水災之成因，『根據民國八年至十八年陝縣濼口間之水文觀測，平均爲每小時四公里三。歐洲賽納河洪流傳播率，每小時三公里半。魯亞河亦然。黃河上游，斜度較陡，假定其傳播率爲每小時四公里半。則桑園至陝縣，一千九百零二公里，需時十八天。寧夏至陝縣一千五百一十公里，需時十四天。包頭至陝縣一千零二十公里，需時約九天。河曲至陝縣，七百三十二公里，需時約七天。陝縣至濼口，六百二十公里，需時約六天又六小時。』黃河洪流之傳播，有一定之規律，此爲治河癥結之六。

黃河水文測量，始於民國八年。因國家多故，時作時輟。僅陝縣濼口兩站，具有稍久之記載。據爲研究設計之張本，何濟於事？黃河水利委員會，擬廣設水文站，作長期觀測，研究根本治黃，今尙非其時也。

第三節　泥沙

黃河泥沙之來源，當遠溯地史。據張含英黃河改道之原因，及吳明愿黃河下游之泥沙，略謂：『中亞細亞及中國北部，自進入草原時代，便與海洋隔絕。北太平洋濕風，爲東部高山所障，不能吹入內地。致內地空氣乾燥，缺少雨澤。河流乾涸，岩石風化，分解爲細沙。每値風起沙飛，遮蔽天地，是爲沙漠時代。迨經億萬年後，地殼起大變動。東部諸山陷落，海風吹入內地。雨量增加，不毛之沙漠，漸生草木，是爲黃壤時代。遂成今日之黃河流域。黃壤之分佈。蘭州以西，六萬方公里。蘭州至寧夏，五萬五千方公里。汾渭涇洛四水流域五萬三千方公里。零星散見者，二萬方公里。合共十八萬八千方公里。』據恩格斯制馭黃河論，『黃壤層積之厚，恆在數百公尺。』『當沙漠時代，風擕沙行，散佈各處，風爲改造地形之主力。迨黃壤時代，沙隨水下，淤積下游，黃河又爲變化地形之權威。黃河泥沙來源深廣，此爲治河癥結之七。

中國古代文化，發源於黃河流域。其時水草豐美，物產富饒，無異今日長江流域。大地之上，到處皆見豐草長林。除洪水時期外，水流長淸。詩魏風，河水淸且漣漪。又河水淸且淪漪。卽洪水時期，擕帶泥沙，亦僅爲河牀沖刷之正常現象。迨漢族西來，蕃殖生息，不遺餘力，可耕之地日蹙。遂致迫向森林或山坡，濫事墾拓。耒耜犁鋤，橫施交加。牛羊牲畜，嚙食踐踏。向之豐草長林，漫山偏野者，漸至摧殘荒廢。大地失其幬覆，土壤暴露於烈日疾風暴雨之下，水既不能存蓄，土亦隨流而去。此劇烈之沖刷，十百倍於正常沖刷。每當大雨之後，隨處發現無數小溝，儼如蛛網，深自一寸至數寸。多量土壤，隨之沖去，逐漸形成深溝。下土暴露，草木不生，滿目淒涼。馴至西北土地，盡爲溝壑所分割。而此無數溝壑，彼此結合，成爲廣大山谷。一遇大雨，山洪暴發，奔騰四溢，輒成巨災。參據萬晉黃河流域之管理，及防止土壤沖刷爲治理黃河之要圖。黃河流域，因濫施墾殖，由繁榮而衰落，而水勢猛迅，多挾泥沙。此爲治河癥結之八。

泥與沙性質不同。泥細而浮於水中，隨水而行，其來也遠，其去也亦遠，直至入海爲止。沙粗而沈於水底，被水挾持，順河底旋轉。來既非遙，去亦甚邇，往往留滯河身。故俗有勤泥懶沙之說。綏遠一帶，地勢平衍，水流寬放，沈重之沙，使留滯其間。河南境內亦多沙。山東境內則否。由下而上推，河南之沙，難達山東。河套之沙，亦難達河南。黃河上游含沙量，自有華洋義振會綏遠水文觀測，始知該處上游含沙，鮮能超過重量百分之二。涇惠渠灌溉工程處觀測涇河水文，春令稍漲，沙重可至百分之三十。夏期盛漲，竟至百分之五十。洛河情形亦同。大略言之，渭河流域，實爲潼關以下黃河含沙之主要來源。龍門包頭間各小支流，其沙量差比於渭河流域。最高含沙重量，可至百分之十八。潼關以下，兩岸不乏含沙甚多之入黃溪流。沁與洛含沙頗少。洪漲之時，增至百分之七八，平時恆不及百分之一。黃河水利委員會主任工程師安立森，估計洪水時期黃河流域各省輸沙量之百分率。計甘肅西部及寧夏青海，約占百分之十。綏遠約占百分之五。陝西及甘肅中部及東部，約占百分之六十。山西約占百分之二十。河南約占百分之五。雖非十分精確，要已得其大體。（據黃河概況及治本探討，又黃河水利月刊等。）此黃河泥沙之來量也。至其去量。黃河水利委員會計算黃河平漢路鐵橋下，每年平均流量爲一千二百一十秒立方公尺，含沙量爲流量百分之三點三，即每秒輸沙量爲二十五立方公尺，每年計九百四十六兆立方公尺。平漢路橋以東，泰岱南北之廣漠平原，莫非黃河所創造。計其積沙至海平面下十公尺止，應爲七百萬兆立方公尺，歷時七千四百年之久，尙在神禹治水前三千六百年。爾時泰岱諸山，不過海上羣島耳。又該會計算濼口每年平均流量爲一千二百秒立方公尺，與平漢路橋之平均流量，相差無幾。而含沙量爲百分之一點五。差至半數以上。可知黃河上游挾帶之泥沙，半澱於平漢路橋與濼口之間，半入東海。至黃河海口灘地，平均半徑二十五公里，每年進展半公里，亦係泥沙之力也。（據黃河概況及治本探討）又沙毀田而泥肥田，沙留於上游，泥浮於下游；故河南延津，爲漢代大河所經，距今二千年，猶積沙沒踝，田不可耕。（據今人韓止石先生隨軺日記。）而山東河水所漬，輒成沃壤。沙行於河底，泥浮於水面；故決口之水多沙，而漫溢之水多泥。因是同一黃水也，決與溢之利害不同。同一決口也，上下游所蒙之後果不同。泥沙與之性質不同，來量與去量又大相懸殊。此爲治河癥結之九。

黄河水流及泥沙，今人雖粗有所知。然欲依據此等不充分之資料，擬成根本治黄大計，仍屬奢望也。

第四節　治法上

黄河利病癥結，既得其大凡；若進而對證下藥，爲根本之治導，則河患絶矣。無如資料不備，時賢言治黄者，仍各本所見以立説。其着眼之點，或在上游，或在中游下游，次第列舉之，亦重要之參攷也。

茲先言上游。古人論治水，必先治下游；今人則更注意上游；此爲古今治水一大變革。永定河續志載同治十二年知縣鄒振岳上游置壩節宣水勢稟有云：『地勢西北高而東南下，奔流湍急，勢若建瓴。往往下方潰岸，上已揚塵。故河之難治，其病源在上游之水，來勢太驟。非下游不能容，實下游不能洩。若於上游段段置壩，層層留洞以節宣之。使其一日之流，分作兩日三日；兩日三日之流，分作六日七日；庶其來以漸，隄堰可以不致潰決。』永定河水流之暴，泥沙之多，與黄河同，故有小黄河之稱。且黄河無淀泊爲之停瀦迴旋，僅恃一線河槽，水漲不能容納，則漫溢潰決；水落又一洩無餘，難乎爲繼；視永定河爲甚。鄒君之論，若移之於治黄，尤爲確切。此爲發現治水先治上游者之先覺。黄河爲患之癥結，既在水猛沙多；水與沙之來源，又在上游；故論治黃之上游者，或主開避沙之道；或主恢復溝洫；或主防止沖刷；或主建築水庫；皆所以正本清源，節制來量也。茲分述之：

(甲)開避沙之道　主張此說者，可以田桐氏爲代表。田氏以爲『考諸史乘，沙漠有逐漸南移之象。晚唐五季以前，陰山之南，河套之地，絕無沙漠，故河水不挾泥沙。迨後沙漠南移，河水始濁，黃河之名始著。故根本治沙，在徙河遠避河套之沙漠。』主張『黃河自寧夏開口，東行出花馬池，沿長城內行，經定邊靖邊，平地開河六百里，分爲二支。南支接周水，入北洛，至華陰入河。東支接杏子河，入延水，至延長入河。』謂『如此可變濁流爲清流，河病已減過半。然後更闢支渠，引水灌田，中州風靡，且將化爲江南煙雨。』田氏而外，又有主張於狄道渭源、鑿山移河，溝通洮渭，遠避塞外沙漠者。自今言之，皆不可行。黃河流域，黃壤分佈之區域甚廣，不限於河套，，避不勝避。而黃河之沙，來自河套者，本不甚多，抑亦不必避。況開河六百里，談何容易。狄道高出洮河約四百公尺，人力亦無可施。此說殆無實行之可能，存而不論可也。

(乙)恢復溝洫　溝洫之制，本於周官。清沈夢蘭有五省溝洫圖說，倡之甚力。近人李儀祉張含英諸氏，均贊成之。張氏之言曰：『世之論治河者多矣，潘季馴束水攻沙之議，頗近似之；尤不如沈夢蘭主復溝洫之說爲切實。蓋前者可治下游之淤墊，而後者能清泥沙之來源。所謂溝洫者，據周禮「匠人爲溝洫，耜廣五寸，二耜爲耦，一耦之代，廣尺深尺謂之甽。田首倍之，廣二尺深二尺謂之遂。九夫爲井，井間廣四尺深四尺謂之溝。方十里爲成，成間廣八尺深八尺謂之洫。方百里爲同，同間廣二尋深二仞謂之澮。」（周尺等於營造尺六寸六分）按沈氏五省溝洫圖說之計算，以面積言，每畝只占地四十七方尺，不及千分之八，影響於農田之效能者極小。就溝洫之容量計，每畝爲一百二十四立方尺，可容雨量二分。（即二公釐半）假定逕流爲雨量三分之一，則二十公釐（合六分）之暴雨，可無流入河中之水矣。其防洪能力，已不爲小。若溝洫增加，以佔地畝百分取二計之，則五公分之雨水，可以盡容納於溝洫矣。』張氏又引施氏近思錄，謂『一以隄束水，水無旁分，淤泥亦無旁散；冬春水消，淤留沙墊，河身日高，地勢日下，加岸之外，更無別法。築垣居水，豈能長久。如使淤泥散入溝洫，每畝歲挑三十尺以糞田；則以五省之地，容五省之水，水無弗容；以五省之人，治五省之水，水無弗治。」是恢復溝洫幾可解決黃河之洪水與泥沙問題矣。』然井田之制久廢，溝洫安能恢復。李儀祉氏因之另有變通辦法以補救之。其法『分田爲若干溝塍。田邊爲畔，高於溝塍。溝寬五尺，深一尺。塍寬二丈至三丈，頂面作弧形，易於耕耘。溝中可以植樹，並可栽種菽穀。雨雪水量，可以停蓄溝中。田面土壤，不致沖刷。於農田河道，均大有裨益。此可名曰溝田制。』云云。恢復溝洫，理論雖極圓滿，但只宜行之於黃河上游。若中游以下，隄身高於地面。武陟以下，絕鮮入黃支流。雖有溝洫，於黃河之防洪防沙無與也。

(丙)防止沖刷　黃河之水與沙，既係來自廣大區域，則防止土壤沖刷，實為防水防沙之根本辦法。黃河水利月刊，屢載萬晉氏防制土壤沖刷之言論。略謂：『防止土壤沖刷之主要原則，為節制水之急流，以減少土壤之移動。使大部份之雨水雪水，滲入地層或附近地面之下，以減逕流，而增地下之水。其辦法為(一)種植叢密草類，用適當方法，與農作打成一片。(二)深溝大壑，利用工程設施，藉以攔河蓄水。(三)凡險峻或過於沖刷之土地，應停止耕種農作物，以草木代之。近來各國多設防止土壤沖刷局，專司其事，成效卓著。據試驗結果，草地上層土壤，須經三千九百年之久，始被雨水移去。苜蓿地則更須五千五百年之久，而其逕流可減至百分之三強。其保持土壤效力之大，於此可見。吾國廣大土地之被侵蝕，情形極為殘酷。不獨黃河流域為然。此種現象，習焉不察，坐視國土剝蝕荒廢，同胞饑饉流亡，河道變遷，災患無已。』其言至為沈痛，此應急待研究解決之問題也。至於森林足以阻滯山洪，保護土壤，已為人所習知，無俟多贅。惟據專家羅德明氏之論斷，『二十年內，可使淮河流域森林恢復；若黃河流域，則雖二百年尚無把握，』似造林治河，急切尚未可恃也。

（丁）建築水庫　黃河水利委員會，擬在中上游黃河支流山谷中，分設水庫，停蓄過分之洪水，俾下游河槽，只容納每秒六千五百立方公尺，其餘皆蓄諸上游。渭河至少蓄百分之三十，涇河至少蓄百分之四十五，北洛至少蓄百分之十五，汾河至少蓄百分之十，此外沁洛二河，亦令停蓄若干。民國二十四年，該會主任工程師安立森氏，查勘河南孟津至陝州間攔洪水庫地址報告略云：『建築攔洪水庫，藉以防洪之法，由來已久。數百年來，歐洲各國，多用此法，其功用與有出口之湖或壩相若。大水來時，暫儲庫內，旋即自動流去。此種防洪水庫，截至今日，僅適用於流域不超過一萬方公里之較小河流。黃河流域，在平漢路橋以上，為七十三萬方公里，其最大流量，可至二萬五千秒立方公尺。但一觀流域大略相等之揚子江，最大流量可至七萬秒立方公尺。美國密西西比河最大流量可至八萬秒立方公尺。則知黃河流量，小於上述二河者約三分之一，問題本非嚴重。但黃河洪水漲落，突兀異常。而最危險之洪水，約一萬秒立方公尺，所佔時間，乃不足六十小時。全部水量，不過十一萬萬立方公尺。設於具有寬六百公尺，坡度千分之一河上，建一高六十二公尺之水壩以容納之，可以存儲無遺。而流量可節制為一萬秒立方公尺也。』又謂：『二十二年大水，由陶城埠直至於海，流量足有一萬秒立方公尺，未致決口。二十四年大水，來自河南經河北至山東境內之臨濮集，足有一萬六千秒立方公尺，又未致決口。若將臨濮集至陶城埠間，兩岸隄防，再加寬厚，則可容一萬五千秒之流量。今若於陶城埠開徒駭河，作為引河，令其容納每秒三千立方公尺之流量。一面整理陶城埠至海口間之隄身，令其容納一萬二千秒立方公尺之流量，而無危險。則攔洪水庫所蓄以經過孟津之流量，可達一萬三千秒立方公尺。兼孟津以下至平漢路黃河鐵橋間因沁洛二支流增加所入流量之二千秒立方公尺，共爲一萬五千秒立方公尺。但黃河與支流漲落，或不同時，是以流經鐵橋下之流量更少超過一萬五千秒公立方尺。再兼庫上建節制閘門，如是全河流量，總在可能範圍以內，不使超過一萬五千秒立方公尺矣。』可知黃河流量，能節制至一萬及一萬五千秒立方公尺；中下游卽無危險。民國二十四年，黃河水利委員會，擬於孟津以上七十五公里之八里胡同，建築水庫。另有孟津以上三十公里之小浪底，及百二十公里之三門峽二處，均有缺點，不如八里胡同適宜。認爲『該處石牀無落層綫，以爲庫址，極爲相宜。如建築長二百五十公尺，高五十公尺之水庫，卽可節制庫內流量至一萬三千秒立方公尺。設庫高增至六十公尺時，則可節制庫內流量至一萬秒立方公尺。如二十二年大水，經攔洪庫儲存流量由二萬三千，減爲一萬三千秒立方公尺，庫內存水，應爲七萬萬立方公尺，工料費約需三千萬元。爲數雖鉅，惟一念及下游水流之受節制，隄岸之獲安全，以及田畝村落之得保障，則此項耗費，爲不虛矣。』安立森氏報告又謂：『攔洪水庫之異於滾水壩者，以攔洪壩下，例設多數空洞，不設閘門。因黃河情形特殊，建造設計，空洞愈大愈佳。』至黃河支流，汾渭爲大。渭之支流爲涇，據李儀祉氏陝西涇惠渠工程報告：『涇河上游，歧分二股。西股名涇，北股名環。涇清環濁。環河流域，黃土層之廣厚，冠於西北。該處累經地震，原崩土裂，川遏谷壅，夏季水漲，隨流衝下，而涇河最大洪量，由計算推測，可達每方一萬五千至一萬六千立方公尺。黃河洪水與泥沙之爲患，多由於此。』黃河水利委員會，派員於邠縣上游，勘查水庫地址，認石橋頭爲最優。該處河牀窄狹，石質堅硬，如築高百公尺之大壩，亦可蓄水至七萬萬立方公尺。則其效率竟與黃河幹流八里胡同水庫相埒。此等壩工，如果實施建築，似黃河洪水與泥沙問題，已可全部解決矣。

第五節　治法中

黃河中下游，自孟津出山，至利津海口，長七百餘公里，兩岸均有隄防。被保護之面積，三十除萬平方公里，人口八千餘萬。歷代名賢所殫精畢慮者，不外固隄與分水二策。前列諸章，已略具梗概。時賢所擘畫，大體仍不能越此範圍。茲擇要分述之：

（甲）以豫河爲蓄水庫　主張此說者，爲張含英氏。張氏之言曰：『陝縣以上，既無蓄水之設備，以資攔束暴洪，則惟有賴下游廣闊之河身，以爲約制。平漢橋以下，至豫省之高村間，長約一百七十公里，隄距平均以二十公里計，則其間之面積，爲二千零四十方公里。換言之，卽二十萬四千萬平方公尺。若能普通增高一公尺，則其容積，已有可觀。』（增高二十萬四千萬立方公尺。）又謂：『就陝縣言之，假定此處以下之河槽，不使超過八千秒立方公尺之流量，以二十三年論，其上必有一萬八千五百萬立方公尺之蓄水能力始可。（二十三年，陝縣八月十日左右，流量在八千秒立方公尺時，陝縣以上之總流量爲此數。）又以二十二年大水論，則其上必有十七萬一千九百萬立方公尺之蓄水能力始可。（二十二年八月八日至十二日，流量在八千秒立方公尺時，陝縣以上之總流量。）是故如能將沿河隄身高度，作有規律之增加，亦可爲攔洪之用。其費用或較上游造蓄水庫爲省。然兩岸之灘，經一次漫流，必淤高一次，而隄頂亦必隨之而增，仍非根本之圖。』就事實言之，豫省寬闊之河身，無形之中，已成黃河蓄水及澄淸池。每年停留於陝縣至魯省濼口間之泥沙，多至二萬九千四百餘萬公噸。張氏此說，與其列爲黃河治法，無寧謂爲黃河病態矣。

（乙）一岸築隄束水攻沙　主張此說者，爲山東河務局。該局發表冀魯豫三省黃河根本修治辦法。略謂：『由豫省孟津附近起，至魯省防守下界止，共長約一千二百里。就現有隄防，採用一岸。其餘一岸，另築新隄。務使兩隄間之河槽，足容最大水量。其原有防護工程，如係磚石修築者，均設法留用。稭修者改用石塊編箔護坦，以收一勞永逸之效。至河口一段，長約九十餘里，爲全河之尾閭，宣洩之關鍵。向無隄防，任水散漫。加以潮汐頂托，淤墊益甚。每逢大汛，宣洩難暢，影響上流，殊非淺尠。急須依照上述辦法，修隄束水，並堵塞支河，逼溜沖刷，使河口之淤沙，悉入於海，則全河通暢。各工需款七千六百六十二萬餘元，二十年修治完竣，年需三百八十三萬一千餘元。三省河灘荒地四萬頃，修治後可以及時耕種，除土質不良，及栽種柳枝以備工用，約一萬頃外，其餘每年每畝收河工地租一元，可收三百萬元。三省河工歲修經費一百三十二萬元，除開支外尚有盈餘。』束水攻沙之說，由來久矣。近來頗有引爲疑問者。黃河概況及治本探討云：『當二十二年非常洪水之時，平漢橋上游河牀之沖刷亦頗甚。惟開封附近，反多淤澱之處。蘭封以下，淤墊尤多。本會水文觀測，亦頗能證明龍門潼關河牀漸淤，有恢復洪水前舊狀傾向。彼龍門以下，河牀之寬，僅六百公尺，兩岸壁削，尚且如此。故知流量含沙及河牀之縱坡，在在均與河牀之高度有關，不僅河寬而已，專事增培隄身，是否足以長保輸沙入海，維持河防於不敗，實爲疑問矣。　且新築之隄，隄綫或近河身，或當河泓，基礎能否穩固？完工須二十年之久，則在未完工前，舊河如何安頓？新工如何防守？均爲不易解決之問題。此說似尙未成定論也。

(丙)陳橋改河　與前說相似而較爲切實者，有宋澎氏之陳橋改河說。宋氏之言曰：『降低黃河洪水最上之策，莫如決陳橋大隄，引溜東北行，經封邱災區，循二十三年黃河分流之故道，沿金隄下達陶城埠，復歸於河。如是則陳橋上游之河槽，必因下游改道而刷深，洪位可驟減一丈五尺以上，無復出槽漫灘之險。陳橋現在河牀高度，爲七十三公尺，而隄外地面高度，爲六十七公尺五，即使改道後，平地不沖刷成槽，河牀已可降低至一丈五尺以上也。陳橋至陶城埠間，水行低地，南岸爲已經淤高之故道，北岸則有金隄，地勢亦較高亢。此策果行，不獨此後陶城埠以西千里間南岸所有險工，皆離河岸，可免修守。河防經費人力，專集於北岸，三十年內，豫皖蘇三省及冀魯之一部，可免河決之憂矣。』此說李儀祉氏亦曾有類似之主張，雖屬直截痛快，但按諸社會民情，殆難遽付實施也。

(丁)杜截串溝　黃河自入豫冀省境，兩隄距離遙遠，河水奔突於兩隄之間，本無一定軌道可循。故大溜所趨，朝夕異勢。當其出槽外馳，土隨水化，即成串溝。此串溝之水，直沖於隄身，則潰決隨之。故昔時每屆春修，必將串溝次第堵塞，以免伏秋引溜，貽爲大患。近年以來，惟守隄是尙，置串溝於不問。冀魯之交，屢告潰決，非無因也。冀省情形，尤爲特殊。張含英氏杜串溝說有云：『豫省蘭封而下，直至魯省菏澤，大隄間黃河歧爲三股，狀如川字。一爲大河本身，蜿蜒於兩隄之中，此正溜也。一爲順南隄之串溝，自閻潭以至霍寨，始入正河，長凡三十餘公里。其下又有串溝，忽斷忽續，以至劉莊。一爲順北隄之串溝，上起大車集，下迄老大壩，長六十公里，宛如洩水副道。正河與此順隄串溝之間，又有橫列串溝以連通之，形如葉之網絡。其大者若北岸起自豫省封邱之貫台者，注於冀界之大車集，以次而下，若雙王，若東沙窩，若吳寨，若大張寨，若鄭寨，若五間屋等處，莫不有串溝，直衝北大隄之東了牆，九股路，香里張，孟岡，石頭莊，小蘇莊，各地。又若南岸起自蘭通集者，注於閻潭下，此爲其主要者。以次而下，則又有直衝南大隄之小李莊，韓莊，樊莊，大龐莊，小龐莊，等地。每遇洪漲，正河不能容納，則由橫串溝分洩而下，直注大隄，勢如建瓴。凡遭頂衝直射之處，輒成險工，每致成災。民國二十二年及二十三年之迭次決口，皆由於此。』其言深切著明，足資警惕。主張兩隄雖不臨河，應有護岸工作，以免汛期生險。而串溝施以堵截，尤爲刻不容緩。至堵截串溝之法，張氏主張密植蘆葦以護隄根，修築土壩或透水柳壩以緩溜落淤。根本辦法，仍應於兩岸相度地勢，對築長五百或一千公尺之土壩，（或曰翼隄）則溜不近隄，串溝不致堵而復生云。此爲河防例辦之工程，亟應採用無疑者。（參觀第四十圖豫冀魯

三省接界黃河詳圖

（戊）冀魯交界開渠排水　主張此說者，爲李儀祉氏。李氏之言曰：『封邱長垣滑東明濮陽濮范壽張東阿九縣，爲古魏郡東郡地。濮滑澶諸水所經流，漢以前水患無聞。今諸水湮廢，以五千餘平方公里之地，竟無一水道，卽無河患，亦難免水災。況河患正未已耶？據張含英氏考證，長垣東明濮陽菏澤濮縣一帶，故河之遺跡極多。若濮河之自封邱流逕長垣縣北，又東逕東明縣南，又東逕濮陽縣東南，以入濮縣界，其一也。灉河自東明縣南，折而東北，入菏澤界，其二也。漆河在東明縣北門外，東合於濮水者，其三也。浮水故瀆，一說卽澶水，在觀城縣南，自濮陽流入者，其四也。古濟水北支，在東明長垣二縣南，流入菏澤。南支自儀封流入曹縣定陶者，其五也。瓠子故瀆，自濮陽縣南流入濮縣南者，其六也。魏水自濮陽流入濮縣南者，其七也。洪河自東明縣流入濮縣南者，其八也。小流河自菏澤縣流入濮縣東南者，其九也。趙王河自考城流逕東明入菏澤者，其十也。此等河道，或塞或通，或湮或存，一遇大水，必各盡其量之能容，分流下洩，而河槽益亂，串溝橫流之勢易成。今欲減除水患，惟有順數縣卑下之地勢，開一深廣之排水道，由長垣之東，經濮陽之南，沿金隄出陶城埠以達於河。排水道之容量，以能容五百秒立方公尺爲準，使平時雨水，不致聚積；萬一黃河北岸決口，則氾濫之期，可以縮至最短時日以內。至洪峯已過，則水可歸槽，無害農事。至其詳細辦法，則長垣以北至塚頭，長約五十公里，開渠出土，移塡西岸低地，培厚其隄。塚頭迤北至金隄，則留缺口無隄，其用有二：一以洩長垣西境及滑縣全境平時雨水；一以使塚頭西北金隄南人煙稀少之低區，化斥鹵爲膏沃。排水道之東岸，及濮陽以下，至范縣之南岸，可無須築隄。而用護岸方法，固定其河槽，使灘地不足者，逐漸淤高。至興工程序，宜先自范縣以下至陶城埠起。范縣以下既通，排瀉自利。濮陽范縣之間，略加鑿治，卽可排水。然後再施濮陽以上之工。封邱東部之水，本可鑿太行隄同歸於排水渠道而下。但爲免除長垣人疑慮計，可於太行隄上，留一涵洞，由長垣人司其啓閉，俾有節制。估需經費一千二百七十萬元。以每次氾濫淹沒二百五十萬畝，每畝田禾損失以十元計，則每次損失二千五百萬元。合之政府振濟，損失當在二千八百萬元。開渠工款，尚不及其半。且有永利。』此說防災興利，雙方兼顧，且可行之無弊，誠善策也。

(巳)徒駭河分水　主張此說者，爲安立森氏。略謂：『黃河洪水流量之處理，在挑挖分水河與建築滾水壩。徒駭河亦黃河故道也，由陶城埠附近分出，沿黃河北岸，平行入海。四女寺河之高岸居其北，黃河正流居其南。設不幸而決口，則局部之淹沒，損失甚小。欲使陶城埠以下正河，容納一萬六千秒立方公尺流量，則徒駭河須容納四千秒立方公尺。陶城埠以下，河身漸狹，巨量洪水，至此分而爲二，兩河俱盡量容納流量，含沙不致淤澱過甚。水流不足時，則閉徒駭水門，使水量盡入正河，藉以刷深河槽，以免水分流弱，淤澱河身之害。設正河下游出險，則兩河俱開，以減少決口流量，堵口工程，亦易着手。欲令徒駭河容納四千秒立方公尺之流量，第一段之十五公里，勢須濬深加寬，以下亦宜濬深，藉暢水流。入口處建閘費約百萬元。挖河費約數百萬元至千萬元。至其確數，必待測量完竣，始能予以估計。』自北宋以來，論治河者，皆謂河不兩行，幾成定論。徒駭分河，近世亦頗有主張者。安立森氏主分河而於入口處建築分水機關，以防其害；並謂『分水應與上游之攔洪水庫，相輔而行，則大水時水流澄清，（當洪水時，因庫內沉澱，庫下水流澄清，足可沖刷下游之河牀及河岸。）小水時關閉閘門，徒駭河無淤塞之患。』分水而能預防其害，以視前人，殆勝一籌矣。

（庚）建築滾水壩　此爲安立森氏又一主張。略謂『於山東臨濮集下，金隄官隄之間，建壩於民堰之上。洪水時由滾水壩外引水量約三萬五千萬立方公尺，使平漫於一千六百方公里之面積。計算水深，不過二公寸半，或半市尺。近隄與低窪之處，水深可達二三公尺。經一星期後，又復盡歸正河。距隄三四公里之村落，則不受驚恐。即附近隄身之村落，其房舍若爲磚基，則不至倒塌。僅損失一次秋禾，翌年夏秋，仍可收穫。此類情事，每五年始發生一次，較之因決口全被淹沒，因堵口失敗而累年不能收穫者，利害不啻霄壤。況由滾水壩引出之水，多含細沙，尚有益於農田，而費用又較引河爲省。』滾壩減水，明代潘季馴，清代靳輔，均曾權衡利害，不得已而行之，究非有利無害。當衝之民，每聞開壩，終不免震驚駭汗。此說如果實行，應善爲措置，方不致發生意外也。

（辛）固定河牀　李儀祉氏論黃河小康之策，一在降低洪水，一在固定河牀。降低洪水，前文已多論述。固定河牀，在設法控制洪水流向，不使野馬無韁，是卽歷來束水歸槽之意也。李氏嘗謂：『河流如富有彈性而長之鋼條，振其一處，則波動傳及全體。但如於鋼條中擇數點而箝固之，則波動必見制於此等固定點，而推移於其間。其波距亦變而低小。故若擇定三省黃河中數處險工段，先爲之改正，繼加以固定，（此數處爲「固定點，」或名「結點。」）則河流庶易就範矣。』又謂：『固定河牀，最費斟酌者，卽兩岸之寬度，應如何規定？此可先從改除險隄入手。去一險工，則少一險工歲修歲守之費。同時毋使發生新險工。如全河險工盡去，則全河修守之費，可大省矣。改除險工之法：一曰改緩兜灣；二曰裁灣取直。若全力以赴，卽可於二三年中，治功先見。』此外氏於黃河概況及治本探討中，述及固定河牀之法，主張設施固灘工程。略謂『此項工程，至爲簡單。只打木樁於灘地，單行或雙行，與河流方向，成七八十度之角，向上挑着。單行樁上，編柳枝籬笆；雙行樁間，添柳枝用石塊鎭壓，用鉛絲牽鎖。壩出隄面，毋爲過高，以半公尺至一公尺爲度。此種壩工，上下相距，每五百公尺至一千公尺一個。固灘壩設施後，灘地長高，河槽刷深，則繼續設施，以達預定計劃爲止。壩之兩旁及壩間灘面，多種樹木，以增效力。此外於河槽沖達至目的以後，再加護岸工程，則河牀永永可以固定。保灘之法，前人亦有主之者。吳大澂氏曾在滎澤汛立一石碑，上鐫警句曰：「老灘土堅，遇溜而日塌。塌之不已，隄以漸圮。我今築壩，保此老灘。灘不去，則隄不單。守隄不如守灘。」』李氏博洽古今，對守灘之說，推崇備至；黃河下游治導之真諦，思過半矣。

第六節　治法下

黃河海口，自來認爲河患癥結所在，應加施治者；而今人或以爲不必施治，或以爲施治可緩。潘季馴靳輔，皆主海口築隄，以水治水，固無論矣。清光緒二十五年，東撫毓賢論疏通尾閭云：『查尾閭之害，以鐵板沙爲最。全河挾沙帶泥，到此無所歸束，散漫無力。流不暢則出路塞而橫流多。故無十年不病之河。擬建長隄直至淤灘，防護風潮。縱不能徑達入海，而多進一步，卽多一步之益。』宣統三年，東撫孫寶琦言：『下游至海口，尚有數十里無隄。南高則北徙，北淤則南遷。數十年入海之區，已經數易。長此不治，尾閭淤墊日高，必致上游橫決，爲患何堪設想？臣昔隨李鴻章來東勘河時，比工程師盧法耳，建議築隄深入海深處，爲最要辦法，卒以費鉅不果。如由主治者統籌經費，分年築隄，藉束水爲攻沙之計。再購挖泥輪機，往來疏濬，尾閭可望深通，全局皆受其益。』今人張含英氏，主張尤烈。氏之言曰：『利津寧海村以下百餘里，並無隄防。自咸豐五年，河決銅瓦廂，改由今口入海以來，垂八十年。淤出灘地，每二年半約可增出一公里。按三角洲寬約六十五公里，合計約爲四百萬畝。土壤肥沃，出產多爲豆麥及花生。每年種植一次，實幹並茂。整理得法，可以裕國庫，謀生產，籌基金，備專款，進行上游之治理。』此皆主張海口應加施治者。

主張海口可以不治或緩治，提出有力之論據者，爲黃河水利委員會。該會於民國二十三年，派員詳勘海口。據勘查報告：『黃河大隄，止於利津寧海莊。寧海以下，悉爲民堰，不及上游大隄之高。北岸民堰，至雙灘以下，卽告終止。計上距寧海十五公里。南岸民堰之長，當亦相差無幾。雙灘一帶民堰，係二十二年新修，但已爲洪水損害多處。堰身高出平地一公尺半至二公尺，頂寬五公尺，土質鬆疏，且少防護。河岸高出水面，約爲一公尺。距此十五公里以下，岸高只餘半公尺。漸近河口，河岸愈低。在河口二三公里以內，遇潮水高時，輒漫沒岸地。潮退後則水復歸槽。河口太平灣之水色，已不甚濁。河口南十五公里處，水卽變清。揚子江之泥沙，出口百英里之遠，尙能見之。若以洲灘爲中心，則泥沙之沈澱半徑，可定爲十五公里。惟當風浪大作時，被濱海潮流，攜之較遠者，不在此例。又夏季洪水大發，其半徑增大，可至二十五公里。利津以下，洪水比降漸陡。由寧海至河口，其平均降度約爲六千五百分之一。灤口至利津，約爲一萬分之一。其最下之三十公里，比此數更大。距河口二十公里處，其比降爲五千七百分之一。此誠世界河流中特殊情形。蓋普通河流之比降，愈近海口則愈平緩，而黃河反見陡峻。河水至此，便如入海。雖覺稍淺，然儘可放寬。尙有何不暢之可言？至於小龐莊石頭莊等處之決口，決不能歸咎於尾閭之不暢。因在此等處決口時，洪水之前波，尙未達到濟南，遑云海口？就現狀言，若河口進展至甚遠，比降縮小至有礙上游水流時，爲時至少亦須三百年也。故方修斯氏以爲海口工程，與治河宏旨，無大關係。安立森氏亦持此議。海口工程，不須多費。

』黃河概況及治本探討云：『將人擬在利津以下，接築兩岸河隄。此隄若接築至海潮不至之處，只須能容納自上而下之洪水，別無問題。若繼續築至海潮界內，則隄之距離方式，俱當研究，不可輕率從事。本會以爲利津以下，不用築隄，而在兩岸多植檉柳，或其他土宜植物，使兩岸逐年淤高。較之築隄，或更堅實。』

若是，則海口竟可不治矣。

安立森氏謂：『黃河海口三角洲，每十年可延長二公里有半。弧綫達一百公里。設口門定於一處，則該處延長迅速，每年可達一公里。河既歸於一槽，兩岸保護工程，亦須迅速完成。不惟事實上不可能，抑亦經濟上所不許。且河身愈延長，坡度愈趨平坦，將使上游河槽，更爲難治。是不若一仍現狀，令三角洲自由淤墊。將來徒駭河工程完成，淤墊情形，更當良好。惟爲謀便利墾殖計，莫若自鹽窩起，建造大隄，至距海岸三十公里止。藉以範水中流，可墾之地，約有四百萬畝。』

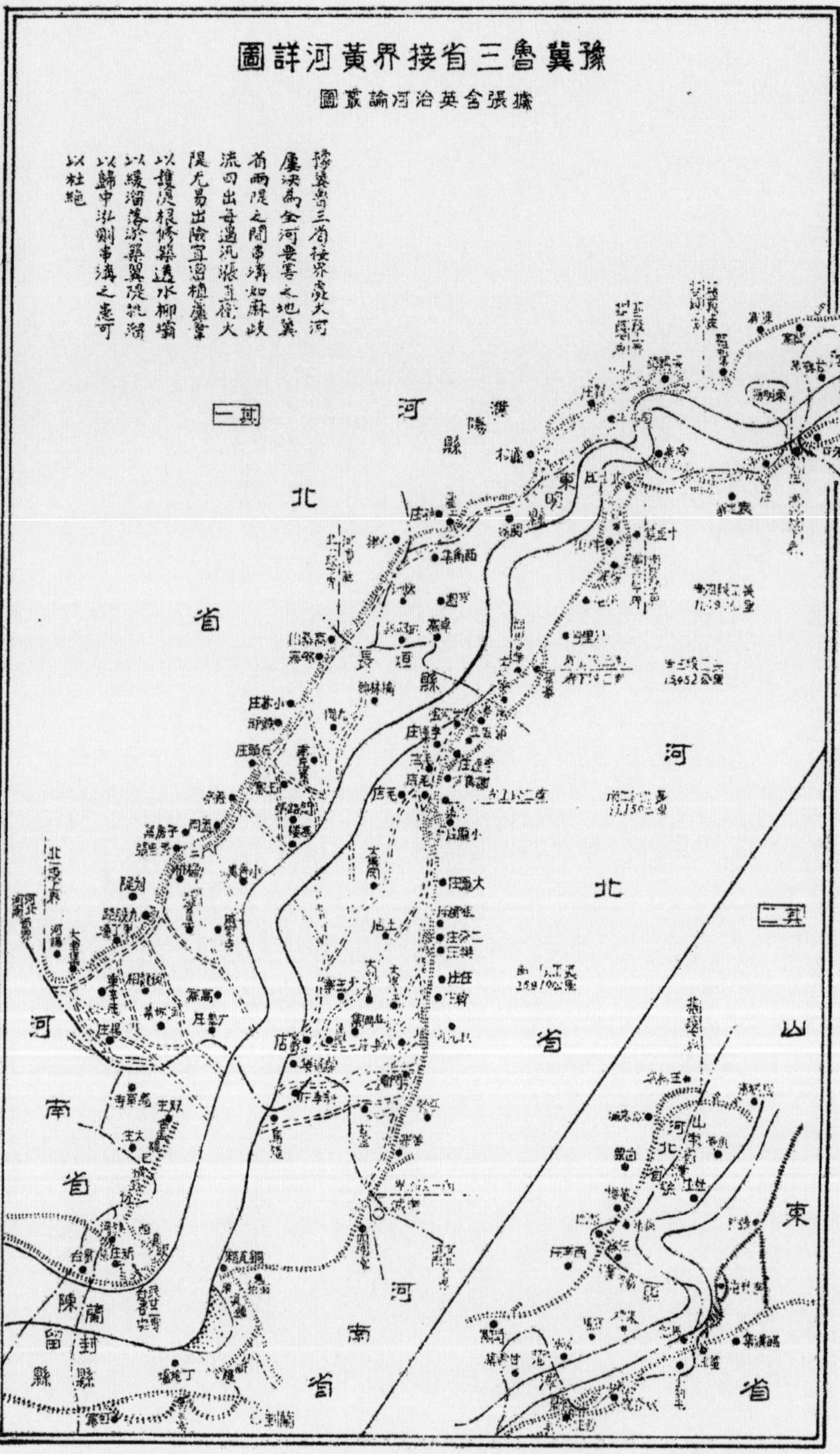
豫冀魯三省接界黃河詳圖
據張含英治河論叢圖
豫冀魯三省接界處大河屢決為全河要害之地蓋首兩隄之間串溝如麻歧流四出每遇汛漲直衝大隄尤易出險宜密植蘆葦以護隄根修築透水柳壩以緩溜落淤築翼隄挑溜以歸中泓則串溝之患可以杜絕
河北省
濮陽縣
東明縣
長垣縣
河南省
山東省
陳留縣
蘭封縣

第十一章 結論

黃河爲中國患，四千餘年矣。自大禹以來，聖哲輩出。或胼手胝足，櫛風沐雨於河干；或苦思力索，鈎稽研討於斗室。顧一治一亂，若循環然。賈讓王景，分水殺勢；潘季馴靳輔，束水攻沙；雖各持之有故，言之成理。然而河流無百年不變之形，施治無一成不易之法。外國學者，參加研究，作黃河治導試驗。恩格斯氏，主張固定中水位河槽，方修斯氏主張用窄隄，費禮門氏主張用丁壩。我國學者，認爲疑點尚多，未便遽付施行。甚矣黃河根本治導之難也！然理窮則自渾而劃，事治則自粗而精。治河方略，自不與水爭地，進而築隄束水；自防護中下游，進而荒度海口；又進而經營上游；此皆先民積多年之經歷嘗試而後得之者。今日黃河之防災問題，簡略言之，治本在上游；治標在中下游；至於海口之治導，抑其次也。而上游之根本治導，目前以技術，經費，人事等問題，尚未能遽付實施。則今日之治黃，仍不外維持現狀，從事於中下游之治標而已。

黃河中下游現狀，民國二十三年黃河水利委員會曾派許心武安立森等勘查，所具報告甚詳。雖今昔形勢小異，而大體無變，足爲維持現狀有力之參考。附錄於後，亦即該會一面維持河防，一面進行有效治導之微意也。

附黃河水利委員會勘查下游三省黃河報告

黃河自孟津以下，河流紆迴曲折，遷徙靡常。兩岸大隄，有窄僅一二公里者，有寬及十五六公里者。或強爲束制，或遙爲攔約，極參差不一致。迨去年大水，奔騰衝激，河流形勢，益趨斂壞。而豫冀兩省，漫決口門，都五十餘處。雖已由黃河水災救濟委員會，事後堵塞。而堤岸之卑薄者，亟宜加培；埽壩之殘缺者，亟宜修復。本會負治河專責，爲目前規劃善後工程計，並爲他日妥籌治本工程計；經將潼關迤東以迄海口一帶，迭派副總工程師許心武，暨主任工程師安立森，工程師蔡振陸克銘周承濂許寶農劉秉鐵，副工程師鄭耀西甄雲祥許懋榕，分途履勘。舉凡豫冀魯三省河流形勢，及南北兩岸隄壩狀況，俱經周歷勘查。茲依據勘查所得，繕具報告如左。

一　河南省

河南省南隄，自廣武保和寨迤東，經鄭縣中牟開封陳留縣境，至蘭封邊界爲止，長約一百四十公里。河南河務局上南分局，轄滎澤汛鄭上汛鄭下汛中牟上汛中牟中汛。下南分局轄中牟下汛祥河上汛祥河下汛及陳蘭汛。北隄自孟縣逯村迤東，經溫縣孟縣武陟原武陽武封邱開封縣境至陳留之西壩頭，即咸豐五年銅瓦廂決口處爲止，長約一百七十五公里。上北分局，轄孟縣溫縣武陟武滎等汛。下北分局轄原陽陽封開封開陳等汛。每汛所轄工段，長短不一，視險工多寡以爲決定。清代屢有改易。民國以來，又已異於從前。茲根據最近狀況言之：

豫省河工隄堰埽壩，交互爲用。河水臨隄，廂護抵禦。凡隄前有灘之所，多於灘上修築土壩，儲存料石。一旦臨河，隨時拋護。又以稭埽易朽，減埽增壩，逐漸施行。沿河工段，除黑岡口尚有數段稭埽外，其他工段，稭埽極少。埽壩各工之高度，均以高出洪水位爲標準。黃河水位，詢之老於河工者言，自銅瓦廂改道以來，歷年伏汛期間，最大漲落，少有超過二公尺之時。去年八月大水，陡漲四公尺，爲從來所僅見。以致沿河壩垛，多數漫墊。沙灘壅積，幾與水平。迨至水落，壩垛護石，間被埋沒。河槽刷深，寬僅半里，頗爲齊整，似有天然治理之勢。惟以新淤沙灘，土性鬆浮，經水衝動，逐漸坍場而淤墊河內。目前河寬，約一二三里不等，沙洲滿佈，已復散漫，仍在繼續坍場淤墊之中

滎澤口至花園口間，隄工逼近大河。該處存有少許老灘，純係流沙。隄身亦爲沙質。隨風吹動，高低隴伏，殘破不堪。原有土壩數道，現以臨河，於迎水一面護石抵禦，頗爲得力。岸上存石，寥寥無幾。加以去年上游鐵橋拋石護

磯，大溜過橋後，似有南趨之勢。亟應趕運料石，以備搶護。（按花園口於民國二十六年，被軍事破壞決口，尚未堵復。）

鄭縣大隄，故多險工，今已平緩。惟光緒十三年鄭工決口處，隄外深潭，依然存在。祇憑一縷單隄以為防護。堤內新灘，土質疏鬆。一遇大溜淘刷，立可逼近隄根。

中牟上汛楊橋口以下，一段臨河險工，甚為吃緊。隄身卑矮。去年大水時，僅高出水面一二尺。亟應加高，以免漫溢。中汛二三堡，正臨大溜，隄外地勢低窪，一線單隄，尤為危險。舊有圈隄一道，據云已由官產處賣出。似應收回，重加修補。下汛二堡，原為險工。大隄純係沙質。民國十八年九月二十四日，大溜南折，坍陷不已，距大隄僅四五尺。幸賴當時盡力搶護，未致意外。至十九年九月，始將此處培修完整。三四年來，未生大險。現時河距隄遠，新灘甚高。惟土質鬆沙，易於塌卸，仍應隨時注意。

開封黑崗口隄工，東西長十餘里，屬祥河上下兩汛。據開封省城之上游，明季李自成曾決此以灌開封。大隄向內環抱，成一弧形。隄外為多年水塘，水深一二尺至十餘尺不等，終年不涸。水面較河水低下丈許。倘有潰決，直注省城，歷代視為險工。有清一代，工款充裕，寬籌料石，廂築埽壩，沿隄外緣，幾無虛隙。民國多故，河工廢弛。去年大水，全河告警，賴有舊存石料，盡力搶護，未致潰溢。河勢變化無常，上提下坐，已由祥河上汛十九堡，移至祥河下汛三堡。二十二年十二月三日，三堡二壩，大溜頂衝。壩前護石，坍蟄十餘丈。目下河溜，由此趨向東北，存工料石，現已無多。亟應即時趕運，以免汛期束手。水塘之南，原有越隄一道，年久失修，殘破異常，業經官產處出售。民國二十年夏季，塘水外溢，全城驚恐。二十一年，由河南河務局，擬具計劃，請國民政府水災救濟委員會撥助振麥二百噸，河南省政府撥洋三萬元，大加修補。比較大隄，仍低丈餘，似應加高培厚，以為省城之重障。黑崗口以東至柳園口附近，民國十六年臨河，十七年曾數次搶險。隄外尚有少許老灘，即於灘崖廂築埽壩。現在亦不臨河。迤西土壩，建有機房一座，內裝汽油機抽水機各二。由此吸水，灌溉隄外民田。係於民國十七年設置。惟溜勢時有變遷，應用之時甚少。隄上堆積大批鐵管，大隄內外，各建水池，擬用虹吸管引水，下通惠濟河，以灌民田，為建設廳所築。目下隄內進水池，已為泥沙淤平，河去隄遠，能否引水已屬疑問。

自柳園口至蘭封之三義寨，工長九十餘里。隄身高約四五尺，土質疏鬆。因係背工地段，久經失修。致因風雨侵刷，水溝土坎，觸處皆是。並為載重大車，往來輾軋，橫過隄身，壓成深槽。亦有地段毗連沙崗，隴伏不平。或被村民劃削堤脣，從事耕種。甚至戰時濠溝，依然存正。殘破不堪，靡復隄形。隄內老灘，高出隄外地面一二三丈不等。若逢盛漲漫灘，則勢若建瓴，極爲危險。現在大河瀕北岸東注，老崖距南隄由二三里至十餘里不等。去年大水時，老崖雖間有漫流，幸距隄尚有里許，未致漫溢。

三義寨附近之夾河灘村一帶，原有石壩三座。第一壩爲人字壩。人字壩上首原有石垛二個。一二壩間，原有石垛四個。二三壩間，原有石垛兩個。距河百十餘丈。大河多年，未曾近沿。十九年七月三十日，河流陡變，水勢南圈，嫩灘日見坍卸。截至八月一日，第三壩方始着河。當用存磚拋護，未致意外。現以逐年衝刷，復經去年空前大水，第二第三兩壩，及各石垛，已無形跡。人字壩亦被衝塌二十餘丈。迤下多年之老灘，塌去寬四十餘丈，長五百餘丈，大溜緊靠灘崖，形成大灣。黃河故道，正與此灣衝接，大有傾入故道之勢。

由此過大沙堆，地勢漸低。至黃河故道，去年決口處，尚存甚大深塘，口門業已堵塞。此處自咸豐五年銅瓦廂改道後，故道淤墊。爲防南溢起見，築有南北隄一道。（名小新隄）因地質多沙，歷經風雨剝削，隄身頗已殘壞，南端已成缺口。民國二十年，河水曾由此溢出。當經勘估，請由國民政府水災救濟委員會，撥助振麥一百噸，由河南河務局修築。去年大水，復被漫溢，致成決口。長約百丈。旋即排淤斷流。水塘之內，口門前後，先用蔴袋實土，堆砌土埂兩行。然後分格填土，擠出積水，再堆沙土築成隄形。並於外緣包淤。附近隄工，亦加整理。本擬加修石工，現時尚未着手。又大河自西而東，由此折向正北。至東壩頭，復折向西北，成一兜灣。新堵口門，正當頂衝，土質疏鬆，斷難抵禦。夾河灘村壩垛，應即修復。或並添築石壩，挑溜北行，平緩水勢，以紓隱患。（民國二十五年，黃河水利委員會，於蘭封小新隄上游，辦丁圪壋護岸工程。四月開工，五月完竣。）

考城民堰，在考城縣西八里許，實則尚在蘭封境內。南起袁寨舊隄，北迄范莊，與河北省境大隄相銜接，長五里許。向由考城縣政府僱工巡守。清光緒二十年六月間，曾被衝決。經請款堵塞。就口門西面，修築月隄一道。祇以土質鬆浮，不能持久。去年伏汛，此處隄身已現險象，未及培修。迨至八月十日，水位突高丈餘，遂致潰決，勢甚洶湧。口門逐漸擴大至三百公尺，旋即挂淤斷流。然水塘尚深八公尺。原擬用埽廂做兩行，中間填土。復以需款過鉅，改由隄外另築新隄，南起郭營舊隄，北至口門以北民堰止。工長二千二百二十三公尺。堤高四公尺。頂寬八公尺。內外坡均爲一比三。堤身用土堆築，外包淤土一公尺。民堰北端，隄身單薄，長約一千二百公尺，一並加寬四公尺，坦坡爲一比二·五，現已竣工。

豫省北隄，起於孟縣西南曹坡村。至溫縣張莊，約三十七公里。其在孟縣者，長十五公里。隄頂寬平均三丈左右。曹坡村之大王廟附近最寬，約四丈。海頭附近最窄，約二丈零。隄頂高出隄外平地三四尺至一丈內外不等。大體與去年洪水位相平。間段高出二三尺，亦或不及。如賈營至善莊間，多築有子堰。但往往就隄取土，甚爲不當。自隄頭至東化工，均有石壩埽護岸，尚完整。東化工以東。隄外灘地漸寬。間有串溝，逼近隄根，甚足爲患。溫縣界迤東至善莊十里間，去年八月，漫潰十八處，口門寬四五十公尺不等。最寬者一道，百餘公尺。潰水挾漭河東行。至張莊以下，原以地勢略高，隄遂中斷。間有卑矮民堰，已被洪水蕩平。由此倒漾之水，與上游潰水，連成一片，月餘始消。決口現已堵塞。

由小賈堡至解封，約十一公里，隄身尚高厚完整。並有石壩埽護岸，亦尚完整。解封以下至沁河口，約四公里，係民堰，較官隄稍卑薄。

沁河下游，黃河大隄，上接沁河東隄，隄高十五六尺至二十餘尺不等。頂寬二十五尺左右。隄身堅實整齊。其附近沁河一段，長約五里，頂高二十六七尺。客秋黃沁同時暴漲，水已漫溢隄頂。此緣沁河口淤澱，宣洩不暢，下注之水，受黃流頂托所致。迤東至平漢路橋，正隄高祇十七八尺。其南另有月隄一道，頂寬與正隄相若，而高逾正隄丈餘。河流經此，旁受沁水來源，南被邙麓遏阻，大溜即折向北行，逼近北岸。去年洪水位，祇距隄頂尺餘，設有疏虞，隄北形勢低窪，橫流即可奪漳衛趨津沽。故此段隄防，爲豫境北岸最重要者。平漢路以東各隄，高均一丈六七尺，隄身除馬營滎澤兩月隄外，頗多剝蝕。姚村夾隄一帶，農民且在隄上耕種。惟河面至此展寬，水流弛緩，隄距河邊達十六七里之遙，故去年最高洪水，祇高隄根三尺，其險夷情形，與上段迥別。

在廣武西界至原武黃莊一段，正隄之南，尚有月隄。隄身卑薄坦直。黃莊至胡村舖一段，高二丈七八尺至三丈不等。隄身寬厚，而多彎曲。自胡村舖起，隄由東南折東北，行至原武之柳園迤東，隄高逾三丈，溝窩甚多，頗欠完整。隄南土壩，鱗次櫛比，其頂窄者二丈，寬者七丈，顯係當年臨河要工。但今昔情形迥殊，全汛隄防，距河近者十二三里，遠者十七八里。去年最大洪水，祇原武城以西一帶低窪灘地，曾被漫淹至隄根爲止。灘內村莊密佈，土壤肥沃西隄外之地，因較灘地低一二丈，水無所洩，多成斥鹵。

陽武及封邱兩縣境內，大隄經臨河險工。安莊至王莊一段，距河最近約三四里。其餘自八九里至十四五里不等。全境隄身，頗多毀壞，尤以張莊至三里莊間之二十五里爲最甚。惟荊隆工寨往東，隄身坦直完整，頂寬五六丈，爲北岸各段冠。

開封北岸大隄，在陳橋迤東，北倚卑窪水塘，南當大溜頂衝。去年大水時，開封北汛十九堡各埽埰，多被沖毀。現雖經河南河務局修復，但埽身不大，鑲石太少，恐難持久。二十堡隄身卑薄，幸賴南坡灘地之上，滿植柳樹，免爲急溜嚙蝕。但去年大水，已逾隄頂，應及早培修，以策萬全。開陳北汛頭堡以下，漸生高灘，距河較遠，洪水不致逼近隄身。惟隄北地勢低窪，西埽頭以北無大隄。去年洪水，即由此泛濫倒灌數十里，平地淤高三四尺，良田盡成瘠土。西埽頭與河北省北岸大隄之間，應接築大隄，連成一氣。（黃河水利委員會，計費與修貫台至孟崗之貫孟大隄，分東西兩段。西段自貫台至雙王之十二公里，已於民國二十四年，九月先行修築完成。）

二　河北省

河北省南隄，自豫冀交界之婁寨東北行，經長垣東明濮陽縣境，至冀魯交界之劉莊止，工長六十餘公里。婁寨至謝寨，爲南一段。謝寨至蔡寨爲南二段。蔡寨至冷寨爲南三段。冷寨至劉莊爲南四段。段各設辦公處，轄工長十餘公里。南一段最長，轄二十餘公里。皆十餘堡或二十餘堡不等。北隄自長垣大車集，接築舊太行隄。經河南滑縣，河北濮陽，山東濮縣，至耿密城爲止，工長九十二公里餘。自大車集至長垣滑縣交界之高桑園爲北一段。自此入滑縣境，河南省築隄一段，名老安隄，長八公里。自老安隄北端之後小渠集至西魏司馬，爲北二段。自西魏司馬至馬屯爲北三段。自馬屯至冀魯交界之耿密城爲北四段。其中梨園附近隄工一公里餘屬濮縣，亦歸河北修防。各段轄工長六公里至三四十公里不等。在豫冀之交，隄間距寬至二十五公里。至謝寨以下，始漸縮至十公里左右。當銅瓦廂決口之時，方值軍興，未遑善後。已而北道南道之議，頗起爭執，既未塞決，亦不築隄。地方人民乃激水築堰，遙爲攔約，藉以保護農田。今猶仍其舊狀也。

南隄往昔僅郭寨至劉莊一段，工長六十二里。郭寨以上至豫冀交界之一段，原係民堰，乃山東曹屬八縣所築，俗稱山東隄。修守之事，向由山東任之。嗣因地屬河北，於民國十二年，由冀魯兩省商定，每年工程費各擔半數，計洋九千餘元。十三年，兩省攤款加修一次。嗣後山東即未攤款。以患在魯境，河北方面，亦置之不問。累年失修，遂殘破不整矣。十七年改歸河北河務局，現屬南一段管轄。隄面尚寬，樹株亦茂。惟隄頂卑矮殘缺，設遇暴漲漫灘，雖屬背工，亦殊危險。故隄身有整理之必要。至南三段雙井村以下十三堡至十五堡一帶，隄身卑矮，去歲盛漲時，隄頂漫水，勢甚危急。經竭力搶護，僅免出險。

長垣南岸決口，在二分莊。潰決原因，由於隄旁串溝吸溜。上年洪水暴漲，衝激愈猛，遂致潰隄橫流。經由東明及魯省菏澤鄄城鉅野嘉祥諸縣境，入昭陽湖。一月後掛淤斷流。經於口門之外，加修圈隄一道，長三〇八七公尺。築成以後，因隄址泥土，飽涵水分，一部分即告墊陷，復加土培築至原定高度。二分莊迤東至劉莊，隄工情形，尚屬良好，並無臨河險工。惟劉莊及魯境朱口一帶衝要。以河流自西北而來，折向東北，正當頂衝，形勢險惡。南岸險工，以是為最。目前有埽工二十餘座。石壩磚壩各四座。築壩地段，長約一公里。正溜搜邊淘刷，第七壩最當衝要，尤為緊急。一有險失，則以上磚壩，勢必相繼坍卸。亟宜在上游灘地，開鑿引河，將大溜引向中泓，方能殺險。

北隄起自大車集，銜接太行隄。（明弘治間劉大夏築太行隄，西起太行山麓，東迄徐州，以為北岸重障，使河不得北趨病運。銅瓦廂決口，潰水衝斷太行隄，趨大清河入海。）豫省北隄終端之西壩頭，在其西南，相距可三十里。其間無隄。去年洪水，由此倒漾，迴注北隄之北，與太行隄之南，一帶農田，均被漫淹。且太行隄久已廢棄，缺口甚多，漫水因之越太行隄而北，長垣亦被波及，損失甚重。此段亟應築隄聯接，俾兩省隄防，連成一氣。（詳前註）自大車集東北，至石頭莊，五十里間，北隄因高度不足，去年洪水時，到處漫溢決口，多至三十處。事後除石頭莊第三十口門外，皆已排淤斷流，先後堵塞。惟土質不佳，黏土成分甚少，土工做法，亦甚草率，並未層土層硪，亦無從取土包淤；祇有以後併歸善後工程，另求補救之法。香亭附近，因洪水漫淹，隄內外皆已淤高一丈左右不等，與隄頂相齊；僅恃隄坡柳樹，辨得隄綫所在。二十九號口門，係以柳枝編籬，上蓋土方，似較穩固。沿隄五十里間，隄頂外沿，極多殘缺。或已毀去一半，牽在隄內，據聞皆洪水漫溢後遺留嚙蝕痕跡。此段隄工之修復，在善後工程中，最為切要也。

長垣北岸，淤積土層，黏土成分，不及南岸二分莊。而北岸第一口門至第二十九口門，土質亦依次轉劣，淤積層亦益厚。可知當時水勢，大溜趨向北岸。而香亭石頭莊一帶，尤為水勢所集中。石頭莊口門，為長垣北岸第三十決口。聞去年八月，初被盜決，未及堵復；而洪水大至，遂於十一日，成不可抵禦之勢，口門漸沖漸闊。據本會去年九月間，派員測量結果，寬三百二十五公尺，中泓水深六公尺餘，水面流速，每秒約二公尺。越口水量，約佔全流三分之二，以後且益深益急，至於完全奪溜。由此經滑縣濮陽，入山東境，循金隄之南，經濮陽范縣壽張陽穀至陶城埠，仍歸正河。三百六十里間，儼然成改道之局勢矣。

石頭莊決口，口門深廣水流迅疾。就地堵塞，施工匪易。乃於石頭莊之南，馮樓灘崖着手。馮樓左近，當時水漫灘地，歧爲四口。其第一口第二口第四口，均用挂淤法堵塞。法先簽釘木樁，上聯橫木，掛以柳枝。黃水遇此，力散勢消，含沙澱積，遂致斷流。其第三口門，寬三百十公尺。當時水尚較淺，正待用同法堵築，因主事者主張不甚一致，稍衍時日。其後水流集中第三口門，口門跌塘，愈刷愈深。當勘査時，闊達十餘公尺，沉船一艘，僅露桅稍。經於上游灘地，開鑿引河數道，挑溜歸入正槽，以分其勢。並由兩岸展築柳壩，並用磚籠石塊，層層壓緊，不使浮動。西壩先成。東壩開工較遲，進展較難，爲防止凌塊急流衝激受損，乃加用出號大樁，簽入河底，束夾壩身，藉資抵禦。仍因凌汛湧注，猛力衝激，致中泓樁工一部折壞，留金門二十餘公尺。三月十七日下午，搶堵合龍。（水利月刊黃河堵口專號作三月十八日合龍）只餘石頭莊一帶隄工，尚待修復。

由石頭莊東北至高桑園，沿隄柳樹成行，根株盤結。惟滑縣老安隄，殊嫌單薄，又未種樹種草，維護隄身，勢甚危險。自小渠集迄壩頭鎮，隄身均尚高厚，樹木亦甚茂密。自壩頭鎮之東，隄名老壩頭，寬厚異於他處隄工。乃民國四年，濮工合龍處。先是二年河決濮陽習城集，北京政府派徐世光督辦堵塞，廂埽進占。三年，旣塞復決。四年復堵合之。並將大隄培厚。大隄之後，又築圈隄一道。大隄圈隄之間，則築格隄。前後用款三百萬元。工竣後，工人聚族而居，遂成市集，是爲壩頭鎮。河北河務局公用房屋，亦濮工餘款所建。

老壩頭盡頭處，適當黃河座灣，有磚壩多座。磚壩築法，以磚塊疊成壩身，其上覆以磚籠。壩身上下，並以鉛絲網絡之。又以鉛絲纜繫結於隄邊木樁。萬一大溜淘刷壩底，基礎空虛，則寬放鉛絲纜，俾磚籠隨之沉下，護壩卽所以護隄也。因有網絡，可免坍陷。南岸劉莊，亦同此製。聞試行結果，甚爲著效。此地距產石之地甚遠，運石濟用，價格奇昂，且緩不濟急。代以磚塊，採買旣便，價格亦廉。昔栗恭勤嘗謂：『一方之磚，僅及石價之半，而功用倍之。』蓋以石方多隙，磚乃實體。惟質料較輕，是其缺點。磚壩形式甚多，如何審擇去取，亦大可研究之問題也。附近有涵洞多處，原冀於黃水盛漲時，引水以灌淤因慮掣溜，從未啓用。且以麻袋緊塞口門，過分持慎，殊不必要。

自壩頭鎮以下，北隄除老壩頭外，河流距隄甚遠，並無臨河險工。去年洪水漫灘，間及隄趾，水不甚深。如非上游決口，水位高度應不止此。官守隄線，至冀魯交界之耿密城爲止，以下則爲山東民堰。官守金隄，距民堰尚遙遠也。

三　山東省

山東省南岸，自菏澤朱口迤東，經鄄城范縣鄆城壽張陽穀縣境，暫止於壽張十里堡，工長一百十五公里。其中雙合嶺至董莊一段，十餘公里，屬河北境，劃歸山東修防。十里堡以下，河流經行東平東阿肥城平陰縣，以南岸接近山麓無隄。再起於長清宋家橋，經歷城章邱濟陽齊東靑城濱縣蒲台縣境，至利津甯海莊爲止，工長二百二十公里。北隄自濮陽高隄口迤東，經冠縣范縣壽張陽穀縣境，至東阿陶城埠，是爲金隄。再自陶城埠經平陰肥城長淸歷城濟陽惠民濱縣至利津鹽窩村爲止，工長四百十五公里。山東河務局，仍按從前上游中游下游地段，劃分第一第二第三總段。總段轄兩岸分段。分段轄工汛及防汛。玆列之如次。

第一總段（設十里堡。）

南岸第一分段（設董莊轄朱口至十里堡。分工汛二，防汛四。）

北岸第一分段（設范縣。轄高隄口，至東阿張秋鎭。分防汛二。）

第二總段（設濟南。）

南岸第二分段（設歷城小鲁莊。轄宋家橋至田家拐子。分工汛一，防汛二。）

北岸第二分段（設長淸官莊。轄張秋鎭至長淸韓二莊。分工汛一防汛三。）

北岸第三分段（設齊河。轄韓二莊至歷城鵲山，分工汛二防汛三。）

北岸第四分段（設濟陽東關。轄鵲山至濟陽桑家渡。分工汛二防汛三。）

第三總段（設惠民淸河鎭。）

南岸第三分段（設濱縣蝎子灣。轄田家拐子至蒲台董家。分工汛一，防汛三。）

南岸第四分段（設蒲台王旺莊。轄董家至甯海莊。分工汛二，防汛三。）

北岸第五分段（設惠民歸仁鎭。轄桑家渡至濱縣張肖堂。分工汛二防汛三。）

北岸第六分段（設利津宮家壩。轄張肖堂至鹽窩村。）

鄄城南隄，北距高隄口金隄，可三十五公里。至黃花寺隄間距漸縮至十二公里左右。十里舖隄間距七八公里。隄間地面寥廓，而土地肥沃。故居民又臨河築堰，以衞農田。兩堰相距四公里至六公里不等。或堰內更築一堰，甚欠規律。十里堡以下，兩岸亦有堰，相距才一公里許，至陶城埠爲止。齊河縣城以東，隄距逼窄異常，亦僅一公里左右。夾岸壩埽相續，藉資障禦。津浦路橋以下，隄距稍寬。而南隄多灣曲，易因坐灣生險。利津以下，隄距最窄，幾不足一公里，無故溢決。至瀕甯海鹽窩以下，尚有民埝，甚卑薄，亦極無規律，水發輒潰。蓋自黃河由利津入海以來，不過八十年。入海之道屢易，民力固不足為久遠之謀，抑亦不必為之也。

朱口居劉莊險工下游，河流自劉莊折向東北。低水位時期，朱口隄內，尚露灘地。若逢盛漲，則搜根淘刷。該處險工，頓行緊急。此段工長三百丈，有壩七道。如全工改用石護岸，較為安全。自朱口至董莊，隄工俱欠高厚，亟應加培。

董莊河流形勢，來自西南。經過險工，折向正北，成一大灣。李升屯正當頂衝。民國十四年，李升屯民埝決口，潰水泛濫於大隄之北與民埝之南。東注黃花寺，流入正河。比因李升屯決口，久不能合，來源傾瀉，厥勢甚猛。於是黃花寺隄工，亦潰決十餘里。橫流經山東運河諸湖，入江蘇境。十五年，兩處決口，先後堵塞。自朱莊至黃花寺間，當時以舊隄附近，積水甚深，不可施工。乃越出舊隄，另築新隄，堵合決口。長可二十里。江蘇並協助工款二十萬元。故有江蘇隄之稱。第以工款不足，新築隄工，甚形卑薄，難禦洪流。去年大溜，雖從石頭莊北趨金隄，南岸初非險要；然洪水且越民埝，從舊隄斷處，侵及新隄；黃花寺合龍處，隄身發現橫裂，甚為危險。蓋隄下舊埽，久經腐蝕，侵水以後，不無變化，故隄身隨之墊陷破裂也。勘查時，新舊隄之間，積水甚多，迄猶未退。此段隄工，殊有加培必要。董莊至朱莊一段大隄，約七十公里。除鄭營附近外，均尚高厚堅固，土質極佳，樹木亦甚茂密。

山黃花寺東至雷口，河流自北來折向東去。雷口當坐灣之處，有丁壩十餘座，以資捍禦。再東至十里堡，南隄至是告一段落。然猶接築民埝二十餘里，至陶城埠對岸之楊剛為止。甚卑薄，且土質疏鬆，不可禦水。去年洪水自石頭莊越北隄，循金隄之南東行，故自小廟莊至十里堡，正流微弱，幾至不流。十里堡以東至齊河縣宋家橋無隄。宋家橋至濼口一段，隄工甚完整。河身既窄，溜勢自猛。沿隄臨河險工極多，壩埽護沿，皆用石疊砌，甚為堅固修整。

濼口以下至胡家岸間，約七十里。隄身屈曲，屢遇兜灣，雖有護岸石工，未為萬全。此地密邇省會，防護宜周。隄南臥牛山至吳家寨間，故有舊隄一道，今已斷續不完。如加修整，可為重障。王家梨行，有山東建設廳虹吸管一座，用以吸水淤田也。管線以稍短，致進水口接近隄身。鑿池取水一經淤墊，則失其效。實則低水位時，不宜取水，以致減弱河流也。隄外給水排水各渠，尚未興闢。

自胡家岸至北趙家，約百里，並無臨水險工。隄身亦高厚。隄頂高出洪水位約一公尺。長福鎮之北，灘崖有齊東舊城。光緒二十四年，城崩陷入河。今可見者，祇南城一小部份。河崖尚遺有磚塊瓦礫甚夥。魁星樓拱門，高出地面崖五尺，可知平地淤高，應不下一丈也。北趙家河灘，原亦甚寬。近年溜勢南趨，漸成頂衝，灘地猛削。山東河務局建有柴土丁壩五座，下脚均拋石塊，以資捍護。去年大水，低於隄頂約二公尺。現在雖係險工，可望無虞。北趙家以下，河身復漸北移，沿隄並無險工。約七十里至蠍子灣，大溜逼近南岸，又為險工所在。此地俱用埽工護岸，以距產石之處太遠，運費過昂，石工建築，所費不貲。益東抵道旭大溜斜射，沿隄築有稭埽工及柳箔。柳箔做法，先於外沿簽釘木樁，而以柳枝編籬，附着樁身。其裏面鋪疊柳束，實以泥土。樁脚拋壓碎石。沿河柳株極多，就地取材，最為廉省。道旭迤東至西馮家東馮家，隄身坐灣，正當頂衝。沿隄二千公尺，均做埽工，兼拋碎石護岸。三十餘年前，河流緊逼北岸，故淩裴樹新王莊等村莊，皆在南岸。自溜勢南徙，西馮家東馮家以迄王旺莊，皆憑險要。再東至圈里薛家，護灘寬達五百公尺，原非險工。近因河流南趨，河灘逐漸坍塌，為固隄身計，似應作護岸工程，以為預防。再東至閻家，隄皆齊整，均屬平工。閻家以東至甯海莊，本為民埝，近年改歸官守。去年大水，沖毀之處甚多。勘時，此段隄工，皆已新修，頂寬尚合度，隄坡仍嫌過陡。惟卞家莊王家院二小段，尚未修竣。張莊至甯海莊一段，長五里，隄身卑矮單薄，頂寬僅二公尺左右，亟應加培。甯海以東，村民仍展築民埝禦水，然益趨卑矮矣。

冀省北隄，終於耿密城。而山東北隄，則起自高隄口。一在西南，一在東北，相距約三十公里。濮縣縣城，處大隄民埝之間。濟南至此，向時逐日有長途汽車往返。自石頭莊決口，洪水奔注而下，濮縣縣城，三面環水，交通橫阻，濮縣縣政府，遂遷於高隄口以東五公里葛樓附近之古雲集。長途汽車，亦止於是。葛樓以東至范縣，水面較仄。范縣至壽張一段，水面驟寬，有達二三十里者，舉目遙矚，茫無際涯。樹林村落，皆在水中。過張秋鎮後，水勢又稍狹仄。然金隄民埝之間，一片汪洋。此輩災民，雖得急賑，然已感杯水車薪，不獲一飽。而田地漂沒水中，春麥無由下種，來日大難，不堪設想。沿隄子埝頗多，如濮縣之高隄口至葛樓一段，長十里。范縣之西倉至仲子廟一段，長四里。朝城之門虎店至竹隄口一段，長二十二里。壽張之護隄子埝，長八里。以上各段子埝，高一尺至四尺不等，頂寬二尺三尺不等。至東阿縣境之子埝，則或斷或續，量其高下，臨時搶築。自范縣以上之姬樓起，至陶城埠一百三四十里間，為金隄最危急之部份。近隄地勢，本較低窪。平時水走正槽，即使漫漲，苟民埝不潰，決不能達金隄。自石頭莊決口，潰水奔騰東瀉，因就下之勢，大溜俱逼近隄根。隄身既嫌卑薄，臨水一面，又無護岸工程，故防守爲尤難。

往昔海運未通，僅恃一線運河，以通漕運。張秋鎮在陶城埠之西三十里，鎮東有運河故道口門，清光緒二十二年，於金隄建閘，規定每年九月一日啓閘，洩夾灘之水入北運河。但閘已無存，閘閘在隄外，今已圮毀，沒淤泥中。陶城埠運道，亦已淤塞。閘尚存在，工程極堅實。以北並有二閘三閘。張秋鎮運道廢，乃改闢此道。然淤廢亦三十年矣。

長垣潰水，在陶城埠附近，分四路歸入正河。其上游三路，業早斷流。陶城埠入河口門，廣約六百公尺。下有沙灘，露出水面，足爲排除積水之障礙。石頭莊口門堵塞以後，此處宜濬渫暢通，俾積水早消，免誤春耕。

自陶城埠東至王廳一百二十餘里間，隄尚高厚完整，土質亦佳。去年大水，隄頂猶高出水面一公尺以上。王廳以東至司里莊，河流灣曲，大隄逼近河邊，其北本另有大隄一道，直至利津縣境之大馬家，今已圮廢，且間有無遺跡可尋處。官莊程官莊司里莊一帶，險工林立，隄頂高度，與去年洪水位平，間有低於洪水位者。自司里莊至齊河縣城，隄岸險工雖較少，而隄頂高度，殊感不足，俱宜加高培厚。齊河城東至北濼口四十里間，去年大水，隄頂俱高出水面，足敷禦水。此段以隄距極狹，臨河險工，連續不絕。石砌壩埽護沿各工，均甚堅固完整，頗爲壯觀。又自陶城埠至濼口間，因寬度縮減，河槽較深，帆船往來甚衆，頗有航運之利。可知河槽固無取太闊；闊且易致淤淺，因而抬高水位，或散漫而無所歸束。

濟陽縣城在北隄之外，護城石岸石壩，極爲堅整。石岸長二里許，以米漿和灰嵌縫，故迄今不稍損壞。惟現在溜勢切近南岸，此種建築，已失效用。若河水盛漲漫灘，或流向轉變，猶資抵禦。

榆林鎮在齊東舊城北岸，有石壩七座，雖當坐灣，並無特殊險象。其下游五十里爲清河鎮，河流自西南來折向東南，適當頂衝，最爲吃緊。

再東至蒲台縣城。城東北爲北鎮，鎮南有石岸，石壩五座，均用米漿和灰嵌縫；隄陂壁立，與濟陽石工，同一結構，頗似蘇浙海塘之制。三十餘年前，此間尚是臨河險工。而蒲台縣城，當時係在南岸。自後河身南徙。石壩遂成廢物。蒲台之東十餘里至菜園，從前亦爲臨河險工，壩址猶一一可尋；河流今已南趨王旺莊，而凌棗樹祈王莊及山岔鎮等處，於是均在北岸。麥田一片，黃河故槽，已無遺跡可尋。

菜園迤東二十餘里至宮家壩，民國十年決口處。事後於口門之外，挑挖引河，另建丁壩挑溜，以分其勢，俾潰口水流漸弱，然後築壩塞決。工成之後，卽以引河爲正河。並以引河挖出之土，另築北岸新隄。因土無所用，故甚高厚。今已改守新隄，而舊隄漸圮廢矣。

此項工程，係上海美商亞洲建築公司承辦，用費一百五十萬元，外人承辦黃河堵口工程自此始。老隄新隄相接處，爲溜勢所趨向，沿隄築有石壩埽及秸埽等工。

迤東十餘里爲利津縣城，切近大隄之北，臨河復有土隄一道，卑矮單薄，係村民所築。兩隄相距二里許。縣城四門，昔皆東向，形如鳳凰，已崩陷入河。今城乃新築者也。

縣城東北十餘里之扈家灘，於民國十八年二月，爲凌汛沖決，估計工費十一萬九千元。十九年四月中，以財政奇絀，祇籌得半數，而時屆立夏，堵口工程，不容再緩。在事人員，卽於五月一日，自濟南首途。決口經伏汛凌汛，長期淘刷，由四十餘丈，漸寬至二百十餘丈，衝成深溝二道。第一溝寬十丈五尺，第二溝寬十四丈七尺。第二溝又歧出二支，一寬六丈，一寬七丈。二支溝十四日先後堵合。第二溝十七日堵合。第一溝則於二十四日堵合。蓋自動工以後，歷二十日而全工告竣也。用費七萬一千元。現在河流雖趨北岸，隄身尙屬穩固。

魯省北岸官隄，東止於鹽窩。自利津城西之大馬家起，至鹽窩止，五十里間，隄身頗嫌卑薄，或甚殘毀，俱須徹底整理。鹽窩以東，河流本折向正北。民國十八九年間，東岸被匪盜決，遂改向東流。迄今舊道淤墊，不復通流。惟大水之年，盛漲漫灘，則一片汪洋。且河流因被潮流遏阻，含沙沉澱，淤墊甚速。自淸咸豐五年，黃河由利津入海以來，固已屢次改道。則今日所由之途，亦未可期之久遠。將來施行整理河口工程，必須詳細測勘，審愼擇定一永久入海水道。（下略）（參觀前第三十九圖孟津至海口黃河略圖及第四十圖豫冀魯三省接界黃河詳圖）

至於黃河之根本治導，雖屬至爲艱鉅，目前不能遽付實施；然終爲國人無可逃避之責任與事業。其利病癥結，知之不可不豫，研之不可不精，籌之不可不熟。尤冀衆喻共曉，人人心目中有此信念，有此決心；則治河偉業，當終有實現之一日。黃河上下古今，歷史現勢，本書既述其崖略；猶恐駁而不純，繁而寡要；更錄李儀祉氏黃河根本治法之商榷一文，殿於篇末，藉作全書之結束。李氏此文，譔於民國十一年。雖其後思想益進，然大體固無所變易也。

黃河果能根本治導，過去決徙塞治循環往復之慘痛歷史，永永不再重演；河水操縱由人，一勞永逸，航運灌溉，世享其利；中州風塵，真將化爲江南煙雨；豈不懿歟庥哉？

附李儀祉氏黃河根本治法之商榷

第一節　以科學從事河工之必要

昔者歐洲治河，與吾國同，未嘗有科學之研究，與有條理之治導。中紀世意大利科學名哲輩出，於發明物理外，兼留意於河道之改良。故帕河之隄防，始得有秩紀之建設，而爲法英德奧和蘭諸國遺範。近世紀科學愈闡，而治河之術亦愈精進。法人倡於前，德人繼於後，而中歐各國，幾無不治之河。航運之外，兼利及農工等業。噫！天然河道之非盡可恃，而人爲之效也如是。

今之歐美治河，大抵宗自然之論。所謂自然者，即孟子所謂水之道，而今人所謂水性也。科學研究，以闡明自然，因乎自然以治水。所謂由水之道，而行所無事也。科學之研究愈切，則因乎自然者愈多，而愈能行所無事矣。以科學從事河工，一在精確測驗，以知河域中邱壑形勢，氣候變遷，沙淤推徙之狀況，床址長削之原因。二在詳審計劃，如何而可以因自然，以至少之人力代價，求河道之有益人生，而免受其侵害。昔在科學未闡時代，治水者亦同此目的。然而測驗之術未精，治導之原理未明，是以耗多而功鮮，幸成而卒敗，此其所以異也。

第二節　中國治河所取之方針

吾國自神禹治洪水，奠山川，其治功迺非他文化古國所可比擬。而疏瀹排決，悉行所無事，統籌全局，四海爲壑，江淮河漢，水由地中行，歷千餘年不弊。且禹貢浮濟漯達河，浮汶達濟，浮淮泗達河，沿江海達淮泗，浮江沱潛漢逾洛至南河，浮洛達河，浮潛逾沔入渭亂河，浮積石至龍門西會渭汭等文，足徵昔時運道縱橫，往來無阻，禹之功誠偉矣。周室衰微，諸侯各自爲政，間有言治水者，大抵白圭之流，以一隅爲利，無所論乎治功。而此時必盛築隄防，壅遏無已。且復以水攻敵，如智伯攻趙等事，尤足以虐水而病國。夫治水之事，鑿智尚不可爲，況乎鄰國爲壑，其居心尙可問耶。

周定王五年，河徙砱礫，（按禹貢錐指謂砱礫二字係杜撰應作礫谿口在大伾之東）自宿胥口東行漯川，未有塞築。漢武帝時，河決瓠子，（今濮陽）則塞之而已。而復歸禹河故道，（大河北瀆由章武入海）餘波仍歸漯川，遏其南驟之途，論者歸功焉。自此後歷漢成時二決，王莽時一決，而河復東犯，北瀆以廢。蓋此時河弊已甚，北瀆館陶決口，已積淤高仰，不可復循故道也。漢哀時，賈讓主決黎陽遮害亭，（今河南濬縣東北）放河使北入海，以爲上策。多穿漕渠，溉冀州田，以分殺水怒，以爲中策。繕完故隄，增卑培薄，以爲最下策。其所取上策者，蓋欲以復禹故道。且使河西薄大山，山間諸水，皆可取之，以得借清刷沙之助。所謂中策者，即鄙人向所主張施之於此時之黃河者。而所謂最下策者，即現時河防所奉之不二法門也。賈氏之上中策，既不能用，僅用其最下策，以苟延日月，於是河之弊愈甚。至後漢明帝時，王景始一修治之焉。景之治河，修渠築隄，自滎陽（今河南滎澤縣西）東至千乘（今山東高苑縣北）海口千餘里，鑿山阜，截溝澗，防遏衝要，疏決壅滯，十里立一水門，功成，歷晉唐五代，千年無恙。其功之偉，神禹後所再見者。而胡氏渭斥其僅從事汴濟，不知復禹舊迹，此則未免有膠柱鼓瑟之見。夫河之變遷，自虞夏訖後漢，且二千餘年。故道之淤塞高仰，勢所必爾。治導之法，自必因利乘便，未可責其今必如古也。且景之治河，必大有規劃，非如尋常治河者可比。鑿山阜，截溝澗，欲河道之有規律也。防遏衝要，疏決壅滯，固其防而除其礙也。十里立一水門，更相迴注，以減洪也。其治法雖不可考，然必有深合乎治導之原理者。歷代治河，大抵不外塞築，以維現狀。東漢以前，治河目的，在維持禹河故道。及王景後，而此議破矣。及宋河決又屢見，或南犯淮泗，或北流。治河目的，則在維持京東故道。（歐陽修所名即唐五代以來之河道由千乘入海者）至景德時，橫隴決，慶歷時，商胡決，而河道北徙。其後雖塞商胡，開六塔河，以引歸橫隴故道。而因六塔河不能容，即夕復決。又開二股河導東流，北流閉，而河復南潰。元豐時，復北決。紹聖中，回河，元符二年，河復北。蓋自商胡決後至紹聖，三十餘年之間，河南潰北犯，而東道終不可復，則可見故河高仰，地勢之不便回復也明矣。歐陽修曰：『大河已棄之道，自古難復』不其然哉。

金明昌五年，河南徙入淮，猶一部入北淸河。迨元至元二十六年，會通河成，而全河入淮。是時因運河關繫，不利北行，故賈魯治河，不外乎恢復入淮之道，防其北決。元末河復北徙，自東明曹濮，下及濟甯，而運道壞。

明洪武初，引河至曹州，東至魚臺入泗以通運。是時北流仍未斷也。明都北遷後，視運尤重，而嚴制河之北徙。宏治中，築斷黃陵岡支渠，而北流永絕。黃淮既合，則治河之功，惟以培隄堰閘是務，其功大收於潘公季馴。潘氏之治隄，不但以之防洪，兼以之束水刷沙，是深明乎治導原理者也。因高堰以遏淮，借淸敵黃，通淮南諸閘以瀉漲，疏淸口以畫一入海之道，治河之術，潘氏得其要領。蓋自王景以後，賈魯雖智術勝人，而遭逢亂世，未能擴展，乃至潘氏而再收治河之功者也。

淸初河道復漸敝，順治十六年至康熙六七年，歸仁隄古溝翟家壩王家營二鋪口邢家口等處，屢決不塞，河流散漫，下流淤塞，黃淮交病。於是靳輔治之而大效，則又有淸之潘氏也。靳氏之功，在修復潘氏之黃淮故道，通漕運。又開中河以避黃河百八十里之險。其治導原理，亦一本諸潘氏。其曰：『黃河之水，從來裹沙而行。水合則流急而沙隨水去，水分則流緩而水漫沙停。沙隨水去，則河身日深，而百川皆有所歸。沙停水漫，則河底日高，而旁溢無所底止』。故其治績，挑濬淸口，培固高堰，愼防堵決，無非以潘氏爲師。蓋淸初海運未開，運道關係至重，故以因有明治法爲利也。

靳氏而後，河道復漸敝，時復北決。至咸豐五年銅瓦廂決口，而河復北徙，奪大淸河，由利津（即漯之千乘）入海。而王景之故道，復見於今日。淸季諸臣，有主張挽之復南者，如文彬丁寶楨輩。有極力反對者，如胡家玉李鴻章輩。卒之以國庫空虛，且海運大通，而運道不復爲國家所注重。乃於東省黃河兩岸築隄漸定，而南流遂斷。東南志士，多擬藉此機會，黃不南犯，恢復淮河入海之道，以減水患者。其持論最力者，前有丁顯，後有張謇。黃昔奪淮，黃去而淮之故道亦淤，尾閭不暢，而淮揚兩屬，困於昏墊者久矣。於是導淮之說，甚囂塵上。然自黃河北徙後，及今六十餘年間導淮既屬空談，而河道又復敝甚。同治十年，河決鄆城侯家林，復南侵南旺，旋即合龍。十二年東明石莊漫口，河復南趨，李宗羲力請堵口。光緒時，河屢決。十三年，大決於鄭州，河趨東南，自豫而皖，東省河涸。十四年，鄭工合龍，河復由利津入海。是後至淸末，猶復六決。民國二年，濮陽大決。十年，復決宮家壩，淹沒利津口門，寬二百丈餘，至今未堵。說者謂，昔河奪大淸，深入地內，今則復現牆頭行舟之狀。若不根本圖治，奔突潰決，不南病徐淮，即北犯冀州。南則皖蘇之災，不堪設想；北則天津商埠，將成澤國。而目前狀況，妨運病漕，猶其次也。

歷代治河名臣，雖於測驗之事不精，建築之術未善；然其名言讜論，深合乎治理，可取者甚多也。略舉之如下：

後漢明帝詔曰：『左隄彊則右隄傷，左右俱彊則下方傷，宜任水勢所之，使人隨高而處，公家息壅塞之費，百姓無陷溺之患』。宋神宗語執政曰：『河決不過占一河之地，或東或西，若利害無所較，聽其所趨如何』？又曰：『水性趨下，以道治河，則無違其性可也』。

上二說本於大禹行所無事之主旨，然不善行之，則不免於流弊。蓋河出山泉以匯於海，中途或滯或湍，或豬或瀉，或歧或壹，其於床址崖岸，或蝕或積，皆本乎自然。河之有治有不治，則自有人類之關係始。人類之利害因於河，治則利，不治則害。若專以趨避爲事，則又何以治河？惟明帝使人隨高而處，則適合歐人都邑擇地之旨，而可爲吾華人居住苟簡之鍼砭。常見吾國南方都邑，大抵逼水而處，岸旁無餘地，大抵趨於交通之便。然稍有漲漫，便遭氾濫。是豈水逼人哉，實人自投水耳。更有妄築圩隄，侵佔湖蕩，使水無游移之地，此賈讓所謂與水爭咫尺之地者。宋神宗謂『宜順水所向，徙城邑以避之，』其言不免有過。然如此等城邑，則眞應徙者。蓋濱河汛洳，不惟城邑妨河，亦且不適衞生。管子曰：『凡立國都，非於大山之下，必於廣川之上。高毋近旱而水用足，下毋近水而溝防省。』試觀歐洲建立都會，毋不合乎此旨，而吾華人反忽之，惜哉！

蘇轍曰：『黃河之性，急則流通，緩則淤澱。既無東西皆急之勢，安有兩河並行之理？』潘季馴曰：『河之性宜合不宜分，宜急不宜緩。合則流急，急則蕩滌而河深；分則流緩，緩則停滯而沙淤。』此以隄束水攻沙，爲以水治水之良法。

上二說皆主河不宜分。西人治河，亦以堵塞支流爲要，其意一也。蘇氏之說，則言其勢。其意謂『溜趨於左，則其右淤，故河分爲二支，必致一通一塞，不可並存。』潘氏之說，則言其理。蓋水挾沙之力，視其流速之大小。急則水力挾沙之外，兼可以攻沙。緩則力弱，並所挾之沙，亦不能遠致而停置焉。

禹斷二河，後世學者拘泥古法，則以爲河不可不分。故自漢以後，治河者莫不以分水爲長策。惟張戎反對之。潘氏則尤深知河分之弊。蓋自來決口不堵，則正流斷絕。靳輔論黃河下流之淤高，亦歸咎於決口不即堵塞。顧河非絕對不可分也，不分亦未可即能免其淤也。使河身寬弛，則雖合亦淤；使其狹深而整，則雖分亦可不淤。散漫之支歧，固必封閉。然因地勢流量關係，亦非必強之使不分。故禹之斷河無弗當也。謂河必分，過也。謂必不可分，亦未爲得也。

以隄束水，其意甚善。蓋必有束水之能，而後有治導之效。若但以防氾濫，則寬縮無律，沙之停積失當，必致河道荒廢也。德國著名水工家，皆主此說。然返觀吾國今日之黃河，人皆以河之病由於隄，噫，是豈隄之咎哉。

嵇曾筠曰：『治河之要，深其槽以遂其性而已。治河之方，相勢設壩，以作溜勢而已。潘氏之前，河流歧出，沙分停而不厚。潘氏導而一之，然後河得集力以攻一道之沙，是謂以水治水。』又曰：『夫河之敗，不敗於潰決四出之日，而敗於槽平無溜之時。河性激而善回，深與回常相待也。槽淺則溜不激，水無以回而爲淤，淺者益淺，激者益平，河性怫矣，能無怒乎？怒而無以待之，則必成事。成事則河底墊高，而潘氏所創之滾壩，日形卑矮，不能不封土。過急去土以減水，減水既多，則河仍歧出。其堵合也，常在冬令力薄之時，不能刷去前淤。淤日高則河日仰，溜日緩。故近日墨守潘氏之法，僅足以言防。稍强，則防之而不能矣。故能言治者，必導溜而激之。激溜在設壩，是之謂以壩治溜，以溜治槽。』

嵇氏此論，深得潘氏治河之旨。蓋水性就下，惟槽淤淺，則水過之，無異堰坊，而不得遂其性，勢必横決。惟欲深其槽，從事浚渫，必無效也。且黄河挾沙之盛，淤墊之速，決非浚渫所可及。惟以溜攻沙，爲最良之法。作溜之法，惟有築壩。所謂壩者，即英語所謂「彈克」是也。以壩束狹河身，則壩上水高而降陡，其溜自急，而沙可攻矣，槽可深矣。溜之緩急方向無律，則河槽病。以壩治之，即可使其緩急方向適宜矣。溜既得其適，則河槽可自治。故善治河者，在與河以機會，使之自治，非箝制束縛之也。

潘氏創設滾壩以減水，所減者盛漲之水也。河床日高，則隄培之益高，而滾壩之底，日形其低，不足以範常流，故必以土封之。迨水漲抉去土封，則不惟漲水瀉而常流亦移，而至水分歧矣。

陳潢曰：『河之性，約而言則曰就下。分而言則避逆而趨順也，避難而趨疏也，避遠而趨近也，避險阻而趨坦易也。漲則氣聚，聚則不能洩，則其性乃怒。分則氣衰，衰不能激，則其性又沉。』數語可謂深識河性。又曰：『治河必順水性。必也，其度勢也，如有患在下而所以致患者在上，則勢在上也，當溯其源而塞之。又有患在上而所以致患者在下，則勢在下也，當疏其流以洩之。苟不知勢，用力多而成功少。若審勢以行水，則事半而功倍。』數語尤爲治河之要。愚嘗解釋之曰：『河之無律而病，以有障礙故也。治河者去其障礙而已。而施功之始，必審定河線。定線必先審勢。審勢之法，須假設河中障礙袪除，則水之趨向當若何，然後按其趨勢以定工程先後，則事半而功倍。』

河道經行之地，亦爲歷代河工所爭論之點。其别可約爲三：（一）主恢復禹河故道。東漢以前，此說爲最得力。及河改東道後，後世雖有言及禹河者，然已皆不能考其所在，徒作空談而已。（二）主維持現狀。歷代治河，大抵趨向此旨。（三）主測量形勢，完全改道。如清之馮桂芬改河道議，謂『請下前議繪圖法，於直隸河南山東三省，徧測各州縣高下，縮為一圖，乃擇其窪下遠城郭之地，聯為一線，以達於海。』馮氏論治河，知用測量計劃，是科學治水傳吾華人之嚆矢。然改闢河道之議，則難見用於世也。

歷代治河，雖不乏成功，然未能永絕河道遷徙之患。自孟津以下，北薄天津，南犯淮陰，數千里之面積，適如何口之三角洲。河道奔突蕩駛，如汶港更番。而治河者，亦僕僕隨河南北奔走。以有限之人力，應無常之河變，守故轍而不改，欲其長治久安也難矣。

潘氏靳氏之功，苟有以維持之，亦未嘗不可使河歷久不替。無如後繼者或怠忽將事，（如決口不塞）或不知因時變通，人亡政亡，良可慨已。

今後之言治河者，不僅當注意於孟津天津淮陰三角形之內，而當移其目光於上游，是則予此篇所最注重也。

第三節　黃河之所以為害

言黃河之弊，莫不知其由於善淤善決善徙。而徙由於決，決由於漲，是其病源一而已。陳省齋曰：『夫河之決者，皆由黃水暴漲，下流壅滯，不得遂就下之性。故旁流溢出，致開決口。決口既開，旁流分勢，則正流愈緩。正流緩則沙因以停。沙停淤淺，則就下之性，愈不得遂，而旁決之勢益橫矣。』此言也，深得肯要。蓋凡河流未有不挾沙者也，而黃河斯為甚。至挾沙之多寡，則因水位之高低而異。低水時水力微，則挾沙甚少，故水或湛然可鑑。盛漲至水力強，則挾沙甚多，故水渾濁。是力也，科學家名之曰押轉力。因水位之高低，故知其與水之深有關繫焉。然湖泊之中，亦有深逾於恆者，何以清而不渾。則因湖泊之中無降，（科學術語即水面傾斜度）而河流之中有降故也。降大者其動能亦大，降小者其動能亦小。力生於能，故押轉力之關係，水深之外，降亦同有力焉。故西人論河流中相持均勢者，厥惟三事。曰水量，曰沙量，曰降，水位高則水量增，故沙量亦增也。

河中所挾之沙，英人以負荷名之。負荷過量，則水惟有捨之而已。漲水至，其力固足以挾浮游之沙以行。是沙也，入於海者一部，而其餘尚未能達。迨水落深減，押轉力削，則積滯中途。於是而河床日高，於是而河口日仰，於是而河流散漫日益甚，於是雖盛漲時其深尤且不足，而沙愈無可推泄之途，水益失歸海之勢，而決屢矣。決不能塞，而徙不可免矣。蓋自周砱礫徙後，二千餘年，為患繁複，而河所演之劇，則週而復始，始終如出一轍也。

黃河所挾沙量，據津浦鐵路於濼口測驗如下表。

一九〇二年月日	六月二十三日	同	十一月二十八日	同	七月十七日	八月十五日	同	七月二十七日	同
水位（以公尺計）	二八·七六	同	二九·一四	同	二九·三七	三〇·九九	同	三〇·七一	同
含沙量（以水重百分之若干計）	〇·五二	〇·三七	〇·六〇	〇·三三	〇·六五	二·〇〇	二·六三	二·八三	四·〇七

一八九八年，河隄決口，山東境内王家梁地，爲黄沙所掩，地面佔三百方公里，厚自〇·六公尺至二·〇公尺，取其中以一公尺計算，則有三萬萬立方公尺之土積，可謂鉅矣。夫如許鉅量之沙，何自來乎？曰黄河流域，厥土黄壤者多；河中之沙，卽雨潦刷削，取之地面，而帶人河中者也。黄壤之累積，常依山嶺之側，或塡坑谷。惟其綿細，故易爲雨潦所刷洗，以流入河中。且黄壤帶半沙漠之性質，樹木不易生長。若雨水愆期，則甚至草亦不生，赤地千里，地面失維護之物。然猶有幸者，（一）黄壤滲漉極易，若地面平衍，則完全可無逕流。（二）黄壤之域，農田大抵作階級狀，名曰階田。故得使斜迤之坡，變而爲平階。然大雨之時，地面沾濡，滲漉不暇，則逕流入川谷矣。地面既無維護，則壤之被刷去者自不少。尤有一事，足以助黄沙之入河者，則道路是也。黄壤之區，道路多深處地面之下，深者至十餘丈，北方名之曰衚衕。每乘騾車，蹣跚闊行其中，仰窺天之一線。遇旱則塵土埋輪，塵埃撲鼻，幾閉呼吸。遇潦則泥濘沒脛，馬蹄不前。或兩崖崩坍，浹洵阻礙交通，其苦難喻。夫道路之至於如是，豈其固然，亦漸有以致之耳。蓋輪跡之下，土被踐磨，成爲極細之沙。風激雨洗，則其被侵蝕，較兩側田地，其速倍之。道路既深，故雨潦時，田中之泥，歸於道路，道路之泥，歸於河溪。故名爲道路，實與枝河無異。夫使一河床之底，有人擣其石而揚其沙，則其河床之質，豈堪受其剝蝕哉！而衚衕類是。

河流以黄壤爲岸崖者，尤易致坍岸之患，而使沙入河流甚多。蓋黄壤壁立如削，高出河面有至數十丈者。若無他力侵襲，本可屹嶷不變。然河水刷洗其下，漸致腰足内窪，上部伸突。及至支點太弱，上重偏側，則頹然而圮。其倒下之土質，或被水溜洗掘下移，溜力復及岸壁之脚，刷洗頹坍，愈進不已。或倒下之質甚多，足以改移溜向，使趨對岸。然一處雖暫免圮掘，而下流復受其禍。及至他處傾圮，溜仍趨是處而不免矣。

黄河之支流，大者若洮若渭，若汾若洛，以及河東西兩岸，秦晉諸水，洮渭汾洛所屬諸支流，其所漑洗之區，十之六七，非黃壤卽所謂與黃壤類似之湖泊黃壤也。加以流經河套，盧沙無際，滎澤以上，谷狹降陡。流速足以挾所有之沙，而歸之下游。及至豫東，驟遇平原，於是黃沙淤積，河道靡常矣。觀黃河者，須知孟津天津淮陰三角形，直可以三角洲視之。魯地山嶺，其昔海島也，則此三角形面積中，俱黃淮諸流淤積而成也。所以如是之廣者，遷徙之功也。

第四節　治導之要圖

嘗謂吾國治河歷史，雖數千餘年，而及今尚未有一就治之河也。蓋吾河功，主要在黃。其次乃運。其次乃與運河有關係諸流，淮沂汶泗諸河。又其次乃直隸五河。而江漢等流，則僅有及之者焉耳。然江之通航，恃其自然。漢之行舟，僅通艑艃。運河航行，漸至廢弛。直隸諸河通航尚優者，惟大清子牙二河。而黃河費吾全國之精力，歷數千年之歷史，至今猶不能通一小汽艇，民船間斷行之，上下不過數十里耳。夫是謂之已治可乎？夫所謂治導者，不僅祛其患害已也；亦且欲因其利。而所謂黃河下游者，農無益於灌溉，工無濟乎磑碾，商無惠乎舟楫，千古勞勞，惟思防其氾濫而猶且不能，噫！治河如是，亦足悲矣。

今欲使黃河就範，且可為人所利用，則所須考慮者，當不出乎以下各端。

（一）如何使河床固定。

（二）如何使河槽保其應有之深以利航運。

（三）如何以減其淤。

（四）如何以防其氾濫。

（五）如何使之有利於農。

以下當逐條討論之。

（一）如何使河床固定：　今日之河床，可以使之固定乎？抑必另闢一新床，而後使之固定乎？後者馮氏桂芬之議也。然其工程洪大，用費不貲，萬非今日之國家所可議及。且卽另闢一渠，以容納河流，而欲使之積久不敝。（一）必使其橫斷而得當，（二）必使維護得法。若橫斷而不得其當，則必蹈宋六塔二股之覆轍，使維護之法，不能歷久不弛，則如潘氏靳氏之功，亦勢必人亡卽敗。維持今日之河床，非必不可行者。然以今之人，由今之道，決不可能也。今之河床，已較昔日大清河淤高甚多。據西人太洛之觀察，河址之增高，每歲約三寸有餘。比歲河決屢現，國家已有窮於應付之象，則不及十年，河之不復改徙而他往也難矣。欲使河床固定，必與以適宜之橫斷面。是橫斷面也範常流，瀉洪漲，挾所有之沙，直注海洋，無隨處淤塞，侵削岸址之弊。是橫斷面也，浚渫之不能爲功，必仿以埽治溜，以溜治槽之意行之。今之河工，固有埽也，埽也，何以愈防愈敝也？則設施之不常耳。蓋流水之中，相持均勢者，凡有三事。一曰水量，二曰沙量，三曰河降。水之於沙，或取或捨，視乎水量及河降若何。低水之時水清，沙被捨也。洪水之時水渾，沙被取也。水量可以其深淺表之。命

深，　代表水之深，以公尺計。

降，　代表河之降。（卽上下游水面高低之差與其平衡距離之比）

力，　代表水流取沙之力，（卽押轉力卽水過平衡十面侵取其沙挈之而走之力）以公斤計。

則　力等於一千倍之深與降相乘，爲施於一平方公尺之押轉力，以公斤計者也。

卽　$力=100\times 降\times 深$

德人佛朗西氏所立算式，命

沙，　代表河之一橫斷面中可以輸過之沙量，以立方公尺計之。

系，　代表代表一系數，關乎沙質之種類，須由本河觀察試驗而定之。

深，　代表水之深，以公尺計。

降，　代表河之降。

限深，　代表極限水深，卽水深小於此數，則力等於零，水無攜沙之力也。

微距，　代表河水面上自一岸量向他岸所取之分段距離。

寬，　代表河面之全寬，以公尺計。

則　$沙=系\times(1000\times 降)^{2}\int_{零}^{寬}(深-限深)\times 深\times 微距$

若深小於限深，則沙停留。深大於限深，則河床不免洗掘。唯深等於限深，則既無停沙，亦無洗掘焉。故河身太淺者，將欲深之，使限深小於深，則水力可以刷沙。河床洗掘太過，而其深大於限深者，必設法保護之。欲增深無他法，縮其寬而已。不能盡縮河面，則唯以埽縮之耳。而縮之之多寡，埽之位置疏密，皆須精審計算而定之，非冒然

從事也。

岸陂之陡易，亦頗有關係。按佛朗西氏算式，命

限力，　代表押轉力之極限值。（卽在平衡面上力等於限力時水無洗掘之力也）

力，　代表岸坡前水深下之押轉力。

止角，　代表岸士於水面上之靜止角。

坡角，　代表岸坡面對於平衡面之角。

則 $\frac{\text{力}}{\text{限力}}=\frac{\text{深}}{\text{限深}}=\frac{\text{止角正弦}-\text{坡角正弦}}{\text{止角正弦}+\text{坡角正弦}}$

若坡角等於零，則深等於限深。按此式則岸坡坍毀者，可抇其坡以止之。然過抇則又恐淤積焉，必得其宜，然後可以使岸坡久而不生變。若無良法以得適當之抇坡，則坡面須加掩護，以防洗掘。吾國河防書言及此理者，唯劉成忠河防芻議曰：『溜力之重輕，因乎水勢之深淺。愈深則力愈重，漸淺則力漸輕。假如中泓之水深有三丈，灘比隄低一丈，河水踰灘而上，僅一丈之水之力耳。若外無此灘，則隄前水深三丈，而攻隄之溜，挾三丈之水之力矣。以三丈之溜力，視一丈之溜力，其守之難易，爲如何也？』善哉此論！所缺者，惟科學上之實地觀察耳。

河流之橫斷面，有所謂單式複式之別焉。低水洪水同納於一槽者，名曰單式。尋常水位納於一槽，（名曰本槽）洪水或非常洪水，令迴旋於較寬之槽者，名曰複式。單式之槽，岸坡蟬聯；複式之槽，岸坡頓折。蓋洪水之來，驟而不常遇。其流量頓增甚多，利驟寬其槽以放之。黃河兩面築隄，卽爲此式。考黃河兩岸，先由巡撫胡家玉奏興隄工，相距約十餘里。繼光緒十二年，東省人民，耕於隄外者，（靠河一邊曰隄外）請築縷隄，巡撫張曜許之。及今言河防者，莫不歸咎。蓋縷隄築，遙隄遂致無用。縷隄太狹，河無迴旋之地，則易兆潰決耳。其實縷固有失，遙亦未爲得。總之：兩隄距離，關乎河之成敗，甚爲切要。過寬與過狹，皆足以使河防失效。欲使隄工得治導之效，當以科學方法觀測之，計劃之，維護之。黃河至今，未有水事之測量報告，可以依據以代謀改良計劃者。津浦鐵路計劃黃河橋工之前，所測結果，低水爲二八・五〇公尺，高水爲三一・九一公尺，同處本槽中。洪水至三二・七六，（一九〇三年）處洪槽中。而隄頂之高，爲三三・二六公尺，則高於一九〇三年之洪水面，不過一・三五公尺。（按

應作五公寸）其時低水降度爲〇·〇〇〇一一，高水降度，依所測每秒三·二〇公尺之速率計算，爲〇·〇〇〇二四二。低水瀉量爲一〇七〇立方公尺，高水（三一·四一）瀉量，爲四二二〇立方公尺。洪水瀉量，（水位三二·七六）爲六八〇〇公尺。其所擬糙率，在本槽爲〇·〇二，在洪槽爲〇·〇二五。及今將及二十年，黃河變遷，想已多矣。將欲爲之計劃橫斷面，除諸水位降度流量外，尤須審察河沙流動之情形，及水位高低不同時，其自上流所挈之沙之多寡之量，尤須就上下流各處，細加測驗，非僅一二處可以爲功也。

既知河流瀉水挈沙之詳情，則據之以定其適宜之橫斷面焉。常至水位，（如年必一至者）處之於本槽。非常洪水，（如數年或十餘年始一至者）處之於洪槽。惟洪槽不宜使寬狹失宜，以致積淤或潰決。於衝要處設減水之門，或用滾壩，或用虹引，惟不可使率溜而弱正河之勢。岸坡隄坡之薄弱者，加以防護。築壩束河，浚渫積沙，俱按所定橫斷面而行之。壩料宜用柳及石，勿以黍稭及葦料塞責。河線宜使自然有律，晝一不紊。督工者須深明學理，富有經驗之人。監修者須堅苦卓絕，奉法惟謹之士。尤須嚴立政紀，賞罰不偏。培植人才，期於不墜。如國家肯立志刷新，黃河問題，非絕無解決之法者也。

（二）如何使河槽保其應有之深以利航運：　按歐洲之閥因河，小於吾國之江與河者甚多，而航行二千噸以上之汽船。其他如歐而白，奧頭等河，下游亦航行一千三百噸至一千五百噸之船。其中上游亦數百噸。以揚子江之巨流，上海漢口間航船，不過二千噸。黃河之大，竟無航政之可言，此甯非行河家之所宜自引爲辱也。黃河低水瀉量一千零七十立方公尺。擬其速率爲每秒一公尺，則其水幂亦有一千零七十方公尺。範低水之寬爲五百公尺，即亦可得二、一四公尺之平均水深，則可行船四百噸以上。尋常水位，亦何不可航行至千噸以上之船。果能如是，則鄭州可化爲中國之第二漢口，而陝甘豫內地之粗貨，不難輸出矣。顧如何而可以達此目的，曰無他，治導與維持而已。黃河與大江，發源之地相類也，其經流之長相類也，其下游之低原廣漠相類也，所不類者，河之挾沙過於江耳。然而江足以富國，而河足以患國者，是甯無救濟之法哉？無以爲之者耳。若能減其沙量，固其床址，治導得宜，維護不弛，則化敵爲友，亦何不可遂之有。

黃河至今日，已病劇矣。治之之法，當一面從上游減沙，一面從下游濬治。予甚佩朱熹治河當從最低處起之說。以爲治黃河即當從入海處起。昔潘靳之治河，最注重於清口。蓋尾閭不暢，全河阨逆，徒固隄防，毫無所益。疏口之法，當一其流，暢其波，築海壩伸出口外，達之深處，使河所攜下之沙，得爲海水之力所攫而去，則海口不至淤塞矣。然後自下而上，相勢作壩，以激水力而刷沙。一節生效，復進一節，如是而上，以達鄭洛。使尋常水位，不出地中為止。至若三門龍門等險，可以炸力去之。昔者漢時曾鑿砥柱，石倒河中，不能除去，而廢其功。然今日工程之得力，非昔日可比也。昔人之所不能者，今人可竟能之也。降勢太陡者，可作堰閘以節制之。務使數百噸之船隻，上達晉陝之邊，而汾洛涇渭諸河，亦從此可化無用為有用矣。大功告竣，河中常備有力之浚船數隻上下游弋，除其偶然之淤。隄壩等功，俱用專門人才，維持防護。如是行之，其費固不貲，而轉禍為福，其利尤不可思議也。

(三)如何以減其淤：西人之來游吾國者，覩黃河之狀，莫不曰，欲治黃河，非培植森林不為功也。森林治水，其效甚微，曾於河海月刊論之。況復黃壤區域，麥田所憑，林木根深，培植不易。少植之則完全無效，遍植之則妨礙民生。竊主張森林之說者，欲以減暴雨逕流之量也。逕流減則黃沙之被刷入河者亦減，是不但洪水之災可免，而黃河之淤塞亦可減少多矣。予以為森林固應提倡，以為工業發展之預備，而勿以為治水之希望也。欲減逕量與其所挾沙量，予擬有三途，以代森林，有大益而無礙。三途惟何？曰植畔柳，開溝洫，修道路。

何言乎植畔柳？曰黃壤區域，其田大抵皆為階田。每次暴雨，上田瀉水，下田承之，逐段而下，以至於河。而所刷田間之沙，亦隨水而去。若於每田之三畔，植所謂矮柳一行，則水自柳間流出，速率因礙物而頓滯，則沙停其後，不啻濾器。迨田畔高仰，柳根繁植，則畔亦固矣。矮柳之為物，直隸省多種之。出土便為細枝，無礙於農。而以作筐籃之物，利亦甚溥。以之勸農，當可樂從。矮柳之外，若陝省所長之荆條，亦可同用。

何言乎開溝洫？曰此吾國古法失傳者也。昔者禹治降水，兼盡力乎溝洫。後世儒者，頗有謂禹釃二渠後，至周定五年，凡千餘年而河始一徙。且當時未有隄防，其所以能安瀾不犯者，皆溝洫之功。而河之敝也，亦自周衰井田廢，溝洫之制始弛。此說也，雖或未盡然，而亦頗有扼要之見也。茲列舉名賢論說於下，以資參考。

(一)胡氏禹貢錐指曰：『禹盡力乎溝洫，導谿谷之水以注之田間，蓄泄以時，旱潦有備，高原下隰，皆良田也。自商鞅壞井田，開阡陌，而溝洫之制廢矣。』

(二)徐氏潞水客談曰：『東南多水而得水利，西北少水而反被水害。溝洫一開，則水少而受之有所容，水多而分之有所泄，雨暘因天，蓄洩隨地，水害除而利在其中矣。』

二氏意見不同之點，胡氏以為『昔者溝洫制興，故雍州厥田上上。自溝洫制廢，水泉瀉出，而渭北之田，變為斥鹵。後世穿渠溉田，為智之鑿，為不足貴。而行所無事，乃聖人之智所以為大。』是胡氏以溝洫為有灌溉之功也。徐氏則謂『如爲灌溉而設，則溝洫之內，必如東南稻田，常常有水然後可。而絕潢斷港，既無本源，土燥水渾，尤易涸竭。孟子云，七八月之間雨集，溝澮皆盈，其涸也可立而待也。人見無灌溉，遂并溝洫而廢之；而水患亟矣。』

徐氏以爲溝洫無裨灌溉，但以爲除水患者也。二者各有所偏，當於後文論之。

施氏近思錄發明云：『周定王以前，溝洫制行千餘年無河患，向以爲臆度之言，今知可數計也。』（其詳見後）

烏程沈夢蘭氏五省溝洫圖說，言溝洫之利甚詳。曰『陝西之涇渭，山西之沁汾，直隸滹沱永定等河，皆與黃河無異。故其漲也，則渾流洶湧，而衝突爲患。其退也則河泥滯澱，而淤塞爲患。古人於是作爲溝洫以治之，縱橫相承，淺深相受，伏秋水漲，則以疏洩爲灌輸。河無迅流，野無熯土，此善用其決也。春冬河消，則以挑抉爲糞治，土薄者可使厚，水淺者可使深，此善用其淤也。自溝洫廢，而決淤皆爲害，水土交病矣。』又曰：『凡河經入海諸故道，皆可廣爲疏闢，以爲宣導之地。誠使五省舉行溝洫，河之漲流有所容，淤泥復有所渫，而其入海者又可任其所之，不擇東南北大道，皆得暢流而無滯。（按此說有弊河之歸宿須有畫一之道已論之於上）如是而河猶爲患，未之有也。』

綜觀以上諸說，皆謂溝洫可以容水，可以留淤。淤經渫取，可以糞田利農，兼以利水。予深贊斯說。夫井田之制，不可復已。後儒有必欲復之者，膠固之見也。溝洫遂澮之廣深，不必深考，要可師其意耳。治水之法，有以水庫節水者，各國水事，用之甚多。然用於黃河，則未見其當。以其挾沙太多，水庫之容量，減縮太速也。然若分散之爲溝洫，則不啻億千小水庫，有其用而無其敝，且有糞田之利，何樂而不爲也。漢人之歌曰：『涇水一石，其泥數斗，且溉且糞，長我禾黍。』可見黃壤糞田之功，爲古今人所同認。聽其入海而去，亦殊可惜。而階田之制，田面肥沃，尤爲可珍。使上田沃土，以糞下田，猶得失兩消。若聽其刷洗，盡入河流，非計之得者也。

施氏近思錄發明云：『黃河自河南滎澤至江南清河，長千三百餘里。河面闊七八里至三四百丈不等。折算五里。臨河隄高一丈。乘闊五里，得九百丈。以乘長千三百里，積二萬萬餘丈。自有明以來，不惜財，不惜力，四防二守，以待伏秋之異漲者，恃有此數也。今以溝洫廣深計之，地方二十里，容積二萬六千七百八十四丈。地方百里，容積六十六萬八千六百丈。黃河所經之地，除邊外不計，及河南開歸以南，河高於地，水皆由京索入淮，不能注河外，廿陝晉豫四省，約分千里者三。可容二萬萬丈。直隸山東一帶，運河所經，又可分道沁流，以減河勢。雖逢水漲，仍屬平槽，無患者一。以隄束水，水無旁分，淤泥亦無旁散。冬春水消，淤留沙墊，河身日高，地勢日下，加隄之外，更無別法。築垣居水，豈能久長。如使淤泥散入溝洫，每畝歲挑三十尺，以糞田畝。則地方二十里，歲去淤土八百四十八萬尺；餘水注入中流，刷深河底，雖逢水消，仍得暢流，無患者二。此說計算頗可依據。今黃河既已改道東流，滎澤以下，兩岸夾隄，無水可入。其上受田區域，估爲一百萬方公里。河流之長四千五百公里，黃壤易於滲漉，每秒入河之雨，估爲每一方公里中有〇·〇〇八立方公尺。全域總量，每秒入河者共爲八千立方公尺。全域之中，指二分之一爲黃壤熟田，即共五十萬方里。每一平方公里之溝洫，可貯〇·〇一六立方公尺。每一方公里，爲畝者約一千六百。則是每畝每秒之所受者萬分之一立方公尺耳。暴雨之事，延持一晝夜，共有八·六四立方公尺之水量。溝廣平均〇·五公尺，深四·四公尺，則每畝有四三·二公尺之溝，可以容納矣。

何言乎修道路？曰北方衚衕之害，前既言之。欲減其患，惟有修治道路。路身堅固，車輛改良，道旁有水溝，亦可以減入河之沙量。而爲交通計，亦非甚得耶？今全國道路，頗有人倡之者矣，予深冀黃河流域，尤能急起而直追，以減河患也。

（四）如何以防其氾濫：黃河異漲，既不能全納於本槽，則隄防亦固未可免也。然今日之隄防，惴惴然惟恐其不能保者。設有溝洫以減其遝流，復有治導之功，以保持其深槽。則所恃乎隄防者甚微，而潰決可易免也。

（五）如何使之有利於農：著者嘗著治水與救農一篇，載之同濟雜誌第一期。言吾國河之不治病農甚詳。黃河之爲農民患，盡人皆知。果能根本圖治，祛農患即所以利農也。至其直接爲利者，甯夏五原之灌溉，早著歷史。河經秦晉之界，下至滎澤，岸高水深，頗難取用。惟溝洫一闢，則本應入河之水，可以轉留而爲農田所用。或謂黃壤疏而易滲，溝澮即盈，其涸也可立而待，何能藉以灌溉？是誠有然。然使瀦於溝澮之中，即使滲漉，亦滲漉入田間，不較之遝流入河者爲得乎。頗見鄉人治田，卑窪之處，積水兼旬，其旁即孳殖倍多。可見溝洫之於農，不爲虛設。農民衆多，每歲只須挑淤一二次，亦不爲勞。而兩利可收，爲國家計，非勝算乎？滎澤以下，河身漸高，凌伏漲期，減水灌田，亦自足大裨農業。獨是今之防河者，惴惴然莫之敢嘗試，何耶？亦河未就治，防患且不暇，遑言利農耶。又前著河沙之可寶，載於科學第七卷第四期，亦可資參考。

結論

治導之功，歐美各國，若蘭因，若米西西比，若歐而白，若奥頭，若達紐勃等等，足爲吾國取法者甚多。苟得其人，不患不成功。惟溝洫畔柳之制，視若簡易，而實難行。蓋地面廣闊，人民衆多，強迫其一律設施，非政治法律之強有力不爲功也。然若政局統一，特設一總機關，畀之以黃河行政之全權，可以指揮各省與河務有關係各地之縣知事。由此總機關，畀各省水利局以分權，以督促其進行。又於陝州大慶關蘭州等地，各設河務學校一所，指授溝洫畔柳道路之方針。一年畢業。每縣各派學生四人至十人，視其轄境之大小，及河務關係之廣狹。畢業歸里，授以田畯之職。優其俸餼，使之指導農民。其奉行惟謹者，言於縣尹，勞之酬之。其有不率從者，懲之罰之。夫如是，則政令休明，一二年即可以收其功也。則難行者又何嘗非簡易？

惜哉，國民好亂之心猶未有艾也！洪水猛獸，何日除去，心憂如焚，言胡有濟！

本書排印將竟，適見日本土木學會會長谷口三郎昭和十七年二月十六日演講詞譯文，原註譯自土木學會雜志第二十八卷第三號就中關於黃河根本治導，有通盤籌畫。大要在維護現道，以納洪流。本年六月一日出版之建設第一卷第一期，國立交通大學同學會出版委員會主編載籌堵中牟決口委員會副主任委員張一烈氏黃河中牟堵口概況一文，敘述決口現狀及籌堵情形甚詳，亦主使潰流復歸故道。武霞峯師近著牟鄭堵口籌備時期利用機會大治黃河議一文，詳論黃河堵口以前修隄濬河機宜，及歷來建築滾壩之利病得失，足資考鏡。本年七月，水利委員會諸委員長，聞華北建設總署有於豫河決口附近築分流隄，分黃入淮計畫，關係蘇皖利害至鉅。特致書殷督辦，就歷史地理工程三方面，詳論黃河不宜分流之理。殷督辦亦有復書，逐項剖白。又七月十七日，報載新黃隄防竣工消息。均爲研究治理黃河之新穎資料，並附於後，以餉讀者。

谷口三郎演講詞 摘錄

近代一般河川之治導，最緊要之點，爲洪水之最大流量。而既往觀測黃河流量，民國二十二年大水之際，在陝州，測定每秒二三〇〇〇立方米。然就鄙人過去經驗論，實不止此，每秒定爲三〇〇〇〇立方米最爲妥當。如此三〇〇〇〇立方米之大水量，僅現在河道，當然不足以收容。而前者東流徐州之老黃河，因流送土砂，已堆積多年，河床甚高，且欲疏浚此低水路，非掘鑿二億數千萬立方米之大土量不爲功。自中牟三劉砦決口，南流成新黃河。如即以此作爲本河，則自三劉砦，至正陽關，必蒙甚大水災。且其下流之淮河水系，對自身之洪水量一五〇〇〇立方米，尚且不能收容，若更加以黃河洪水，強使流通，事實上，當更不可能。如欲此洪水，從新河流通，則三劉砦以下，更須長造千公里之治水大施設，而費用勞力資財，自屬不可數計。且爲滋潤河南山東兩省之平原土壤計，亦需要相當河水。職此之故，所謂黃河之長久對策，即將此三〇〇〇〇立方米之洪水量，向何處疏流問題。經查以上各種情形，除由現河道，使之流通外，別無良途。然如上述，現河道本無暢洩如此流量之能力；且以河口河道附近之縱斷坡度甚緩，則更減少其流通力。於此，欲將此三〇〇〇〇立方公尺之大流量，運流入海，則必要極大河幅。以工費經濟論，以現地實況論，均難實現。於是則此大洪水量容與通暢辦法之確定，實屬刻不容緩的緊要問題。然則其惟一方策，莫善於在潼關下游，即自古有名的三門峽底柱附近，築起高堰堤，貯留三分之一之洪水。其次，漸入平原，自京漢線鐵路鐵橋以下，至習城集附近，如澈底發揮其下游流力，亦可減低相當水量。再由習城集而下，至陶城埠之間，因河幅特寬，如用爲洪水時期之調節池，則又可減低數千立方米水量。再者陶城埠以下，爲河道之將來計，則該河只可作爲放水路。倘此處更能容相當水量，則其餘流量，只要將現河道加以適當之施治，自可盡量收容。更於全川施以低水工作，矯正河身，以鞏堤脚之安全，同時又可以減少低水河道，沈滯積砂之閉塞作用。爲謀堤防線之整直，同時更須擴大強化其堤身，在河口施以改良工程，使現河道之排水機能，保持長期有效。在上游山地，爲阻止大量流砂，應施以大規模的防砂工程。惟施工地點，因係深遠內地，不能調查，深爲遺憾。再者對於黃河之治導工程上，尚有須注意者，即該河自古流砂量特多，因而河床隆起，(如前述)迭經變遷，向有難治河川之稱。以故調節洪水之貯水池，河身面積等，其容量必須保持充分裕餘，流路亦務求整直，以期全河減少土砂之沈滯。如此，則水源山地，雖依然如舊，治導後，其治水施設之壽命，亦足可確保有數百年之效果。以上關於黃河治水問題，僅就鄙人大致構思。其工費最低限度，亦須十數億圓。如上述計畫完成後，則中國人民多年苦惱，當可解除，而救億兆民衆於悲慘水患中。進而如利用三門峽之堰堤，作水力發電，以灌溉農田，以便利舟運，且於河口附近，可能開墾達二十餘萬町步（按日本每三十六平方尺爲一步每千步爲一町）之荒地，使農產大增，同時消化中國裁兵之過剩勢力，然則「棄甲歸田」之實，由此可期矣。

張一烈氏黃河中牟堵口概況

黃河自古號稱難治，世界聞名；因含沙至重，河床無定，極易淤墊，每經潰決，則洪濤奔注，一瀉千里，其爲患之烈，爲吾國各河之最。考諸歷史，自周定王五年以迄清咸豐五年，大徙改道者凡六次，潰溢漫決之次數，尤不可縷計；最後於民國二十四年山東董莊決口，堵築未久，迨民國二十七年，不幸又有中牟之決，釀成空前巨災。當時因環境關係，未能堵塞，其口門之寬，初僅百餘公尺，三年餘以來，洪水衝刷，今已達千餘公尺之多。經實地勘察，全河之水，計由東西兩口門分流潰出，西口門約四百五十公尺，東口門約四百公尺，中間尚有殘隄一段，約二百公尺，衝刷已不成隄形，西口門水勢較爲湍急，奪口門南下，直奔京水鎮，致將該鎮之東北圍牆衝刷；而口門迤下西南一帶，水道歧出，濫流縱橫，淹沒之田廬村落，彌望無際，水寬處約三十餘公里；沿賈魯河潁河渦河奪淮入蘇，直趨洪澤，東灌高寶，又穿裏運河入揚子江。水勢來源極旺，蓋以淮河最大之洪水量爲每秒一萬五千立方公尺，原以每秒六千至九千立方公尺入江，一千立方公尺入海，餘蓄洪澤湖；是淮河本身之水，早感不能容納，今再驟加以黃河每秒一萬至二萬三千立方公尺之巨大流量，排宣乏路，萬難承受，於是橫流氾濫，蘇皖北部難免澤國，以致受災區域達二十八萬餘平方公里，計一百三十七縣，人口五千八百萬，已墾之田地約一萬八千六百萬畝，數年以來人民所受之損失，曷可以數計。倘長此聽其氾濫或改道，勢必造成黃淮江三瀆合流之奇局，其未來之大患，更有不堪設想者。蓋黃水入江，江水必高，蘇常有倒灌之虞；且洪澤湖水位較山東利津河口海平面高約十四公尺餘，比降既小，則流緩沙停，河槽淤墊日高，河水不能宣洩，勢所必然。復據中外專家之勘察，現今之黃河故道，尚可應用數百年而無敝，無論從事實及技術觀點而言 均非挽歸故道不足以安流順軌。反之，再觀察中牟口門以下黃河故道所經之豫冀魯各省，自黃河南流以後，數年以來，對於農田水利運輸，則發生種種不良影響；據山東省公署報稱，決口以前，每年平均降雨六百公厘，今只四百公厘，以致連年亢旱，附近河流湖沼，水位低減，灌溉不足，河身流沙涸出，遇風即起，春苗多被侵害枯死，河運停頓，魯西曹濟一帶之小麥，泰濟各地之棗菓紅粱，武定屬之棉花大豆，以及海運而來之紙張雜貨，輸出入均大受影響。總之，黃河不復故道，則蘇皖沉溺之災既極慘重，冀魯沿河各縣復有荒旱停運之苦，南北之旱潦不同，而數千萬生民之浩刼則一。是以國府還都以後，積極籌備堵築中牟決口，並專設委員會以主其事。現以口門以下至於利津海口千餘里之兩岸隄堰埽壩，多有殘缺，正次第測勘修築及整理，然後再實施堵口工程，使潰流復歸故道，此洵爲國府還都後最重要之建設，正在積極推行，不久之將來，必有以慰民衆之渴望也。

武霞峯先生牟鄭堵口籌備時期利用機會大治黃河議

牟鄭決口，五年未堵。其水入淮侵運，豫南及皖蘇北部，陷溺已深。黃無所歸，傾量入江；黃淮江三瀆合流，實開有史以來非常之巨變。往歲蟄居滬上，應水利委員會編輯彙刊友人之請，特約投稿，曾撰有『論黃水由潁渦入淮由淮入江之關係』一文，登第二輯彙刊。以次續續投稿，對於皖淮蘇運，均有論列。現聞當局決定堵口，已有充量籌備。一旦時局許可，立即施工。並聞乘此尚未堵口之前，測量三省乾河，整治隄防。此爲一定不易之步驟。但隄工計劃，亦非簡單。撮其大要，曰移隄，曰裁灣，曰修舊，曰增新。而護隄有工，濬淤分水，亦有關係。姑以懸揣作補充之管見，試申其說。

牟鄭未決以前，海內規治黃之論議，不乏專家。然皆以大河奔流，施工不易，空言無補。今茲自決口以下，迄於利津，上下千里，故道全涸。天若留此涸河，以便大舉施工者，此千載難逢之機會也。閉睿目想神遊，盱衡豫冀魯黃河全局之大勢，而知其第一致病癥結之所在，在於董莊李升屯間之尖角大灣，兜溜搜根，爲其最弱之焦點。以弱處當水衝，遇異漲則決，並影響及於上游南岸之劉莊，已有明驗。往者李升屯之決，江蘇協款建十埽，不越十稔，又決董莊；即在大埽迤下咫尺之地，北與李升屯塞決處相接。董莊堵口時，曾前往參觀，勾留旬日。經委會水利處擬有裁灣改河之計劃，卒以平地開河，寒潦結冰，春汛將屆，不及施工而止。察其新舊隄埽之土質，背河一面，有數處飛沙沒脛。一陣風來，若起波紋，等於香灰。試問此等土質，捍禦洪濤，安可久恃。今若大開引河，裁灣取直，補築縷隄，封閉舊河，一如元至正中黃陵改河，明萬歷中淮安改河，清乾隆中蘭陽改河，清口陶莊改河之故事，即可永慶安瀾。如慮引河太長，工費不貲，似可縮小裁灣。即於尖灣舊河左近，開河築隄，封閉舊河。待至全黃復故，採用放淤成法，引倒鉤濁流，灌於尖灣之舊河中，使其淤平，固護南隄，亦尚不失爲中策。舍此不圖，病根未去，後患無已時也。

魯河之病，水行民堰中，束縛太甚，易致漫溢。魯境上游，自鄄城至壽張之間，長約二百里，民堰易潰，屢有小變遷。但其北有古大金隄以爲遙隄，其南有舊官隄以爲遙隄，周環遼闊，作一大圈，以爲重障。決水阻於遙隄，復歸正河，害在局部。惟南大官隄，年久失修，往往而漏。昔李升屯決水，漫行於南大官隄以內，下至壽張入正河，復旁決黃花寺官隄，闌入南旺運河，破運隄由龐家口入正河。江蘇協款，大修官隄，久亦殘破。亟應通體增培，俾免南顧之憂。（董莊決口，恰在民堰與官隄銜接之處，外無保障，決水直灌濟甯以入徐邳，爲害甚大，故須裁灣。李升屯民堰決口，有官隄以爲外護，官隄不破，過其南注，爲害尚小，故須修隄。）並應增培古大金隄，以固北圉。至於民堰外移，展寬河槽，似以范縣舊城之淤河，可以利用，但恐爲事實之所不許。蓋與水爭地，已成習慣；讓地於水，必有困難：舍培堰外，甯有他策。魯河中游，自東阿至章邱濟陽之間，長約四百餘里。歷城以上，南倚泰麓，其東自泰麓盡處，則有官隄，迤邐綿亘，而無民堰。中游全部之北岸，有民堰有官隄。兩岸隄堰，均與下游銜接。自齊東惠民，延長約二百餘里，直至利津鹽窩而止。中下兩游，南岸官隄完整，以逼近小清河，防其灌淤小清，故隄防特重。北岸官隄，惟歷城以上完整，以下則割截爲數十段之斷隄，門戶洞開。每屆大汛，來水猛驟，海潮頂托，壅於民堰。往往北潰穿官隄，入徒駭河，幾於屢歲漫溢，成爲恆例。前清光緒中，廢民堰，守官隄，而遷民問題，迄難解決。居今日而談治法，可謂一籌莫展。或言海口不暢，爲致病之根。議仿靳文襄於雲梯關外築隄束水歸海之法，自鹽窩以下，大築官隄，束水歸海。然河出鹽窩，驟解箝束，放水四出，尚嫌不暢。若再加箝束，攩蓄水勢，與海潮爭高下，結果如何，殊難逆料。查靳文襄築河尾新隄，其兩隄之距，較之雲梯關舊隄之距，放寬至數倍，約寬十餘里至二十餘里。不過略加攔約而已，非箝束也。嘉慶又接築新隄至大淤尖海口，隄距縮小，則眞箝束矣。嘉慶以後，河迄不利，水壅不下。清安一帶，河底淤高至二三丈，非其明驗耶？故爲今日之海口計，築隄攔水則可，築隄束水，恐無把握。

黃河大隄，極關重要。而護隄有工，以豫河爲最。豫河隄距甚寬，河槽亦寬，處處停沙。大溜行於沙泓之中，其勢曲折。或南臥，或北臥。南臥較險，防其嚙隄，則有壩埽之工。清道光中，河督栗毓美用磚工；光緒中，河督許振褘參用碎石；均大著成效。凡險要處，皆立壩埽，其比如櫛。民國以來，形勢猶昔。以時修砌，間於水中施工。今則自花園口以下，兩岸壩埽，皆臨乾河。南岸來同寨楊橋新寨黑岡等處，著稱極險。乘此尚未堵口之時，大修兩岸壩埽，施工較易。黑岡尤險。或於舊日中泓之北，開一引河，則黑岡之險平矣。豫河土疏，大隄背水一面，間段有重隄越隄圈隄撐隄。修培之工，蓋不可少。冀河停沙不多，兩岸有遙隄，未築壩埽。僅東明附近，隄河俱縮，間有圈越隄工。冀魯接界，濮陽菏澤之交，大河南臥，菏澤之隄最險。河泓狹束，未築壩埽，而有圈越重隄。劉莊朱口賈莊董莊李升屯等處皆險地，外護之副隄，必須修培堅固，以防意外。至於魯河，三游民堰逼水，河槽愈狹。東阿以下，北堰臨水，幾於通體皆險，勢難遍立壩埽及圈越堰工。防險之法，在於平河，使其不溢不決，應籌良策。修培隄堰，補苴而已。

黃河塞決大工，修隄之外，並須挑河。平時河流不涸，未聞有大挑者。惟大決奪流之後有之。蓋河驟決則流緩沙停，決口以下之全部，往往墊淤，故須通體大挑，以暢去路。前清東河南河時代，塞決以前，必有挑工，首尾一貫。亦有因下游停淤不多，無庸大挑者。但其決口迤下附近處，必開引河，引溜歸槽，則確無疑義。近頃大舉測量，如將河槽測有縱橫斷面，則可知其各部分停淤之狀況，而間段施以挑工。現聞乾河內雨潦積水，多成斷港。其斷處即淤處，通體大挑，工不易舉；擇要而施，事或可行。但使河床保有適當之傾斜度，即可不礙於行水。魯有汶水，為大清河之源。自清黃相抵，東平苦水。現今清汶無恙，可修築戴村壩，遏汶出南旺，引其水北流至十里堡，注入涸黃河，滌滌濁淤，以為復黃之先導。既可宣通渠脈，兼減輕東平水患，是為兩利。開封攔河鐵路，為豫河中梗，改建鐵橋，應有計劃。惟決口久久不塞，夲鄭乾河內，或有奪溜，積淤必厚。引河之工，諒不在小，則無庸借箸者也。

抑此外尚有一可供研究之問題，曰黃河水盛，利在分減，議於兩岸築滾水大壩，遇異漲則開壩減水，以平水怒；此為漢賈讓三策中之中策，明清潘靳諸公，亦曾見諸實施，斯說固已。然而先決問題，在於相度地勢，建立壩基。地勢不宜，壩基不固，為害甚大。賈讓之策，據山足堅地，作石隄水門，議雖不行，可以為鑑。潘季馴於桃源縣北岸作崔鎮徐昇季泰三義減水石壩四座，因土質不良，廢而不用。又於徐州迤東之北岸兩山間，作長樊滾壩，因底無石骨，壩屢潰決，後亦永閉。靳輔作壩最多，皆在黃河下游江南境內河流襟束之處。其在北岸者，曰徐州之大谷山減壩，宿遷之朱家堂溫州廟古城三減壩，桃源之支河減壩，清河之張莊王家營兩減壩，安東之茆良口減壩。其在南岸者，曰碭山之毛城鋪減壩，徐州之王家山天然閘睢甯之峯山四閘，（各減閘皆不設板，同於減壩。）共有兩岸壩閘一十四座，大谷山減壩，建在兩山間大隄上，接近微山湖，慮減水淤湖，久之遂廢。宿桃清安各減壩，皆在隄上。除王營減壩外，餘皆建而未用。然王營減壩，每開輒壞，屢壞屢移。開則奪溜。每屆堵壩，等於堵塞決口。連同挑濬河淤，往往費帑至數百萬兩之多。淮北大災，成爲痛史。毛城鋪減壩，亦每開輒壞，久亦閉廢。惟王家山閘及峯山四閘，歷久無恙。蓋緣地當山隘，鑿石成槽，以爲凹底，等於鑄金作壩。臨河之灘，開倒鈎引渠，渠有草壩；黄水過盛漲，則開草壩，由閘槽滚出，不虞崩潰。嘉慶中，又於王家山迤東建十八里屯滚壩，水歸閘河。並於峯山四閘之上，龍虎二山間，及峯泰二山間，建兩滚壩，水歸閘河，最爲分減之利。而碭山以上，爲豫境内，皆無減壩。因其河寬流暢，利在固隄束水，蓄勢攻沙，故不需減壩。此往事之可徵者也。試就今日黄河大勢觀之，豫冀之間，兩隄相距，平均寬約二十餘里。大河水位，寬亦十里。奔放開展，綽有餘地，自無分減之必要。惟冀魯之交，河勢漸縮，水波蕩激，直薄南隄，實爲萬險。若於其迤上北岸濮陽隄上，建立滚壩，減水由新築之引水隄河，匯入古大金隄南面之夾河，並添築南隄，束水至東阿，仍歸正河，則劉莊至李升屯一帶，險勢可平。且可減輕濮范正河之險，中潭居民，並無不利。如果壩基土質適宜，或築重壩以爲雙層保障，即使潰敗，而大溜行於大官隄以内，尚不致有大患。但東阿以下，仍飽納全黄之水，河身狹窄，屢潰民堰，修防已窮於術。欲謀解決，亦祇有築壩減水之一法。若於魯河中下兩游之北岸，選擇堅地，建立滚壩數座，壩下開引河築隄，減水入徒駭河。並築徒駭兩隄，束水歸海，則正河安流，可支百年。最大缺點，爲北岸無山，不能得天然之壩基。人工作壩，難於保固。設有意外，必遭叢詬。南岸之泰山餘脈，如有斷麓，山腰鑿爲天然壩脊，則可減水由小清河入海。小清易淤，得失能否相抵，亦成疑問。

最近傳聞，有人獻議主張於堵築鄭決口時，在口門附近，建築分流隄，分黄河水由潁渦入淮，由淮入江。嗚呼！此呂言改道之故智也，河不兩行，已成定論。築壩分減，所以濟下游狹河之窮，實爲前人不得已之辦法。豫冀大河，河寬流暢，不須分減，且不應分減，前已言之。觀察地勢，開封上下，二三百里間，以南岸爲最險。最險地域，安可分流？設如立壩，開壩減水，勢必崩潰。即不崩潰，淮胡能受。淮水盛漲時之洪湖流量，以每秒八千立方公尺爲中數。以一萬五千秒尺爲最大數。黄沁漲量，何止加倍？尋常大水之年，洪澤湖三河口流量，如達八千秒尺，則運隄報險。啓放鄧壩，下河變爲澤國。其水入江，江亦高漲，頂托太湖。設或超過八千之數，流量愈增，危險愈大。甚至漫決運隄，造成空前浩劫。民國五年十年二十年之往事，可爲殷鑒。黄河減水流量，姑以最少數之八千計，併淮八千則爲一萬六千之流量，全淮流域，勢必永罹昏墊。又况超過此數，亦在意中，與黄河決徙何異？前清光緒中，東撫張曜等議分黄河水入南河故道，江督曾國荃漕督盧士杰持不可。及河決鄭州，或又議乘勢規復南河故道，江蘇京官力阻之。旋經會勘銅瓦廂以下之歸徐故道，大隄湮廢，舊河淤墊，高於平地。其中村莊廬墓羅列殆遍，無法施工，議遂作罷。嗣後又有人議於銅瓦廂故道之河頭，作滾水大壩，減水入故道，亦以不可行而止。向未聞有於牟鄭一帶，築分流隄或建壩減水之議。如其建築分減隄壩，姑不論絕難穩固，且不利攻沙。試問分減之水，是否有道可循？惠濟潁渦及淮，是否能於翕受？水不歸海，必釀巨變。減水與決水，厥禍維均。壑鄰之策，關係太大，安可輕於嘗試？夫減黃入淮且不可，何況入江？減黃入銅瓦廂故道且不可，何況無道？明乎此，則浮言可息矣。三十一年六月

水利委員會諸委員長致華北建設總署殷督辦論黃河不宜分流書

桐聲督辦勛鑒：一昨捧讀大著，『爲建設華北決行水利建設』册子，藎籌碩畫，無任佩慰；祖鞭先着，尤切欽遲。所論華北七大河川利病，洞中癥結。所擬防洪灌溉水運水力給水諸種計畫，亦極中肯綮。我公總持華北建設，爲華北謀，誠屬思周慮密。惟是七大川流中，有專屬華北者，有非專屬華北者。專屬華北者無論矣；其非專屬華北而與華中亦有利害關係者，黃河是也。處理黃河問題，此間同人，最爲關心，難安緘默；用特披瀝下忱，敬爲我公一商榷之。黃河自孟津以下，數千年來，決徙糜常，創鉅痛深。每次南決，或取道渦潁，或取道汴泗，皆以奪淮入海爲歸宿。自淮爲河淤，且進而歸江入海，三瀆合一，造成浩刼。往事歷歷，可爲寒心。大著所謂『新舊兩黃河，』是明明使黃河分流奪淮入江矣。所謂『以上各種企畫，包括處理黃河問題在內，決定分年實施，均已着手。』是此項主張與設計，即將見諸事實，尤非紙上空談可比矣。在飽經憂患之江淮人士聞之，不能不驚心動魄，奔走相告曰：『黃河決口，變相不堵矣！黃淮江三瀆合一之痛史，今後又將重演矣！』黃河分流之萬不可行，請就歷史地理工程三者，分晰言之：

先言歷史：黃河濁流，利於合而不利分，潘印川所謂『水分則勢緩，勢緩則沙停，沙停則河飽，此合之所以愈於分也。』又曰：『河之性宜合不宜分，宜急不宜緩，合則流急蕩滌而河深，分則流緩停滯而沙淤。』蘇子由所謂：『黃河之性，急則流通，緩則淤墊；既無東西皆急之勢，安有兩河並行之理？』此皆經驗有得之言，不同嚮壁虛造。徵諸史實。當北宋之世，大河北流，李仲昌主開六塔河，分水東流入橫隴故道。其後又屢次分水入二股河。每試輒

敗，河仍北流。河性之不可拂逆，具有明徵。迨金人利河南行，始有明昌之大徙。其後三百年間，決溢三百餘次，爲前此所未有。推原其故，明昌初徙，則南北分流，由大小清河直接間接入海。繼則元代有杞縣蒲口，開封小黃村口之分流。再則明洪武時有大小黃河之分流。河愈分而愈壞，至其極，則冰碎瓦裂，不可究詰。當事者闕一時之苟安，貽無窮之後患，殊非始料所及。自潘印川出，懲前毖後，一變向來分流殺勢之策而爲束水攻沙之謀。後之治者，如靳輔張鵬翮輩，皆規隨成法，莫之能易。此乃得諸數百年疾痛慘怛之教訓，非偶然也。今欲反潘靳以來治河之良規，復主分流殺勢，毋乃與歷史之律令，背道而馳乎？

次言地理：自來黃河徙流改道，不出三途。一則北走津沽，一則中趨利津，一則南出雲梯。北道爲華北諸水領域，南道爲長淮領域，均無容受黃流之餘地。惟現行之中道，乃黃河自闢之途逕，順理成章，無可移易。近百年來，兩岸大隄，積漸修築完整；要害之處，埽垛林立；所糜公帑，何啻萬萬。中外專家觀察，河道尙可支數百歲。兩岸何處爲險工，何處爲平工，凡屬修防機宜，已積百年經驗，更有相當把握。凡豫境河身既寬，防護尤爲周密。此次苟非時會艱迍，斷無本鄭決口之事。若夫決口以下，所謂新黃河隄者，其工程之鞏固，防護之周密，迥非正道可比。循此而下，則爲淮河。淮河有本身之容量，若更加以黃流，必苦不能翕受，則水勢壅屯。壅於下者，必潰於上；則水勢稍漲，所謂新黃河隄者，必處處皆成險工。豫南數十縣，其將爲黃河之洞庭鄱陽矣。觀於民國二十九年，黃淮均無異漲，而所謂新黃河隄之京水鎮、小番莊、朱仙鎮、尉氏、五里口，已到處漫決，假令黃淮或有異漲，或同時並漲，又將如何？不僅此也。淮之下爲洪澤湖，歷經黃水灌淤，湖底平淺，湖水位高於利津河口海平面約十四公尺餘。比降既小，則流緩沙停，水勢亦必壅屯。往年淮水異漲，已不能容。若再加以黃水，壅屯愈甚，則湖面擴大；西溢鳳泗，東犯淮揚，又爲必至之勢。洪澤而下，高寶湖也，運河也，裏下河也，皆爲孔道。若黃淮並漲，勢必一片汪洋。裏下河爲全國一大農產區，倘爲黃水氾濫，秔稻無收，東南之生氣，索然盡矣。運河更南爲長江。倘黃淮滂流而下，江水位擡高，倒灌太湖；設不幸而天目黟山之水，更同時並發，江湖相鬥，內外壅阻，則全國精華所萃之太湖流域危矣。曩者淮爲河奪，致南徙於江。導淮問題，未能解決以前，江淮之本身，已苦杌隉不安。若使舊痛未已，又增新痛，江淮河三瀆合流，中國尙復成何景象乎？分流之議，就地理言之，亦斷斷不可行矣。執事必將曰：『吾之分流，水量有限，工程堅牢，決不致於爲害，無庸爲危詞以聳聽聞也。』則請更與執事論工程：黃河分流，由來久矣。昔者漯濮濟汴，皆河之所分，而今皆無有，徒於水利史上，遺留若干決溢變徙之史料而已。即以汴水分流而論，其地望實與執事今日所設計者，不甚相遠。汴口分流，舊有口門。至王景治河時，河勢東侵，日月彌廣，水門故處，皆在河中。王景治之，復其舊迹。歷魏晉南北朝及隋，汴口石門，屢修屢壞，其地址亦自滎澤而河陰，而汜水，屢移而西。蓋欲倚廣武山爲固，藉免口門之易壞也。然分流之利，僅屬一時；分流既久，終致改道，以成後日元明清三朝奪淮之變局。履霜堅冰，其來有漸，初非主張分流者始料所及也。更以淮水證之。明嘉靖時，楊一魁慮清口不暢，建分黃導淮之策。初於高家堰湖隄建三閘，分洩淮水入江。其後屢有變易，至靳輔時，則爲六壩；至張鵬翮時，成爲三石滾壩；至高斌時，則石滾壩又增三爲五；迨仁義禮三壩衝損，又復移建。當時不過欲分淮水盈溢之量，以謀黃淮下游之安全。壩工初爲三合土底，其後易土爲石，以期鞏固。孰知此方便之門一開，水量積漸傾注，終至石壩衝毀無存；三河一口，昔爲禮壩壩址，今則終年敞放，淮水幾於全量由此入江，此又豈楊一魁等人始料所及哉？

執事今擬於決口附近築分流隄，縱技術嶄新，遠駕前人；工程堅牢，超軼前代；同人等皆能深信而不疑。然此等嶄新工程之堅牢效能，僅能以分流隄之本身爲限。而與此工程鄰接之黃河大隄，能堅如廣武之山，洪澤之隄乎？廣武之山，洪澤之隄，不能使建於其上之分流工程，歷久不壞；而謂流沙沖積之黃河隄上所建之分流隄，獨能經久不壞，殆難置信矣。倘不幸竟蹈汴口三河口之覆轍，以三十年五十年之小康，易三百年五百年之大患，後人追原禍始，誰尸其咎耶？

黃河堵口之與治本，係屬截然兩事。目前當務之急，惟堵口之一事。堵口者，斷流復隄，不留毫髮罅隙，他非所計也。至於治本，誠如我公所言，『一時尚談不到。』即『在下游另籌應急方策，』亦非舍『在決口附近築分流隄』外，別無彼善於此之策。同人生息江淮，室廬邱墓在焉。迫切呼籲，諒荷同情。我公亦係南人，以身處華北，環境不同，或有不得已之苦衷。惟是是非不可不明，利害不可不辨；江淮安危，實繫公之一念。深願充胞與之量，推共濟之誼，從長計議，再思而行，幸甚幸甚！青來不敏，敬以同人之意，代陳左右，以當芻蕘，惟君子擇焉！專此敬請勛安。弟諸青來頓首

殷督辦復書

青來吾兄委員長勛鑒。接奉台函，詳論黃河分流之害，根據歷史地理工程三點，多方引證，闡發無遺；崇論閎議，

敢不拜嘉。惟所示各節，對於拙著『為建設華北決行水利建設』一文內所述黃河應急處理辦法之京水鎮附近分流隄計畫，實有根本誤會之處。事關全國水政大計，既承質難自當剖析縷陳，俾明眞相，而息羣疑。凡治理河川當然以處理洪水為第一要義。築堰蓄水於上游山岳地帶，不使同時集中於河川下游，是為上策。洪水已至平原，只有採取種種比較利多害少之處理洪水辦法，務使洪水安全入海，不致泛濫與潰決；如鞏固隄岸，以防沖決；築埽滾水，以減洪峯；另闢減河，以分洪流；是為中策。現在根本治黃，上策既一時尚談不到；只有研究如何處理下游洪水之中策。上述京水鎮分流隄者，亦可稱為溢流隄或滾水壩。係築強固隄壩，分洩超過某種高水位後之最高洪水量之一部份，並非分洩平水；與析河成兩股之分流辦法，根本不同。至兄所慮之點，及所舉之例，似有未盡悉合之處，茲一一解釋如次。

第一就歷史言：尊論甚是。要旨在黃河「利合不利分。」黃河以含沙量百分數最大著名，合則流急沙行，分則流緩沙停，此水性鐵則，盡人皆知。同主張堵塞決口，恢復故道，即係本此可合不可分之主旨。但黃河最大流量為二萬三千秒立方公尺，冀魯豫現有河道，雖整治尚可利用；而河身容量，絕不能應付此最大流量。不得已只有擇適宜地點，建築相當數目之溢流隄，以分洩洪水。此與汽鍋保險閘之放汽，患高血壓病者之放血，同一應急辦法。籌堵中牟決口委員會工作大綱內，曾列有五處溢流計畫。京水鎮溢流隄，即其一也。所謂溢流，按其字義，即明示平時並不洩水。只有在最大流量時，不得已使之溢出之謂。黃河最大流量之週期，約五六年。足見此隄在平時不過備而不用，只有五六年間，方應用一次。且最大流量，估時極短。洪峯一過，水位即降，即無流可溢。更可見所溢之水，係一時的而非繼續的；係非常的而非平時的；係洪峯之一部，而非大量的。與兩股分流，以洩平水之意義，絕對不同。焉能併為一談？此解釋尊函所舉之例，未盡悉合者一也。

第二就地理言：黃河三委，以南流奪淮為害最烈，尊論甚是。拙著「黃河奪淮之危機與中牟堵口之必要」一文，即本此主張，痛切言之，諒邀洞鑒。豈能於籌堵中牟決口之際，忽改主張，提倡分流，自蹈矛盾之譏？現籌委會所擬計畫，均以防止奪淮為主要目標。即以溢流論，絕非漫無計畫之溢流。如黃漲淮平，溢流小部分洪峯，當無問題。假定黃淮同時異漲，則對溢流之水，必當預籌出隄後停留延緩之方。如沿途放淤後，再令清水下行，決不使與淮水同時集中於洪澤一帶，為患蘇皖。且溢流之水，為量不多，又係一時現象，非常流之水，當不至有奪淮之危險。此解釋尊函所舉之例，未盡悉合者二也。

第三就工程言：曾函歷舉漢王景十里水門辦法，其後屢修屢壞，一時分流，終致改道；及明楊一魁分黃導淮，以工程不堅，石壩沖毀；兩點。證明溢流工程之不易堅固，終將演成改道。其說雖是，而實不可與今日溢流隄同日而語也。工程技術，日新月異。現今科學昌明，凡昔日技術上無法克服之困難，均有解決方法。現談溢流，只要原則上合理，不必顧慮技術上之困難，及工程之安全問題。古時資材技術，均在萌芽時代。工程之失敗，未必設計上或原則上之不合也。且王景十里水門，係互相洄注辦法。楊一魁引淮導黃，目的在藉清刷黃，沖暢尾閭，與溢流隄意義，亦不甚相合。此解釋曾函所舉之例未盡悉合者三也。

總之：黃河東流故道，雖整治得法，尚可維持百年。但絕不能容納最大洪水量，爲中外治河專家所公認。輓近貫臺董莊之潰決，可資佐證。故前華洋義賑會塔德先生，曾著有「黃河問題」一書，其中論列，亦主張黃河上游根本治導計畫未實現以前，必須在下游多設滾水壩，以免潰決之禍。蓋河槽容量，既小於洪水量，勢必漫溢而潰決。與其使其自由漫決，決口後堵口善後，種種困難，尚不如擇適宜地點，建築堅固工事，令洪水在指定壩所溢出。既可免潰決之患，又可省堵口之煩。此滾水壩疏洩洪水，所以爲各國治河者處理洪水方策之不二法門，想黃河亦不能例外也。尤有進者：同負治水之責，當然以整個國家利害爲前題。權衡輕重，通盤籌度，務使利害調劑互資挹注。乃決定採用溢流隄，爲應急處理之計。純係就技術上見地而得之結論，決非囿於環境一隅之見也。用敢披瀝所見，說明眞相，尚乞察照諒解，並轉告各鄉老，切勿誤會，不勝感幸！至於溢流隄具體計畫，以及下游修補隄防整理河道諸規畫，現因測量未終，正式計畫，一時尚難着手，合併附聞。專此佈覆，祇頌勛安。弟殷同拜啓

諸委員長再致殷督辦書

桐聲吾兄督辦勛鑒：前奉環雲，敬讅執事洞明黃河奪淮爲害之烈，堅決主張中牟堵口；且於黃河目前防洪，必需採取分流之理；與夫京水鎮附近建築分流隄之有利無害；反覆譬解，詳盡無遺，曷勝佩慰！卽已遵囑轉達各鄉老，藉免誤會矣。執事以整個國家爲前提，熟權利害得失，乃決定採用分流隄，爲應急之處理；純係根據技術觀點，絕非囿於環境；公忠體國，磊落光明。各鄉老聞之，不惟相悅以解，抑且肅然起敬。惟茲事體大，討論不厭求詳。當此測量未終，正式設計未能着手之際，同人等尚有所懷，敬陳左右，藉作學理上之探討，想亦我公所樂許也！黃河設壩減水，始於潘印川；踵而行之者靳紫垣。二公皆治水名家。潘之言曰：『兩隄並峙，重門禦暴，又何需於減水壩

也？曰，防之不可不周，慮之不可不深；異常暴漲之水，任其宣洩，少殺河伯之怒，則隄可保也。壩面有石，水不能汕，故止減盈溢之水，水落則河身如故也。』靳之言曰：『夫束水莫如隄，然隄有常水之消長無常也，故隄以束之，又爲閘壩涵洞以減之。務令隨地分洩：上既有以殺之於未溢之先，下復有以消之於將溢之際，故隄得保固而無沖決也。』此等理論，明白曉暢，同人等早已耳熟能詳；故於執事之分流隄，決不致誤會爲分洩平水，更不致誤會爲兩股分流。所未愜於心，不能默爾而息者，厥有三端，請略陳之：

黃河濁流，裹沙而行，隨地填淤。上古人烟稀少，不與水爭地，故左右游波，寬緩而不迫。戰國以後，生齒日繁。齊與趙魏，皆大作隄防，各以自利。隄防既設，河床易墊。墊之不已，則惟有增隄，致成築垣居水之變局。築垣居水，河患更烈，則增隄之外，補偏救弊，又有分流殺勢之策。然河不兩行，愈分愈壞；至潘印川出，始明辨河性，確定束水攻沙、大築遙縷月各隄，爲治河惟一長策。所謂『水分則勢緩，勢緩則沙停，沙停則河飽；尺寸之水，皆由沙面，止見其高。水合則勢猛，勢猛則沙刷，沙刷河深；尋丈之水，皆由河底，止見其卑。築隄束水，以水攻沙，水不奔溢於兩旁，則必直刷乎河底。』皆顛撲不破之言也。靳氏持論，亦同此說。然則潘靳何以於主張束水攻沙之外，又有減壩分流之策，豈非自相矛盾耶？曰，是由地勢限之也。潘靳之世，大河皆爲運道所奪，不得已而行歸徐，奪淮入海。自曹單至徐城，兩山夾峙。徐州城外，河寬僅六十餘丈。又百餘里至睢甯鯉魚山，南岸有峯泰龍虎諸山夾峙，河寬僅百丈。河流爲之斷束，抑鬱憤怒，不得不設減壩以平險。靳氏所謂：『今使上流河身，其廣數里，而下流河身，或爲山岡郡邑所逼限，其廣也僅得其半，更或僅得其十之一二，勢必滂薄奔駛，怒極而思逞。』正爲此等處言之也。且蓄清敵黃，又爲潘靳治黃之要略。淮水北出清口，每患爲黃水所抵，淮稍弱，黃即乘虛內灌。靳氏設壩減黃於清口以上，經諸湖洗滌、清水入淮助勢，更有殺黃濟淮之妙用。是潘靳減壩分黃，乃河行歸徐，限於地勢，且爲貫徹蓄清敵黃政策不得已之辦法。今黃河至利津入海，形勢已變，河身縱有束狹之處，亦未至如彼之甚。則分流隄是否有設置之必要，根本尚屬疑問。此其一。

潘靳之設壩減水也，固爲不得已之辦法，且爲一時權宜之計。潘之言曰：『今四壩何以不洩水也？曰，初創之時，伏秋水洩，喧聲若雷。日久河深，深則可容異常之水，何必減爲？』靳之言曰：『以隄束河，以閘壩保隄，誠使河不他潰，則河底日深；河底日深，則河水亦日低，行且置閘壩於不用矣。』潘靳之設減壩，既爲一時權宜之計，期於備而不用；根本至計，仍在堅築隄防而慎守之。潘氏河議辨惑云：『或有問於馴曰：河既隄矣，可保不復決乎？

復決可無患乎？馴應之曰：縱決亦何害哉？蓋河之奪也，非一決所能奪之；決而不治，正河之流日緩，則沙日高；沙日高，則決日多；河始奪耳。今之治河者，偶見一決，鑿者便欲棄故覓新，懦者輒自委之天數，議論紛起，年復一年，幾何而不至奪河哉？』靳氏大功告成以後，維護隄防，尤爲不遺餘力。整頓河營，按里設兵，每兵一名，令其管隄四十五丈，逐年加幫高厚，以圖久遠。是皆潘靳治河任隄防不任減壩之明徵也。今黃河至利津入海，積百年之經營，隄防壩埽之工，粲然大備。若能師潘靳愼守隄防之遺意，無怠無餒，是否必需乞靈於分流隄，而後可保無患，亦爲疑問。此其二。

潘靳雖皆限於地勢，不得已而設壩減水。然設壩地址，甚有斟酌。潘氏於宿遷北岸，建崔鎮徐昇季太三義諸壩，不惟取其入海路近，又有碩項等湖蕩爲之停瀦迴旋。靳氏建毛城舖大谷山龍虎山天然減水閘壩，皆就山岡石底，建立壩基，其下亦有靈芝孟山諸湖蕩可爲歸宿。且挑倒鈎引河，以防奪溜。然潘之減壩，大率備而不用；靳之減壩，不久仍多廢棄。清光緒初，侍郎游百川，建議於長清北岸，設壩減水入馬頰河。直督李鴻章以該處一片純沙，壩基難立，貽害甚廣，力持不可而止。可見設壩地址，甚關重要。今黃河縱有建築分流隄之必要，然京水鎮既非去海甚近，又非山岡石底，建築壩基，是否適宜，更屬疑問。執事將曰：現今科學昌明，凡昔日技術上無法克服之困難，均有解決之方，分流隄儘可任便設施，不必擇地。則同人等竊謂不然。工程雖有新舊之殊，其須因地制宜，理無二致，似仍不能不愼重考慮耳。此其三。

夫三代不沿禮，五霸不沿樂，時勢不同也。潘靳因時制宜，因地制宜，設減壩以分黃，前乎此者，以時勢不同，無有行之者。後乎此者，時與地均有變遷，亦不必踵而行之也。況卽在潘靳之時，已屬利害參半。迨咸豐河徙今道，魯境河身阨塞之處，設壩減水，前人已論其危害；豫境河身寬緩之處，設壩減水，似更非必要。凡此所陳，皆係根據事理，並無方域之見。惟執事明察之！專此敬請勛安。弟諸青來頓首。

新黃河隄防竣工消息

開封十六日中央社電新黃河築隄工程，自去年起，日夜加工趕造，迄本年七月一日，全長一百三十七公里之隄防，已告竣工，本日上午十一時，舉行爲築隄工程犧牲者追悼會及竣工典禮。按新黃河隄防，自去歲開工，經過困難甚多，終於完成此偉大工程。

按新黃河隄，不祥之名詞也。報載此項消息，若深幸其成功者。夫黃河決口不堵，舍本逐末，年復一年，坐誤事機，恐難免蹈歷史覆轍。江淮之間，陸沈之禍，見端於此矣！本書之纂輯，豈得已哉？

古今治河圖說終

古今治河圖說勘誤表

頁數	行數	誤	正
目錄七	六	附徐州近閘壩圖	附徐州附近閘壩圖
本書五	十二	遣	遺
二五	四	流，即北	即北流，
八〇	十五	探	採
二〇	十	100	1000
一一一	七	絃（共四字）	弦
一一五	十六	瀧（共兩字）	漉

後記

我是從數學史學習中逐步瞭解治黄史的。漢代《許商算術》的作者許商，好天文術數之事的王景、李尋善，他們既是數學家，又以治理黄河而聞名。我國現存最早的河工著作《河防通議》，將中國古典數學天元術運用到治黄工程中，創造了中國古代工程數學的一個高峰。除了數學史之外，内蒙古師範大學科學技術史研究還以少數民族科技史和地方科技史見長。李迪先生曾指出地方科技史研究的重要内容是人與自然環境變遷、科技遺迹與自然環境以及環境與生産的關係，此類研究具有明顯的現實意義和重要價值。想要通過大科學史研究，弄清變遷的原因和未來的發展趨勢，産出對于地方各方面的開發有更大、更直接價值的成果，這類研究大多離不開文獻。之後，李迪先生更是直接指出科技史研究不僅是對過去的科技工作和科技成果的回顧與總結，而且要着眼于現代，讓古人的發明創造爲今人服務，繼續在現代發揮其應有的作用。我將先生大科學史的治學理念視爲座右銘，在科研工作中更加注重讓科研成果服務于國家戰略與區域發展需求。

二〇一九年九月，習近平總書記在黄河流域生態保護和高質量發展座談會上指出，黄河流域在我國經濟社會發展和生態安全方面具有十分重要的地位。黄河流域生態保護和高質量發展是重大國家戰略。同年十月，黨的十九届四中全會提出『加强邊疆治理，推進興邊富民』，首次把邊疆治理寫入黨的文件。内蒙古師範大學組織科研力量，積極申報研究闡釋黨的十九届四中全會精神的國家社科基金重大項目，其中『中國特色社會主義民族區域自治制度自信研究』項目獲批。我承擔其中的『鑄牢中華民族共同體意識下的民族自治地方文化自信研究』子課題，而黄河是首選文化要素。二〇二四年，該項目順利結項，我也對黄河文化所藴含的時代價值有了更深的體會。

有鑒于此，我帶領文化遺産智能應用服務中華民族共同體建設『英才興蒙』團隊，以黄河爲主題，開展了文獻、文物、傳統工藝等多模態資源庫建設和跨模態應用示範工作。這次與内蒙古人民出版社合作出版的《黄河國家治理文獻集成》，旨在梳理和總結文獻中所藴含的歷史經驗和文化信息，爲當代及未來的黄河治理和地方文旅産業發展提供參考與借鑒。

感謝内蒙古民族文化産業研究院、巴彦淖爾市圖書館等单位的傾力相助，感謝内蒙古自治區黨委宣傳部、内蒙古出版集團、内蒙古人民出版社對本項目的支持與幫助。

在此，也向致力于黄河治理和大河安瀾的歷代先賢與當代典範表達崇高的敬意：你們的不懈努力與無私奉獻，爲黄河的安寧與人民的福祉築起了堅實的防綫；你們的智慧與勇氣，將永遠銘刻在中華民族的歷史豐碑上，激勵後人不斷前行。

董杰

二〇二五年一月